建筑设备类专业系列教材

U0890481

热工学基础

主编　夏如杰　徐红梅

江苏大学出版社
JIANGSU UNIVERSITY PRESS
镇　江

图书在版编目(CIP)数据

热工学基础 / 夏如杰，徐红梅主编. —镇江：江苏大学出版社，2021.1
ISBN 978-7-5684-1460-9

Ⅰ.①热… Ⅱ.①夏… ②徐… Ⅲ.①热工学—高等职业教育—教材 Ⅳ.①TK122

中国版本图书馆 CIP 数据核字(2020)第 215569 号

热工学基础
Regongxue Jichu

主　　编/夏如杰　徐红梅
责任编辑/吴昌兴　王　晶
出版发行/江苏大学出版社
地　　址/江苏省镇江市梦溪园巷 30 号(邮编：212003)
电　　话/0511-84446464(传真)
网　　址/http://press.ujs.edu.cn
排　　版/镇江文苑制版印刷有限责任公司
印　　刷/镇江文苑制版印刷有限责任公司
开　　本/787 mm×1 092 mm　1/16
印　　张/11.25
字　　数/268 千字
版　　次/2021 年 1 月第 1 版
印　　次/2021 年 1 月第 1 次印刷
书　　号/ISBN 978-7-5684-1460-9
定　　价/38.00 元

如有印装质量问题请与本社营销部联系(电话:0511-84440882)

前言

Preface

本书是高等职业技术教育建筑设备类专业教材之一。“热工学基础”是建筑设备专业的一门主要职业基础课程。本书以能量转换和传递过程为主体，将节约能源作为贯穿始终的一根主线，介绍了热力过程、热力学基本定律、水蒸气和湿空气两种工质的性质、热量传递规律、换热器选型等内容。

本书在内容整合、章节编排等方面主要根据高职学生培养目标的能力因素和知识需求来选择，突出“实用、适用、够用”的特点，结合施工企业一线技术人员意见，不单纯追求内容的系统性和完整性，着重介绍基本概念和基本原理，并直接将工程实际应用引入本书，使职业基础课内容更加贴近专业课的需要，进一步突出其实用性和实践性。

内容叙述力求结构合理，层次分明，深入浅出，通俗易懂。每一单元的开始部分是“知识点”和“能力目标”，介绍本单元的主要内容和需要掌握的知识，便于学生按需求学习；每一单元正文部分，标注了部分重点名词、术语的英文翻译，为今后开展双语教学奠定基础；正文部分还配以相关微课视频资源，学生可扫描二维码进行课前自学与课后自学；每一单元的结尾部分是“思考题与习题”，方便学生课后复习，了解知识掌握的程度。

本书由夏如杰、徐红梅担任主编，申欢迎、张艳宇老师参与相关视频录制工作。江苏建筑职业技术学院暖通空调教研室的各位同事对编写工作也提出许多宝贵的意见。在教材编写过程中，参考引用了有关院校编写的教材和生产科研单位的技术资料及研究成果，在此一并表示衷心的感谢。

由于编者水平有限，书中不妥之处，恳请读者批评指正。

编　者

2020 年 10 月

目录

Contents

1

工程热力学基本概念

知识点

工质及热力系统，热力状态，可逆过程，基本状态参数，理想气体状态方程，混合气体的分压力。

能力目标

◉ 掌握：工质、热力系统、热力状态、可逆过程、混合气体分压力等基本概念；基本状态参数的物理意义和单位；绝对压力、表压力和真空度的关系。

◉ 理解：热力系统的分类及其特征；气体常数的含义。

◉ 熟悉：理想气体与实际气体的区别。

◉ 应用：应用基本概念和理想气体状态方程式等公式进行相关工程问题的分析和计算。

1.1 工质和热力系统

1.1.1 工质

工程上或日常生活中，通常会用到某种工作物质来实现热能的输送或转移，最终达到热能利用的目的。这些可以用来携带、输送、转移热能或将热能转变为机械能（电能）的工作物质统称为工质。

工程上所遇到的工质是多种多样的，有处于气态的，也有处于液态的。热力工程中经常采用的工质有水、水蒸气、湿空气、制冷剂等。

1.1.2 热力系统

在分析任何现象或过程时，都应首先确定所研究的对象。例如，在分析力学现象时，常将所研究的对象取为分离体，然后分析该分离体与其他有关物体的相互作用。同样，在分析热力现象或热力过程时，也应根据所研究问题的需要，选取某一定范围内的物质作为研究对象。在工程热力学中，将研究对象的总和称为热力系统（thermal system），或简称为系统；将系统之外的物质称为外界（surrounding）；将系统与外界之间的分界面称为边界（boundary）。边界可能是真实的，也可能是假想的；可能是固定的，也可能是变化的或运动的。

如图 1-1 所示，活塞在气缸里移动以实现能量转换。若取封闭在气缸中的气体作为研究对象，则气缸壁及活塞端部内表面就是边界。显然，该边界是真实存在的，并且一部分边界是可以变化的。又如图 1-2 所示的汽轮机工作原理示意图，若取截面 1-1 与截面 2-2 之间的流体作为研究对象，则汽轮机内壁与截面 1-1、2-2 构成系统的边界。显然，该系统边界有一部分是固定不变、真实存在的，有一部分边界是假想的。

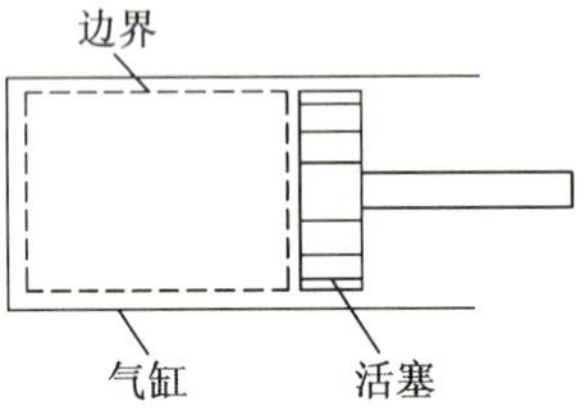

图 1-1 闭口系统

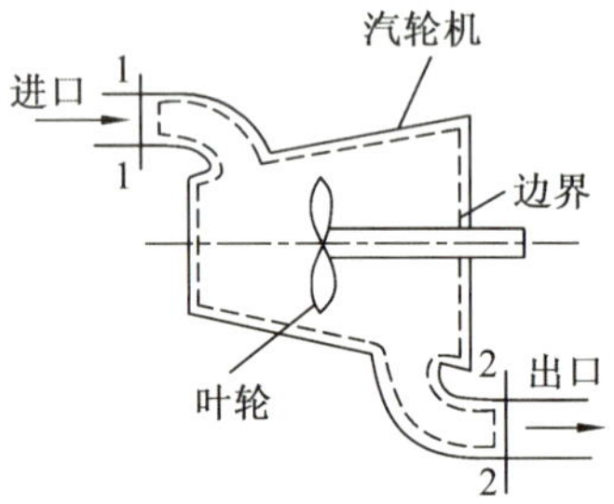

图 1-2 开口系统

1.1.3 热力系统的分类

一般而言，热力系统与外界总是处于相互作用之中，彼此之间可以通过边界进行能量传递和物质交换。根据能量传递和物质交换情况可以将热力系统分为以下四类。

（1）闭口系统（closed system） 热力系统与外界可以传递能量，但没有物质的交换，即没有物质的流入和流出，例如图 1-1 所示的系统。

（2）开口系统（open system） 热力系统与外界可以传递能量，也可以有物质的交换，即有物质通过边界流入和流出，例如图 1-2 所示的系统。

（3）绝热系统（adiabatic system） 热力系统与外界无热量交换，但可以有功量和物质的交换。

（4）孤立系统（isolated system） 热力系统和外界不发生任何作用，既无能量交换也无物质交换。

需要注意的是，区分闭口系统和开口系统的关键是有没有质量越过了边界，并不是系统的质量是不是发生了变化。如图 1-2 所示的蒸汽轮机热力系统，如果输入的质量和输出的质量相等，虽然系统内的质量没有变化，但仍属于开口系统。而绝热系统是从系统与外界的热交换的角度考查系统，不论系统是开口系统还是闭口系统，只要没有热量越过边界，就是绝热系统，例如：取保温瓶里面的水为系统，可视为绝热系统；取集中供暖系统中的一段保温性能良好的管子为系统，可视为开口绝热系统。

自然界中的物质都是相互联系、相互制约和相互作用的，并不存在绝对的绝热系统和孤立系统。但若热力系统与外界的热量、功量、物质交换很小，其影响可忽略不计，则可视为绝热系统或孤立系统。

另外还有一些特殊的热力系统，如具有无限大热容量的热力系统，它们在放出或吸收有限热量时不改变热力系统自身的温度，称为热源，如高温热源、低温热源等。

1.2 工质的热力状态和基本状态参数

1.2.1 热力状态和状态参数

在热力设备中，能量的相互转换或转移，需要通过工质吸热或放热、膨胀或压缩等一系列的热力状态变化来完成。所谓热力状态（thermal state），就是指工质在某一瞬间所呈现的宏观物理状况。这些宏观物理状况必须通过一些物理参数来描述或表示，如压力、温度等。我们把用来描述工质热力状态的物理量称为工质的状态参数（state parameter）。

工质的状态是由工质的状态参数所描述的。工质的状态发生了变化，其状态参数也会相应地发生变化，状态参数是状态的函数。工质的状态发生变化时，初、终状态参数的变化值仅与初、终状态有关，而与状态发生的途径无关。

在热力学中，常用到的工质状态参数有温度（T）、压力（p）、比体积（v）、内能（U）、焓（H）、熵（S）等。其中，温度、压力和比体积可以用仪器、仪表直接或间接测量出来，称为工质的基本状态参数；而其余的状态参数则是通过基本状态参数来推导、计算获得，故称之为导出状态参数。

1.2.2 基本状态参数

工质的温度和压力

1.2.2.1 温度(temperature)

从宏观上讲，温度是表示物体冷热程度的物理量；从微观上讲，温度是物体分子热运动激烈程度的标志。当两个温度不同的物体相互接触时，热量会自动从热物体流向冷物体。经过一段时间后，两物体温度相等，它们之间就不再有热量传递，达到一个共同的热平衡状态。温度概念的建立以及温度的测定都是以热平衡为依据的。当温度计与被测物体达到热平衡时，温度计指示的温度就是被测物体的温度。

温度的数值标尺称为温标。常用的温标有摄氏温标（Celsius scale）和热力学温标（thermodynamic temperature scale）。摄氏温标所确定的温度称为摄氏温度，用符号 t 表示，单位为℃。在国际单位制（SI）中常采用热力学温标，这种温标确定的温度称为

热力学温度，用符号 T 表示，单位为K（开尔文）。摄氏温度与热力学温度的关系为

$$t=T-273.15 \tag{1-1}$$

显然，热力学温标和摄氏温标的分度值相同，仅零点不同。在工程上可采用下式计算：

$$T=t+273.15 \tag{1-2}$$

1.2.2.2　压力(pressure)

压力是指单位面积上所受到的垂直作用力，即物理学中的压强。根据分子运动论，气体的压力是大量气体分子做不规则热运动时对容器壁频繁碰撞的平均结果。

压力的符号用 p 表示，压力的国际单位为帕斯卡（Pa），1 Pa＝1 N/m^2。由于Pa的单位较小，在工程上，常将其扩大千倍、十万倍和百万倍，即kPa、bar和MPa。

工程上还曾采用以下压力单位。

用液柱高度表示：如米水柱（mH_2O）、毫米水柱（mmH_2O）和毫米汞柱（mmHg）等。

用大气压的倍数来表示：如标准大气压（atm）、工程大气压（at）等。

各种压力单位的换算关系为：

$$1\ \text{bar}=10^5\ \text{Pa}=0.1\ \text{MPa}=100\ \text{kPa}$$

$$1\ \text{mH}_2\text{O}=10^3\times 9.807\times 1=9807\ \text{Pa}$$

$$1\ \text{mmHg}=13595\times 9.807\times 1\times 10^{-3}=133.33\ \text{Pa}$$

$$1\ \text{atm}=760\ \text{mmHg}=101325\ \text{Pa}=10.33\ \text{mH}_2\text{O}$$

$$1\ \text{at}=1\ \text{kg/cm}^2=1\times 9.807\times 10^4=98070\ \text{Pa}=10\ \text{mH}_2\text{O}$$

压力的大小通常采用压力表或真空表来测量。常用的有弹簧管测压计和U型管测压计，如图1-3所示。由于测压计的测量总是在某种环境中进行（通常是大气环境），因此测得的压力值不是工质的真实压力，而是工质的真实压力与环境压力之间的差值，是一个相对值，称为相对压力。

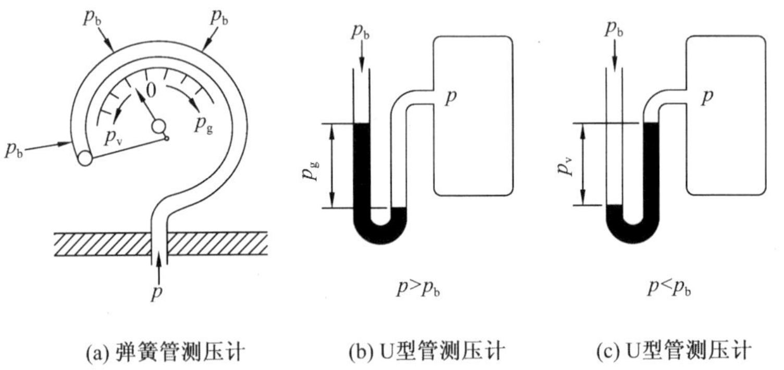

图1-3　测压计

工质的真实压力是以绝对真空状态为计算基准算起的，又称为绝对压力（absolute pressure），以 p 表示。如以 p_b 表示大气压，则：

如图1-3b所示，此时绝对压力高于大气压力（$p>p_b$），压力计指示的读数称为表压力（gauge pressure），用 p_g 表示，于是

$$p = p_g + p_b \tag{1-3}$$

如图 1-3c 所示，此时绝对压力低于大气压力（$p < p_b$），压力计指示的读数称为真空度（vacuum pressure），用 p_v 表示，于是

$$p = p_b - p_v \tag{1-4}$$

绝对压力、表压力、真空度与大气压力之间的关系如图 1-4 所示。

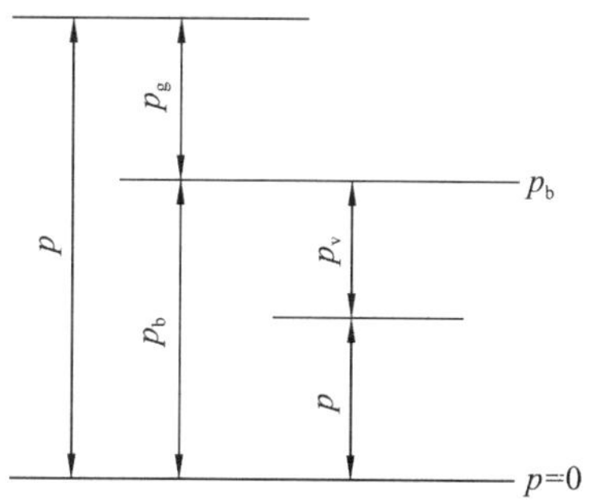

图 1-4　p，p_g，p_v 与 p_b 的关系

大气压力随地理位置及气候条件等因素而变化，不是恒定值。当工质的绝对压力不变时，由于大气压力会发生变化，则所测出的相对压力也会随之变化。因此，表压力和真空度不是状态参数，只有绝对压力才是描述工质状态的状态参数。本书中如无特别指明，均指绝对压力。大气压力的数值可用气压计测量，当被测气体的绝对压力很高时，可以近似取大气压力为 0.1 MPa。

1.2.2.3　比体积(specific volume)

比体积是指单位质量的工质所占有的体积，用符号 v 表示，单位为 m^3/kg。若工质的质量为 m kg，所占有的体积为 V m^3，则比体积的数值为

$$v = \frac{V}{m} \tag{1-5}$$

很明显，比体积 v 与密度 ρ 互为倒数，即

$$v \cdot \rho = 1 \tag{1-6}$$

可见，它们不是相互独立的参数。使用时可以在其中任选一个，在热力学中通常选用比体积作为独立状态参数。

【例 1-1】 某蒸汽锅炉压力表读数 $p_g = 3.23$ MPa，凝汽器真空表读数 $p_v = 95$ kPa。若当地大气压力 $p_b = 101.32$ kPa，试求锅炉及凝汽器中蒸汽的绝对压力。

【解】 锅炉中蒸汽的绝对压力为

$$p = p_g + p_b = 3.23 \times 10^3 + 101.32 = 3331.32 \text{ kPa}$$

凝汽器中蒸汽绝对压力为

$$p = p_b - p_v = 101.32 - 95 = 6.32 \text{ kPa}$$

1.3　平衡状态、状态参数坐标图和热力过程

1.3.1　平衡状态

系统可以处于不同的热力状态（thermal state），但这些热力状态不一定都能用确定的状态参数来描述。例如，当系统内各部分工质的压力、温度各不相同，而且随着时间的变化而改变时，就无法用确定的状态参数描述整个系统内部工质的状态。这种状态

即不平衡状态。若系统不受外界影响，随着时间的推移，系统内各部分之间位移及能量的传递必将逐渐减弱，最终达到各部分之间不再有相对位移，同时也不再有热量传递，即同时建立了热与力的平衡。此时系统的状态称为热力平衡状态（thermal equilibrium state），或简称为平衡状态。

实际上，并不存在完全不受外界影响、状态参数绝对保持不变的系统。因此，平衡状态只是一个理想的概念。但在大多数情况下，由于系统的实际状态偏离平衡状态并不远，所以可以将其作为平衡状态处理。

1.3.2 状态参数坐标图

由于两个参数可以完全确定简单可压缩系的平衡状态，所以有任意两个独立的状态参数所组成的平面坐标图上的任意一点，都相应于热力系统的某一确定的平衡状态。同样，热力系统每一平衡状态总可在这样的坐标图上用一点来表示。这种热力系统状态参数所组成的坐标图称为热力状态坐标图。常用的这类坐标图有压容（p-v）图和温熵（T-s）图等，如图 1-5 所示。例如：具有压力 p_1 和比体积 v_1 的气体，它所处的状态 1 可用 p-v 图上的点 1 来表示；若系统温度为 T_2，熵是 s_2，则可用 T-s 图上的点 2 表示该状态。显然，只有平衡状态才能用状态参数图上的一点来表示，不平衡状态因系统各部分的物理量一般不相同，在坐标图上无法表示。此外，p-v 图上任一点都能在 T-s 图上找到确定的对应点，反之亦然。

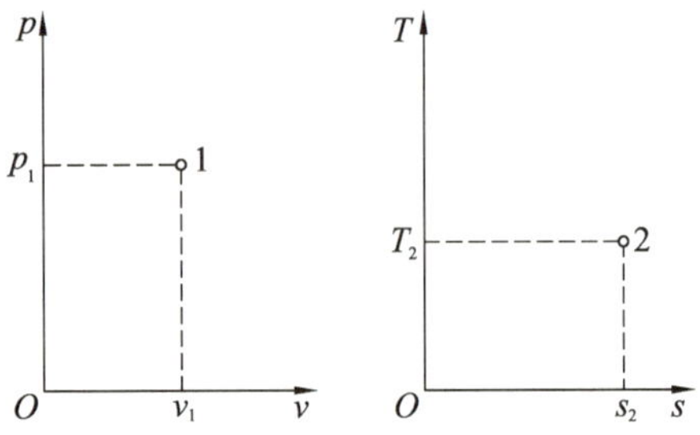

(a) 压容(p-v)图　　(b) 温熵(T-s)图

图 1-5　热力状态坐标图

1.3.3 热力过程

热力系统中，工质从一个状态向另一状态变化时所经历的全部状态的总和称为热力过程（thermal process），简称过程。热能与机械能的相互转换或热能的转移必须通过系统的状态变化来实现。一切实际热力过程都是热力系统与外界之间不平衡势差（温差、压力差等）作用的结果。也就是说，实际的热力过程均是由一系列的不平衡状态变化所形成的，整个过程中难以有确定的状态参数，热力过程的分析计算便难以进行。因此，类似于平衡状态的概念，再引入准平衡过程与可逆过程的概念。

1.3.3.1　准平衡过程

热力系统中，工质所经历的每一个状态都无限地接近平衡状态的热力过程称为准平衡过程（quasi-equilibrium process）。准平衡过程是一种理想过程，它是实际过程进行得足够缓慢的极限情况。

准平衡过程在热力学中有很重要的意义，因为只有在平衡状态时，工质的状态才能用状态参数来描述，所以，热力学所研究的热力过程，一般都指准平衡过程。

在坐标图中，只有准平衡过程才可用连续曲线表示。准平衡过程是实际过程的理想化。由于实际过程都是在有温差或压差作用下进行的，因而都是不平衡过程，但是在适当的条件下可以把实际设备中进行的过程当作准平衡过程处理。例如：活塞式机器中活塞运动的速度通常不足10 m/s，而气体分子运动的速度，气体内压力波的传播速度都在每秒几百米以上，即使气体内部存在某些不均匀性，也可以迅速得以消除。换句话说，工质和外界一旦出现不平衡，工质有足够的时间得以恢复，使气体的变化过程比较接近准平衡过程。

1.3.3.2 可逆过程

如果热力系统完成了某一热力过程后，再沿原来路径逆向进行时，能使热力系统和外界也回复到原来状态而不留下任何变化，则这一过程称为可逆过程（reversible process）。反之，则称为不可逆过程。

可逆过程必须是准平衡过程，而且系统和外界经历了正向和逆向过程后必须都恢复原来状态。由此可见，一切实际存在的热力过程都是不可逆过程。因为要想实现可逆过程，必须满足以下两个条件：

（1）做机械运动时，热力系统和外界保持力平衡，即没有因摩擦而使机械能转化为热能的现象（使功转变为热的效应，称为耗散效应）。

（2）传热过程中，热力系统和外界保持热平衡，即无温差。

可见，可逆过程是一种不引起任何能量损失的理想过程。虽然可逆过程实际上并不存在，但可以把它作为一切实际过程的理论极限。可逆过程可以理解为无限小的温差下传热，无限微弱摩擦下做机械运动的过程，因而可以作为实际过程中能量转换效果比较的标准，并借以指出努力的方向。

1.4 理想气体状态方程

1.4.1 理想气体与实际气体

由于工质大多为气体，所以需对气体的性质、运动规律要有所了解。根据气体分子运动论，大量的气体分子不停地进行无规则的热运动，分子本身具有一定的体积，而且分子之间存在着引力。所以，气体的性质是非常复杂的。为了研究问题的方便，提出了理想气体这一概念。

所谓理想气体（ideal gas），是一种经过科学抽象的假想气体，它必须符合两个假定条件：一是气体分子本身不占有体积；二是气体分子间没有相互作用力。

凡是不符合这两个条件的气体称为实际气体。

当气体的压力不太高，温度不太低，远离液态时，气体分子间的作用力及分子本身的体积可以忽略，此时这些气体可以看作理想气体。如工程中常用的O_2、N_2、H_2、CO、CO_2等及其混合物，都可以作为理想气体处理。另外，地球大气中含有的少量水蒸气，燃气、烟气中含有的水蒸气和二氧化碳等，因分子浓度低，分压力甚小，在这些混合物的温度不太低时，仍可视作理想气体。

而当气体的比体积较小，离液态较近时，则不能当作理想气体来处理。如火力发电厂动力装置中采用的水蒸气、制冷装置的工质氟利昂蒸气、氨蒸气等。

1.4.2 理想气体状态方程

当理想气体处于任一平衡状态时，三个基本状态参数之间的数学关系为

$$pv=RT \tag{1-7}$$

式中：p——绝对压力，Pa；

v——比体积，m^3/kg；

T——热力学温度，K；

R——气体常数（gas constant），J/(kg·K)，与气体的种类有关，而与气体的状态无关。

式（1-7）为 1 kg 理想气体的状态方程式（ideal-gas equation of state），反映理想气体在某一平衡状态下三个基本状态参数之间的函数关系。

对质量为 m kg 的理想气体，状态方程式可写成

$$pV=mRT \tag{1-8}$$

式中：V——质量为 m kg 气体的体积，m^3。

对一定质量的气体，由状态 1 变为状态 2 时，有

$$\frac{p_1V_1}{T_1}=\frac{p_2V_2}{T_2} \tag{1-9}$$

对于 1 kmol 气体，则有

$$Mpv=MRT$$

或

$$pV_M=R_0T \tag{1-10}$$

式中：M——气体的千摩尔质量，kg/kmol；

V_M——气体的千摩尔体积，$m^3/kmol$，$V_M=Mv$；

R_0——通用气体常数（universal gas constant），J/(kmol·K)，与气体的种类及状态均无关，$R_0=MR$。

由式（1-10）可得

$$V_M=\frac{R_0T}{p}$$

上式表明，在相同压力和相同温度下，1 kmol 的各种气体占有相同的容积，这一规律称为阿佛加得罗（Avogadro）定律。

实验证明，在 $p_0=101.325$ kPa，$t_0=0$ ℃的标准状态下，1 kmol 任何气体占有的容积都等于 22.4 m^3。由此可计算出通用气体常数

$$R_0=\frac{p_0V_{M0}}{T_0}=\left(\frac{101325\times22.4}{273}\right)\text{J/(kmol·K)}\approx8314\ \text{J/(kmol·K)}$$

通用气体常数值也可由分子运动论的微观方法推导得出，此处不再论述。

已知通用气体常数及气体的分子量，即可求得气体常数

$$R=\frac{R_0}{M}=\frac{8314}{M} \tag{1-11}$$

表1-1列出了几种常见气体的气体常数。

表1-1 几种常见气体的气体常数

物质名称	化学式	分子量	R/[J/(kg·K)]	物质名称	化学式	分子量	R/[J/(kg·K)]
氢	H_2	2.016	4124.0	氮	N_2	28.013	296.8
氦	He	4.003	2077.0	一氧化碳	CO	28.011	296.8
甲烷	CH_4	16.043	518.2	二氧化碳	CO_2	44.010	188.9
氨	NH_3	17.031	488.2	氧	O_2	32.0	259.8
水蒸气	H_2O	18.015	461.5	空气	—	28.97	287.0

【例1-2】 把二氧化碳压送入容积为3 m³的贮气筒内。初态时贮气筒上压力表读数为0.03 MPa、温度计读数为45 ℃；终态时压力表读数为0.3 MPa，温度计读数为70 ℃。若当地大气压力p_b=750 mmHg，试求被压送入筒内的二氧化碳的质量。

【解】 初态时，筒内二氧化碳的质量为

$$m_1=\frac{p_1V}{RT_1}$$

终态时，筒内二氧化碳的质量为

$$m_2=\frac{p_2V}{RT_2}$$

被压送入筒内的二氧化碳的质量为

$$\begin{aligned}\Delta m&=m_2-m_1=\frac{p_2V}{RT_2}-\frac{p_1V}{RT_1}=\frac{V}{R}\left(\frac{p_2}{T_2}-\frac{p_1}{T_1}\right)\\&=\frac{3}{188.9}\times\left(\frac{0.3\times10^6+750\times133.33}{273+70}-\frac{0.03\times10^6+750\times133.33}{273+45}\right)\\&=12.03\ \text{kg}\end{aligned}$$

【例1-3】 已知空气进入加热器前风量V_1=5000 m³，温度t_1=−10 ℃，经加热后温度升至40 ℃，问此时风量为多少？

【解】 工程中，此类空气加热过程可看作是定压过程，即$p_1=p_2$，而且加热前后质量不变，由式(1-9)得

$$\frac{V_1}{T_1}=\frac{V_2}{T_2}$$

$$V_2=\frac{T_2}{T_1}V_1=\frac{273+40}{273-10}\times5000=5950.6\ \text{m}^3$$

可见，加热后空气的体积量增加了10%以上。

对气体而言，风量如果用体积量时，必须指明气体所处的状态(p，t)，否则该体积量没有意义。

【例1-4】 某离心风机在大气压为101325 Pa，温度为20 ℃（该状态为常用工程测试状态）环境下测得风量为30000 m³/h。若风机工作温度为30 ℃，大气压力为99305 Pa，此时风机输送的质量与测定状况下质量相差多少？

【解】 在不同状态下，风机的送风量（体积流量）可近似为常量，即 $V_2=V_1=30000\ m^3/h$，则两工况下相差的质量为

$$\Delta m=m_1-m_2=\frac{p_1V}{RT_1}-\frac{p_2V}{RT_2}=\frac{V}{R}\left(\frac{p_1}{T_1}-\frac{p_2}{T_2}\right)$$

$$=\left[\frac{30000}{287}\times\left(\frac{101325}{273+20}-\frac{99305}{273+30}\right)\right]=1890\ \text{kg}$$

1.5 混合气体

在热力过程中常用工质大多是几种不同种类气体的混合物。如空气是由 N_2、O_2、H_2O 等组成，燃料燃烧产成的烟气是由 CO_2、N_2、O_2、H_2O 和 SO_2 等组成。若各组成气体都是理想气体，则由它们组成的混合气体也可以看作理想气体。

1.5.1 混合气体的分压力和分容积

处于平衡状态的混合气体，内部各处温度均匀一致，因此每一种组成气体的温度都相等，都等于混合气体的温度。同样，由于处于平衡状态，每一种气体的分子都均匀地分布在混合气体的容积中，即各组成气体的容积都相等，都等于混合气体的容积。

1.5.1.1 混合气体的分压力

各组成气体在混合气体的温度下，单独占据混合气体的整个容积时，所呈现的压力称为该组成气体的分压力，用符号 p_i 表示，如图 1-6a，b，c 所示（图中假设由“○”气体和“＋”气体组成的混合气体）。

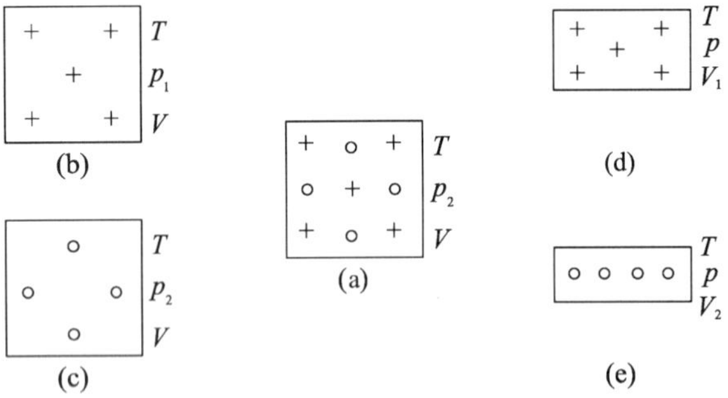

图 1-6 混合气体的分压力与分容积示意图

道尔顿分压力定律指出，理想混合气体的总压力等于各组成气体的分压力之和，即

$$p=p_1+p_2+p_3+\cdots+p_n=\sum_{i=1}^{n}p_i \tag{1-12}$$

1.5.1.2 混合气体的分容积

各组成气体在混合气体的温度、压力相同的条件下单独存在时，所占有的容积称为该组成气体的分容积，用符号 V_i 表示，如图 1-6d，e 所示。

亚美格分容积定律指出：混合气体的总容积等于各组成气体的分容积之和，即

$$V=V_1+V_2+V_3+\cdots+V_n=\sum_{i=1}^{n}V_i \tag{1-13}$$

1.5.2 混合气体的成分表示方法与换算

混合气体的性质不仅与各组成气体的性质有关，而且与各组成气体所占的数量有关。为此，需要研究混合气体的成分。按不同的物量单位，混合气体的成分有质量成分、容积成分和摩尔成分。

1.5.2.1 质量成分

混合气体中某组成气体的质量 m_i 与混合气体的总质量 m 的比值称为该组成气体的质量成分，用符号 g_i 表示，即

$$g_i=\frac{m_i}{m} \tag{1-14}$$

由于混合气体的总质量 m 等于各组成气体的质量 m_i 的总和，即 $m=\sum_{i=1}^{n}m_i$，所以各组成气体的质量成分之和等于 1，即

$$g_1+g_2+g_3+\cdots+g_n=\sum_{i=1}^{n}g_i=1 \tag{1-15}$$

1.5.2.2 容积成分

混合气体中某组成气体的分容积 V_i 与混合气体的总容积 V 的比值称为该组成气体的容积成分，用符号 r_i 表示，即

$$r_i=\frac{V_i}{V} \tag{1-16}$$

根据分容积定律，有

$$r_1+r_2+r_3+\cdots+r_n=\sum_{i=1}^{n}r_i=1 \tag{1-17}$$

1.5.2.3 摩尔成分

混合气体中某组成气体的摩尔数 n_i 与混合气体的总摩尔数 n 的比值称为该组成气体的摩尔成分，用符号 x_i 表示，即

$$x_i=\frac{n_i}{n} \tag{1-18}$$

由于混合气体的总摩尔数 n 等于各组成气体的摩尔数 n_i 的总和，所以

$$x_1+x_2+x_3+\cdots+x_n=\sum_{i=1}^{n}x_i=1 \tag{1-19}$$

1.5.2.4 各成分之间的换算

经推导，容积成分与摩尔成分在数值上相等，即

$$r_i=\frac{n_i}{n}=x_i \tag{1-20}$$

质量成分与容积成分（或摩尔成分）的换算关系为

$$g_i = r_i \frac{M_i}{M} = x_i \frac{M_i}{M} \tag{1-21}$$

式中：M_i，M——某组成气体和混合气体的摩尔质量。

1.5.3 混合气体的平均摩尔质量和气体常数

由于 $m_i = n_i M_i$，则有

$$m = n_1 M_1 + n_2 M_2 + \cdots + n_n M_n = nM$$

由上式可得出 M，即

$$M = \sum_{i=1}^{n} \frac{n_i}{n} M_i = \sum_{i=1}^{n} x_i M_i = \sum_{i=1}^{n} r_i M_i \tag{1-22}$$

式（1-22）表明，混合气体的平均摩尔质量等于各组成气体的摩尔成分（或容积成分）乘以该组成气体的摩尔质量之总和。

已知混合气体的平均摩尔质量，则可求得混合气体的气体常数

$$R = \frac{R_M}{M} \tag{1-23}$$

1.5.4 分压力的确定

分别根据某组成气体的分压力与分容积可写出该组成气体的状态方程式为

$$p_i V = m_i R_i T$$

$$p V_i = m_i R_i T$$

则

$$p_i = \frac{V_i}{V} p = r_i p \tag{1-24}$$

式（1-24）表明，某组成气体的分压力等于混合气体的总压力与该组成气体容积成分的乘积。

思考题与习题

1-1 什么是工质？工质在能量传递与转换过程中起何作用？

1-2 汽车轮胎内要求有一定的压力，若冬天和夏天压力相同，试问冬天和夏天胎内空气质量是否相同？为什么？

1-3 什么是平衡状态？平衡状态需要满足什么条件？

1-4 准平衡过程与可逆过程有何区别？

1-5 试说明热力系统、外界、闭口系统、开口系统、绝热系统、孤立系统的含义。

1-6 什么是绝对压力、表压力、真空度？它们三者之间有何关系？为何表压力和真空度不能作为状态参数进行热力计算？

1-7 若大气压力为 750 mmHg，试求下列各压力：

（1）表压力为 0.6 MPa 时的绝对压力；

(2) 真空度为 600 mmH_2O 时的绝对压力；

(3) 绝对压力为 2 at 时的表压力。

1-8 锅炉烟道中烟气的压力常用斜管式微压计测量，如图 1-7 所示。斜管倾角 $\varphi=30°$，管内水柱长度 $l=160$ mm，当地大气压力 $p_b=740$ mmHg。求烟道的真空度和绝对压力。

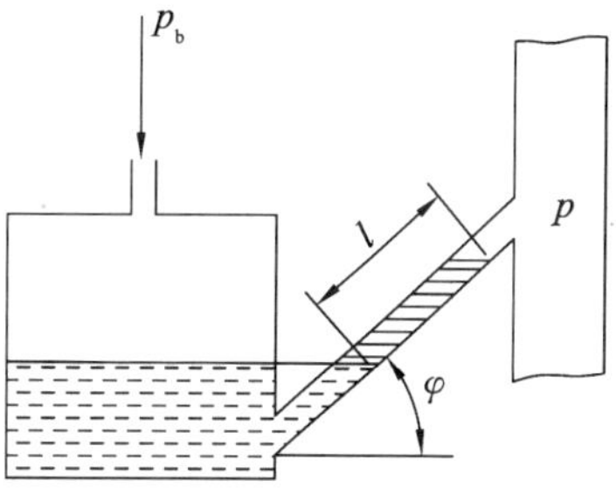

图 1-7 题 1-8 图

1-9 一个容器中有一定量的空气，若此时空气的温度为 20 ℃，大气压力等于 0.1 MPa，用测压计测得的表压力为 0.4 MPa，求该容器内气体的密度和比体积。

1-10 标准状态下，某一鼓风机的体积流量为 300 m^3/h。如果环境温度变为 27 ℃，当地大气压力为 745 mmHg，而体积流量不变时，此风机的质量流量改变多少？

1-11 什么是混合气体的分压力？混合气体的分压力和总压力之间的关系是什么？

2

热力学基本定律

知识点

热力系统储存能，功量及示功图，热量及示热图，焓，热力学第一定律的能量方程，热力循环，制冷系数，供热系数，卡诺循环与卡诺定律。

能力目标

◉ 掌握：热力系统储存能、焓、热力循环、卡诺循环、逆卡诺循环、制冷系数、供热系数等基本概念。

◉ 理解：功量及示功图、热量及示热图的含义；热力学第一定律和热力学第二定律的实质；卡诺循环、逆卡诺循环、卡诺定律对工程实际的指导意义。

◉ 熟悉：热力系统与外界传递的能量种类；热力学第一定律能量方程的表达式。

◉ 了解：常用热工设备主要交换的能量及稳定流动能量方程的简化形式；绝热节流的概念及特点；熵的基本概念和熵增原理。

◉ 应用：应用热力学第一定律对简单的工程问题进行能量交换的分析和计算。

2.1 热力系统涉及的能量形式

2.1.1 热力系统储存能

储存于热力系统的能量称为热力系统储存能，包括两部分：一是取决于热力系统本身的热力状态的能量，称为热力学能，又称为内部储存能，简称内能；二是系统作为一个整体在参考坐标系中由于具有一定的宏观运动速度和一定的高度而具有的机械能，即宏观动能和重力位能，它们又称为外部储存能。

2.1.1.1 内部储存能(内能)(internal energy)

内能包括两部分：一是分子热运动的动能，称为内动能（internal kinetic energy）；二是分子之间由于相互作用而具有的位能，称为内位能（internal potential energy）。

根据分子运动论，内动能的大小取决于工质的温度，温度越高，内动能越大；内位能的大小与分子间距离有关，故取决于工质的比体积。

m kg 气体的内能用符号 U 表示，单位为 J 或 kJ；1 kg 气体的内能称为比内能，用符号 u 表示，单位为 J/kg 或 kJ/kg。由于内能取决于工质的温度和比体积，所以可用以下函数式表示，即

$$u=f(T, v) \tag{2-1}$$

对于理想气体，由于分子之间不存在相互作用力，所以内能仅与温度有关，是温度的单值函数，即

$$u=f(T) \tag{2-2}$$

2.1.1.2 外部储存能

外部储存能指的是气体的机械能，包括宏观动能和重力位能，单位为 J 或 kJ。

质量为 m，运动速度为 c 的气体，其宏观动能为

$$E_k=\frac{1}{2}mc^2 \tag{2-3}$$

质量为 m，参考坐标高度为 z 的气体，其重力位能为

$$E_p=mgz \tag{2-4}$$

2.1.1.3 热力系统总储存能

热力系统总储存能为系统内、外部储存能之和，即

$$E=U+E_k+E_p \tag{2-5}$$

对于 1 kg 工质，其总储存能为

$$e=u+\frac{1}{2}c^2+gz \tag{2-6}$$

2.1.2 热力系统与外界传递的能量

在热力过程中，热力系统与外界交换的能量包括热量、功量及随工质流动传递的能量。

热力系统的功量和热量

2.1.2.1 功量(work)

在力差作用下，系统与外界发生的能量交换就是功量。功量是一个过程量，只有伴随过程的进行才能发生。过程停止，系统与外界的功量传递也相应停止。

力的形式不同，导致做功形式也不相同。工程热力学中，主要涉及的两种功量交换形式是体积变化功与轴功。

（1）体积变化功

由于系统体积发生变化（增大或缩小）而通过界面向外界传递的机械功称为体积变化功（膨胀功或压缩功），用符号 W 表示，单位为 J 或 kJ。1 kg 工质传递的体积变化功用符号 w 表示，单位为 J/kg 或 kJ/kg。热力学中规定：系统体积增大，系统对外做膨

胀功，功量为正值；系统体积减小，外界对系统作压缩功，功量为负值。

下面通过图 2-1 所示的气缸-活塞机构来推导可逆过程体积变化功的计算式。

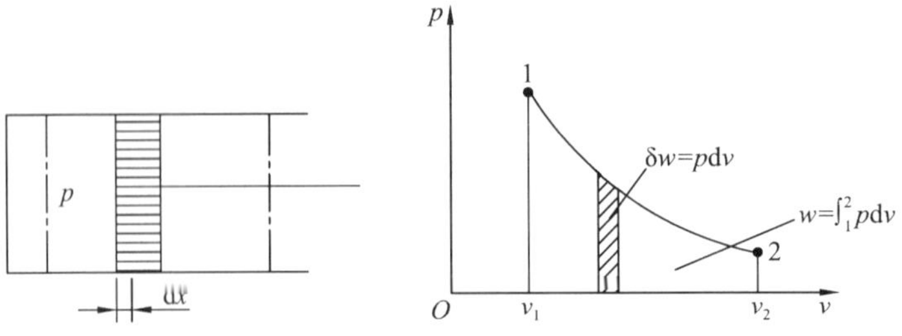

(a) 气缸 - 活塞机构示意　　(b) p-v图

图 2-1　体积变化功

假设 1 kg 的气体工质在气缸中进行一个可逆膨胀过程。缸内气体压力为 p，活塞的截面积为 A，则工质作用于活塞上的力为 pA。当活塞在某一瞬间向右移动微小位移 $\mathrm{d}x$ 时，气体对活塞所作的微元功为

$$\delta w = pA\,\mathrm{d}x = p\,\mathrm{d}v \tag{2-7}$$

对于整个热力过程 1—2，其功量为

$$w = \int_1^2 \delta w = \int_1^2 p\,\mathrm{d}v \tag{2-8}$$

这一过程可在 p-v 图上用曲线 1-2 表示，如图 2-1b 所示。根据式（2-8），功的数值可用曲线下的面积 $12v_2v_11$ 表示。所以，p-v 图又称为示功图。同时，对应相同的初、终状态，若过程不同，曲线下面的面积（功量）也不同，可见功量是一个过程量。

对于质量为 m kg 的热力系统，其体积变化功为

$$W = mw = \int_1^2 p\,\mathrm{d}V \tag{2-9}$$

（2）轴功

工程实际中系统与外界的功量交换更多的是通过机械轴来进行，称为轴功，用符号 W_s 表示，单位为 J 或 kJ。1 kg 工质传递的轴功用符号 w_s 表示，单位为 J/kg 或 kJ/kg。与体积变化功一致，热力学中规定系统对外输出的轴功为正值，外界输入的轴功为负值。

轴功在不同的热力系统中特点不同。如图 2-2 所示，系统可接受外界输入的轴功（风机、压缩机），也可向外界输出轴功（汽轮机）。

2.1.2.2　热量(heat)

当温度不同的两个物体相互接触时，高温物体会逐渐变冷，低温物体会逐渐变热。显然，有一部分能量从高温物体传给了低温物体。这种仅仅在温差作用下系统与外界传递的能量称为热量。

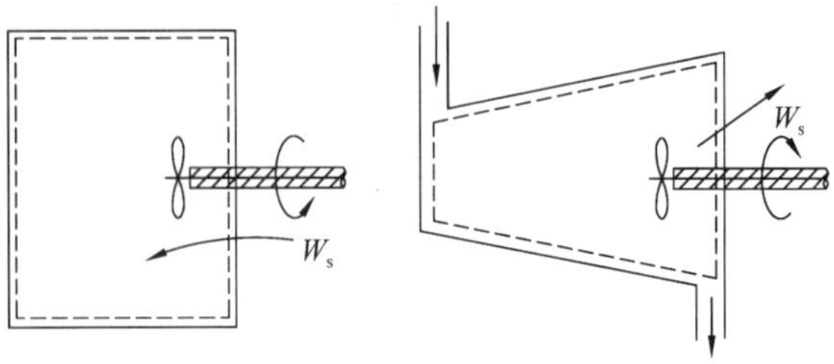

(a) 接受外界输入　　(b) 向外界输出

图 2-2　轴功示意图

热量是在热传递中物体能量改变的量度。热量不是状态参数，而是与过程紧密相关的一个过程量。对于系统的某个状态，可以说它具有多少能量，而不能说具有多少热量，只能说系统与外界交换了多少热量。

在热力学中，热量用符号 Q 表示，单位为 J 或 kJ。1 kg 工质传递的热量用 q 表示，单位为 J/kg 或 kJ/kg。热力学中规定：系统吸热为正，放热为负。

热量与功量都是系统与外界通过边界交换的能量，且都是与过程有关的量，因此，二者之间必定存在相似性。在可逆过程中，体积变化功可用 $\delta w = p\mathrm{d}v$ 表示，其中参数 p 是功量传递的推动力，$\mathrm{d}v$ 是有无体积变化功传递的标志；相应地，热量传递中参数 T 是推动力，$\mathrm{d}s$ 是有无热量传递的标志。与做功情况相应，热量可用下式表示：

$$\delta q = T\mathrm{d}s \text{ 或 } \delta Q = T\mathrm{d}S \tag{2-10}$$

对于可逆过程 1—2，传递的热量为

$$q = \int_1^2 T\mathrm{d}s \text{ 或 } Q = \int_1^2 T\mathrm{d}S \tag{2-11}$$

式中：S——熵，也是状态参数，J/K 或 kJ/K。1 kg 工质所具有的熵称为比熵，用 s 表示，单位为 J/（kg·K）或 kJ/（kg·K）。

与示功图 p-v 相应，以热力学温度 T 为纵坐标，以比熵 s 为横坐标构成 T-s 图，如图 2-3 所示。可以看出，在 T-s 图中，热量 q 的值为过程曲线下的面积 $12s_2s_11$，因此，T-s 图又称为示热图。从图中分析可知，若系统的初、终状态相同，而经历的过程不同时，其传热量也不相同。再次说明热量是过程量，它与过程特性有关。

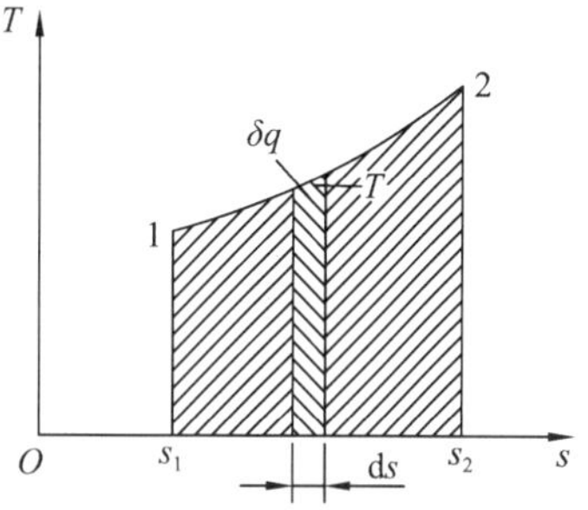

图 2-3　T-s 图

2.1.3　伴随工质流动传递的能量

开口系统，工质在流进或流出系统界面时，其自身所携带的一部分能量也同时通过界面，参与能量传递。这部分能量包括以下两部分。

2.1.3.1　流动工质本身具有的储存能

如前所述，流动工质所具有的内能、宏观动能和重力位能为

$$E = U + E_k + E_p = U + \frac{1}{2}mc^2 + mgz$$

或

$$e = u + \frac{1}{2}c^2 + gz$$

2.1.3.2　流动功(推动功)(flow work)

对于开口系统，工质在流动过程中会对其前面的流体产生一定的推动力，从而对其做功，即工质在流进或流出控制体界面时，系统与外界之间会有能量交换，这部分机械能通常称为流动功或推动功，是维持工质正常流动所必须传递的能量，用符号 W_f 表示，单位为 J 或 kJ。1 kg 工质所做的流动功用 w_f 表示，单位为 J/kg 或 kJ/kg。

如图 2-4 所示，质量为 $\mathrm{d}m$ 的工质流入系统时，假设界面 1-1 处工质的状态参数为压力 p，比体积 v，过流断面积 A，则工质流过 1-1 界面时带入系统的流动功为流动

功＝力×位移，即

$$\delta W_f = pA\,dx = p\,dV = pv\,dm$$

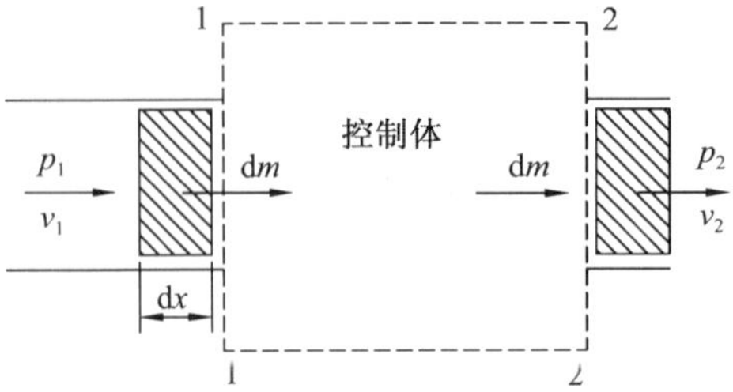

图 2-4　流动功示意图

对于 1 kg 工质而言，

$$w_f = \frac{\delta W_f}{dm} = pv \tag{2-12}$$

进、出系统时净流动功交换量为

$$\Delta w_f = p_2 v_2 - p_1 v_1 \tag{2-13}$$

从式（2-12）、式（2-13）可以看出，流动功是一种特殊的功，其数值取决于控制体进、出口界面上的热力状态。需要强调的是，推动功只有在工质移动越过边界时才起作用。

2.1.4　焓及其物理意义

流动工质传递的总能量应包括工质本身储存能和流动功两部分，即

$$U + \frac{1}{2}mc^2 + mgz + PV$$

或

$$u + \frac{1}{2}c^2 + gz + pv$$

其中，u 和 pv 取决于工质的热力状态。为了简化计算，热力学中引入一个新的物理量——焓（enthalpy），并定义

$$H = U + PV \tag{2-14}$$

或

$$h = u + pv \tag{2-15}$$

式中：H——焓，J 或 kJ；

h——比焓，J/kg 或 kJ/kg。

由于 u，p，v 都是状态参数，因此焓也是状态参数。有了焓这个状态参数，伴随工质流动而交换的能量可表示为

$$H + \frac{1}{2}mc^2 + mgz$$

或

$$h + \frac{1}{2}c^2 + gz$$

焓是一个组合参数或者说是一个方便参数。在开口系统的热力过程分析计算中，焓是内能和流动功之和，它表示工质在流动过程中携带的、由其热力学状态决定的那部分

能量。尽管在闭口系统中不存在推动功，但焓作为状态参数仍然存在，而且在闭口系统的热力分析计算中，也有重要作用。

2.2 热力学第一定律

热力学第一定律

2.2.1 热力学第一定律的实质

任何形式的能量，既不能被消灭也不能被创造，只能从一种形式转换成另一种形式，在转换过程中能量的总量保持恒定，这就是能量守恒与转换定律。热力学第一定律（first law of thermodynamics），即是能量守恒与转换定律在热力学中的应用，它可以简单地表述为：热能和机械能在传递和转换时，能量的总量必定守恒。它建立了热力过程中的能量平衡关系，是热力学宏观分析方法的主要依据之一。

热力学第一定律适用于一切热力系统和热力过程，无论是开口系统还是闭口系统，热力学第一定律能量平衡方程式都可以一般地表示为

$$进入系统的能量-离开系统的能量=系统储存能的变化量 \tag{2-16}$$

式（2-16）是系统能量平衡的基本表达式，任何系统任何过程均可据此原则建立其平衡式。对于闭口系统，进入和离开系统的能量只包括热量和做功两项；对于开口系统，因有物质进出边界，所以进入系统的能量和离开系统的能量除以上两项外，还有随同物质带进带出系统的能量。由于这些区别，热力学第一定律应用于不同热力系统时可得不同的能量方程。

2.2.2 闭口系统的能量方程

对于闭口系统，无工质穿越界面，系统与外界只有热量和功量的交换，系统只考虑内部储存能的变化，其宏观动能和重力位能的变化为零。

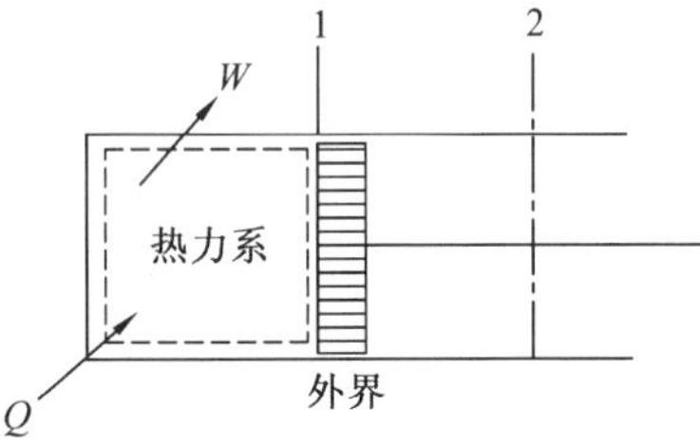

图 2-5 闭口系统的能量转换

如图 2-5 所示，取气缸内的工质为热力系统，若工质从状态 1 变化到状态 2 时，系统从外界吸收热量 Q，对外做功 W，系统储存能的变化等于其内能变化 ΔU。

根据式（2-16）建立能量方程

$$Q-W=\Delta U$$

或

$$Q=\Delta U+W \tag{2-17}$$

对于 1 kg 工质的能量方程 $$q=\Delta u+w \tag{2-18}$$

对于微元过程

$$\delta Q=\mathrm{d}U+\delta W$$

或

$$\delta q=\mathrm{d}u+\delta w \tag{2-19}$$

以上各式适用于闭口系统的任何工质进行的一切热力过程。它表示加给热力系统的

热量一部分用来对外做功，另一部分用来增加工质的内能，储存于工质的内部。式中，Δu 的取值可正可负：$\Delta u>0$ 表示系统内能增加；$\Delta u<0$ 表示系统内能减少；$\Delta u=0$ 表示内能不变。q，w 的取值按照前面的规定确定。

对于可逆过程，由于 $\delta w=p\,\mathrm{d}v$ 或 $w=\int_1^2 p\,\mathrm{d}v$，则有

$$\delta q=\mathrm{d}u+p\,\mathrm{d}v \tag{2-20}$$

或

$$q=\Delta u+\int_1^2 p\,\mathrm{d}v \tag{2-21}$$

【例 2-1】 设 10 kg 气体在气缸中被压缩，外界输入功量 100 kJ，压缩过程中气体放热 30 kJ。问该过程中气体的内能是增加还是减少？每千克气体的内能变化量是多少？

【解】 根据式（2-17）得

$$\Delta U=Q-W=-30-(-100)=70\ \text{kJ}$$

由于 $\Delta U=70\ \text{kJ}>0$，故气体的内能增加。

每千克气体的内能增量为

$$\Delta u=\frac{\Delta U}{m}=\frac{70}{10}=7\ \text{kJ/kg}$$

2.2.3 开口系统稳定流动能量方程

2.2.3.1 稳定流动(steady flow)

工程上，如加热器、压缩机和锅炉等热工设备除了启动、停止或增减负荷外，常处于稳定工作的情况下，工质在这些设备中的流动处于稳定流动。所谓稳定流动，是指热力系统在流动空间上任何一点的参数不随时间而变化的流动，其特点是：（1）流入和流出系统的质量流量相等，且不随时间变化；（2）进、出口处工质的状态不随时间而变化；（3）系统和外界交换的热量和功量不随时间而改变。

2.2.3.2 稳定流动能量方程

图 2-6 是一开口系统示意图，工质在开口系统中稳定流动。

假设流进流出的工质为 1 kg，则

工质进入系统带进的能量：$e_1=u_1+\frac{1}{2}c_1^2+gz_1$，流动功 p_1v_1；

工质流出系统带出的能量：$e_2=u_2+\frac{1}{2}c_2^2+gz_2$，流动功 p_2v_2。

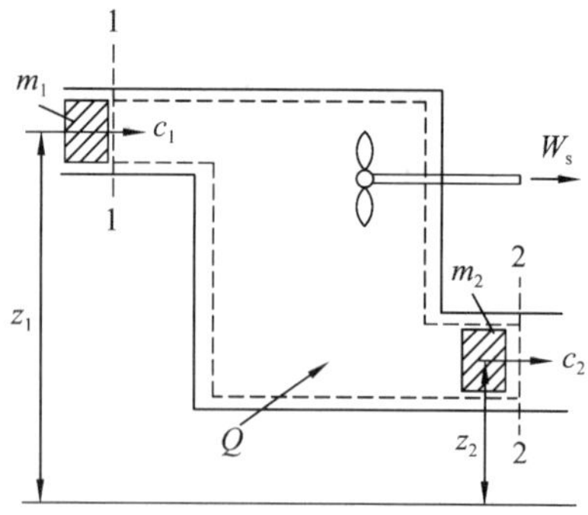

图 2-6 开口热力系统能量分析

又设 1 kg 工质流经系统时从外界吸取的热量为 q，通过系统对外界输出的轴功为 w_s。由于研究对象为稳定流动，系统储存的能量保持不变，系统与外界的热量和功量交换也保持不变，可根据式（2-16）建立能量方程

$$\left(u_1+\frac{1}{2}c_1^2+gz_1+p_1v_1+q\right)-\left(u_2+\frac{1}{2}c_2^2+gz_2+p_2v_2+w_s\right)=0$$

整理得

$$(u_1+p_1v_1)-(u_2+p_2v_2)+\frac{1}{2}(c_1^2-c_2^2)+g(z_1-z_2)+q-w_s=0$$

上式可简化为

$$q=h_2-h_1+\frac{1}{2}(c_2^2-c_1^2)+g(z_2-z_1)+w_s$$

$$=\Delta h+\frac{1}{2}\Delta c^2+g\Delta z+w_s \tag{2-22}$$

对于微元热力过程

$$\delta q=\mathrm{d}h+\frac{1}{2}\mathrm{d}c^2+g\mathrm{d}z+\delta w_s \tag{2-23}$$

上述各式适用于开口热力系统稳定流动的各种热力过程。

热力学第一定律的应用

2.2.4 稳定流动能量方程的应用

如前所述，诸多热工设备在正常运行过程中的流动都可视为稳定流动，因此可以利用稳定流动能量方程式来进行能量分析和计算。针对不同的条件，能量方程可以简化成不同的形式。

2.2.4.1 换热器(heat exchanger)

以热量交换为主要工作方式的设备称为热交换设备，简称换热器，如锅炉、加热器、散热器、蒸发器、冷凝器等。如图 2-7 所示，当工质流过换热器时，仅交换热量而无功量交换，即 $w_s=0$。工质宏观动能、宏观位能的变化相对于所交换的热量很小，往往可以忽略。于是，依据稳定流动能量方程式（2-22）可得

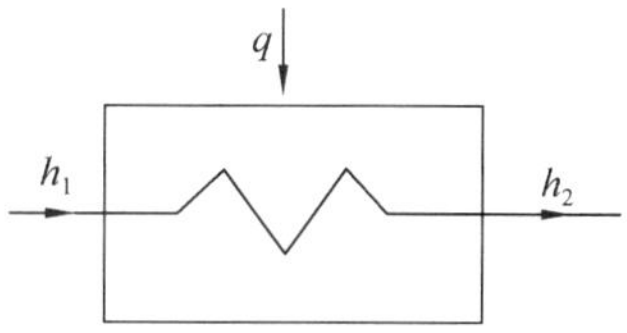

图 2-7 换热器

$$q=h_2-h_1 \tag{2-24}$$

式（2-24）表明，工质在换热器中交换的热量等于其焓的变化。吸收热量时，焓值增加；放出热量时，焓值降低。

2.2.4.2 叶轮机械

叶轮机械分为两类：一类是各种热力发动机，如燃气轮机、汽轮机等，都是利用工质膨胀，对外输出轴功；另一类是各种压缩机械，如压气机、风机、水泵等，都是消耗外功，来提高工质的压力。两者的作用恰好相反。它们的特点是交换的热量（压缩机械没有采用专门的散热措施时）、工质宏观动能、重力位能的变化都很小，往往可以忽略。于是，依据式（2-22）可得

$$w_s=h_1-h_2 \tag{2-25}$$

即叶轮机械的轴功等于工质的焓降。对于热力发动机，是通过焓值降低对外输出轴功；而对于压缩机械，则是消耗外界的轴功使工质的焓提高。

2.2.4.3 喷管(nozzle)与扩压管(diffuser)

喷管和扩压管在工程上具有广泛的应用。喷管是通过流体的膨胀而获得高速流体的一种设备，扩压管是利用流体的动能降低来获得高压流体的一种设备，两者的作用正好相反。如图 2-8 所示，工质流经喷管或扩压管时，无功量交换，无热量的交换以及宏观

位能差的变化与流体的动能变化相比都很小，可以忽略不计。于是依据式（2-22）可得

$$\frac{1}{2}(c_2^2-c_1^2)=h_1-h_2 \tag{2-26}$$

式（2-26）表明，工质流经喷管或扩压管时，动能的增加等于焓的减少。在喷管中，流体的动能增加，焓值必然降低；在扩压管中，流体的动能降低，焓值必然增大。

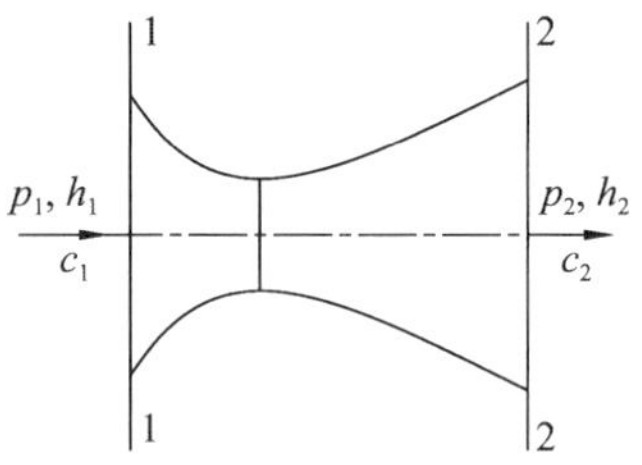

图 2-8 喷管与扩压管

2.2.4.4 绝热节流

流体在管道中流动时，遇到阀门、孔板等装置使通道截面积突然减小，由于局部阻力而使流体压力下降，这种现象称为节流，如图 2-9 所示。节流是典型的不可逆过程。流体通过缩孔时流速增加很大，而压力急剧下降，在缩孔前后一段区域内存在强烈的扰动与涡流，工质处于不稳定的平衡状态。但在离缩孔稍远的 1-1 和 2-2 截面处，流动情况基本稳定，两截面之间的流动可以用稳定流动能量方程式进行分析计算。节流时，工质与外界无功量、热量交换，并忽略宏观动能、宏观位能的变化，于是依据式（2-22）可得

$$h_1=h_2 \tag{2-27}$$

式（2-27）表明，工质节流前后的焓值相等。

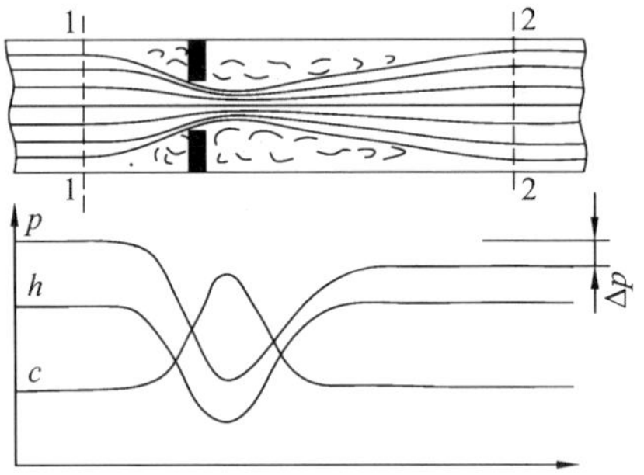

图 2-9 绝热节流

【例 2-2】 某教室中有一组散热器，热水采暖。若进口处热水 $h_1=380$ kJ/kg，出口处 $h_2=280$ kJ/kg，水量为 $m=2.5$ kg/s。试计算该组散热器单位时间传递给室内的热量。

【解】 作为换热器，可直接用式（2-24）计算。

$$q=h_2-h_1=280-380=-100\ \text{kJ/kg}$$

因 $q<0$，故热水工质在散热器中是放热过程。

因此，散热量为

$$Q=mq=-100\times2.5=-250\ \text{kW}$$

【例 2-3】 已知新蒸气流入汽轮机时的焓 $h_1=3232$ kJ/kg，流速 $c_1=50$ m/s；蒸气在汽轮机中做功，做完功后变为乏气，乏气流出汽轮机时的焓 $h_2=2302$ kJ/kg，流速 $c_2=120$ m/s。若汽轮机与外界的热量损失及蒸气在汽轮机中的位能差可忽略不计，试求 1 kg 蒸气流经汽轮机时对外机所做的功。若蒸气流量是 10t/h，求汽轮机的功率。

【解】 由式（2-22）得

$$q=h_2-h_1+\frac{1}{2}(c_2^2-c_1^2)+g(z_2-z_1)+w_s$$

根据题意，$q=0, g(z_2-z_1)=0$，于是得 1 kg 蒸气所做的功

$$w_s=h_1-h_2+\frac{1}{2}(c_1^2-c_2^2)=3232-2302+\frac{1}{2}(50^2-120^2)\times10^{-3}=924.05\ \mathrm{kJ/kg}$$

工质每小时做功

$$W_i=q_m w_s=10\times10^3\times924.05=9.24\times10^6\ \mathrm{kJ/h}=2567\ \mathrm{kW}$$

2.3 理想气体的热量、内能及焓的计算

在应用能量方程分析热力过程中，需要进行气体内能、焓和热量的计算，这些都需要借助于比热容的概念。

2.3.1 比热容的定义及影响因素

2.3.1.1 比热容的概念

物体温度变化 1 ℃（或 1 K）所吸收或放出的热量称为该物体的热容。1 kg 物质的热容称为该物质的比热容（specific heat capacity）或质量热容，用符号 c 表示，单位为 kJ/(kg · K)；1 kmol 物质的热容称为该物质的摩尔比热容，用符号 c_m，单位为 kJ/(kmol · K)；标准状态下 1 m³ 物质的热容称为该物质的容积比热容，用符号 c'表示，单位为 kJ/(Nm³ · K)。三者之间的换算关系如下

$$c'=\frac{c_m}{22.4}=\frac{M\cdot c}{22.4}=c\rho_0 \tag{2-28}$$

式中：M——气体为 1 kmol 的质量（数值上等于分子量）；

ρ_0——气体在标准状态下的密度，kg/m³。

2.3.1.2 影响比热容的主要因素

不同种类的气体，由于其物理性质不同，比热容的值也不同。即使是同一种气体，比热容的值还与气体所经历的热力过程和温度有关。

（1）热力过程特性对气体比热容的影响

尽管比热容是属于物性参数，但事实证明，气体的比热容的数值与热力过程的特性有关。在热力过程中，最常见的情况是在容积不变下的定容加热过程和在压力不变下的定压加热过程，相应的比热容则称为比定容热容（specific heat at constant volume）（用 c_V 表示）和比定压热容（specific heat at constant pressure）（用 c_p 表示）。

实验证明，在一定温度下，同一种气体的 c_p 和 c_V 不相等，而且 c_p 大于 c_V。

理想气体比定压热容和比定容热容之间的关系为

$$c_p-c_V=R \tag{2-29a}$$

或

$$Mc_p-Mc_V=MR=R_0 \tag{2-29b}$$

式（2-29）称为迈耶公式。

在热力学中，气体比定压热容 c_p 与比定容热容 c_V 的比值在理论与实际中也是一个重要的参数，用 κ 表示，称为绝热指数（或等熵指数），即

$$\kappa=\frac{c_p}{c_V} \tag{2-30}$$

（2）温度对比热容的影响

气体比热容是随温度不同而变化的，经实验测定和理论推导，二者之间的关系可表示为一曲线关系：

$$c=f(t)=a_0+a_1t+a_2t^2+\cdots \tag{2-31}$$

式中，系数 a_0，a_1，a_2，…是与气体种类有关的常数，可从物性手册中查到。

相应于每一个温度下的比热容称为气体的真实比热。

2.3.2 利用比热容计算热量

比热容的定义式为

$$c=\frac{\delta q}{\mathrm{d}t} \tag{2-32}$$

由比热容的定义式可得

$$\delta q=c\,\mathrm{d}t \tag{2-33}$$

利用式（2-33），对于质量为 1 kg 的气体，当温度由 t_1 变化到 t_2 时所需要的热量为

$$q=\int_{t_1}^{t_2}c\,\mathrm{d}t=\int_{t_1}^{t_2}f(t)\,\mathrm{d}t \tag{2-34}$$

若以气体的真实比热容 c 为纵坐标，以温度 t 为横坐标建立坐标系，将 $c=f(t)$ 表示在图上，如图 2-10 所示。热力过程 1—2 吸收的热量 $q=\int_{t_1}^{t_2}c\,\mathrm{d}t$ 即为过程线 1—2 下面所围的曲边梯形 $12t_2t_11$ 的面积。

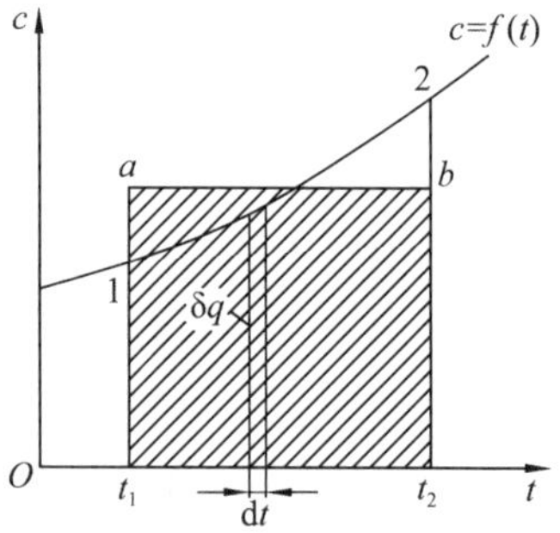

图 2-10　比热容与温度的关系

可见，利用气体真实比热容计算热量较为繁杂。工程上为了简化计算，可用平均比热容来求解热量。图 2-10 中，可以用一块大小相等的矩形面积 abt_2t_1a 来近似代替面积 $12t_2t_11$，即

$$q=\int_{t_1}^{t_2}c\,\mathrm{d}t=\overline{ab}(t_2-t_1)=c_m\Big|_{t_1}^{t_2}(t_2-t_1) \tag{2-35}$$

式中：$c_m\Big|_{t_1}^{t_2}$——气体在 t_1 至 t_2 温度间隔内的平均比热容。

为了在工程中较方便地列出平均比热容的数值，通常取 0 ℃为下限，通过实验确定出从 0 ℃到任意温度 t ℃的平均比热容。把式（2-35）改写成

$$q=\int_{t_1}^{t_2}c\,\mathrm{d}t=c_m\Big|_0^{t_2}t_2-c_m\Big|_0^{t_1}t_1 \tag{2-36}$$

式中：$c_m\Big|_0^{t_2}$，$c_m\Big|_0^{t_1}$——由 0 ℃到 t_2 ℃、由 0 ℃到 t_1 ℃的平均比热容。

附表1列出了几种气体在理想状态下的平均比定压热容 $c_{pm}\Big|_0^t$ 的数值。

2.3.3 利用比热容计算理想气体内能与焓的变化量

对于热力过程的分析和计算，一般不需要确定工质的内能和焓的绝对值，而只需要计算其内能与焓的变化量。

根据热力学第一定律，对于可逆过程有

$$q=\Delta u+\int_1^2 p\,\mathrm{d}v$$

$$q=\Delta h+\int_1^2 v\,\mathrm{d}p$$

定容工程 $\mathrm{d}v=0$，

$$\Delta u=q_v=c_V(t_2-t_1) \tag{2-37}$$

定压过程 $\mathrm{d}p=0$，

$$\Delta h=q_p=c_p(t_2-t_1)\quad (c_p\text{为定值}) \tag{2-38}$$

虽然 Δu，Δh 分别是由定容过程和定压过程推导出来的，但是由于状态参数的变化只取决于初、终状态，而与过程无关。因而，式（2-37）、式（2-38）对任何过程都成立。

2.4 理想气体的热力过程

热力系统与外界的能量交换是通过热力过程来实现的，而实际的热力过程都是一些不可逆过程。为了便于分析研究，可把实际过程当作可逆过程来处理，然后再借助于某些经验系数进行修正，进而解决工程实际问题。

分析热力过程的一般内容及步骤如下：

（1）依据热力过程进行的条件，求得过程方程 $p=f(v)$。

（2）根据理想气体状态方程及过程方程，确定初、终状态基本状态参数之间的关系。

（3）将过程表示在 p-v 图及 T-s 图上，并利用状态图进行分析。

（4）确定过程中传递的功量和热量。

2.4.1 基本热力过程

热力设备中，为了实现热能与机械能间的相互转换，或使工质达到预期的状态，通常总是通过工质的吸热、膨胀、放热、压缩等一些热力状态变化过程实现。实际过程是很复杂的不可逆过程。为了分析，寻找过程中状态参数变化及能量转换的规律，需抓住过程的主要特征。例如：汽油机缸中工质的燃烧加热过程，由于燃烧速度很快，压力急剧上升而体积几乎不变，接近定容；燃气轮机装置燃烧室内的燃烧加热过程及冰箱蒸发器管中制冷剂工质的汽化吸热过程，燃气和制冷剂压力变化较小，近似于定压；蒸汽电厂中冷凝器内乏气的凝结过程近似定温；蒸汽流过汽轮机，或空气流经叶轮式压气机时，流速很大，故气体向外界散失的热量相对较少，近乎绝热。热力设备中上述各种过程可近似地概括为定容、定压、定温和绝热过程。同时，为使问题简化，暂不考虑实际过程中不可逆的损耗而视为可逆过程。工程热力学把这四种典型的可逆过程称为基本热力过程。

2.4.1.1 定容过程

定量气体在状态变化时容积保持不变的过程，称为定容过程，即闭口系统边界固定不变的状态变化过程。

(1) 过程方程式

按过程特性，v＝定值为定容过程方程式。

(2) 初、终状态参数关系式

根据 v＝定值、$pv=RT$ 得

$$v_1=v_2 \text{ 及 } \frac{p_2}{p_1}=\frac{T_2}{T_1}$$

上式表明，在定容过程中气体的压力与热力学温度成正比。

(3) 过程在 p-v 图及 T-s 图上的表示

定容过程在 p-v 图上是一条与 v 轴垂直的直线，在 T-s 图上是一条指数曲线，如图 2-11 所示。1—2 为定容加热过程，1—2′为定容放热过程。T-s 图中 1—2 和 1—2′曲线下面积表示定容过程中系统与外界交换的热量。

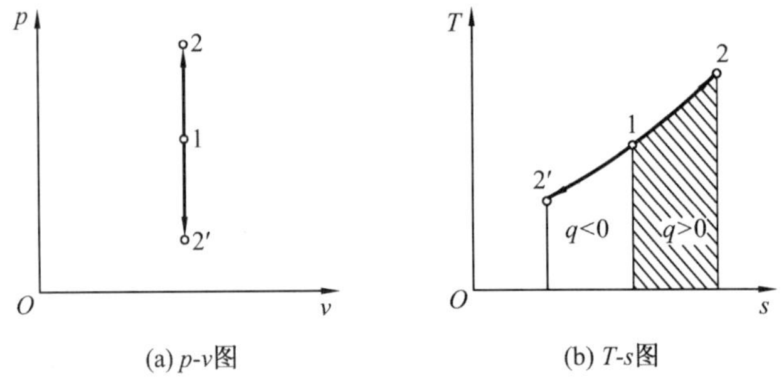

图 2-11 定容过程

(4) 过程中传递的功量与热量

定容过程中，因为 $\mathrm{d}v=0$，故体积变化功为

$$w=\int_1^2 p\,\mathrm{d}v=0 \tag{2-39}$$

根据热力学第一定律的能量方程，可得

$$q=\Delta u+w=\Delta u=c_V(T_2-T_1)$$

也可利用比热容定义式求得

$$q=\int_1^2 c_V\,\mathrm{d}T=c_V(T_2-T_1) \tag{2-40}$$

由此可知，在定容过程中，气体与外界交换的热量等于其内能的变化。

2.4.1.2 定压过程

气体在状态变化时压力保持不变的过程称为定压过程。

(1) 过程方程式

按过程特性，p=定值为定压过程方程式。

(2) 初、终状态参数关系式

根据 p=定值、$pv=RT$ 得

$$p_1=p_2 \quad 及 \quad \frac{v_2}{v_1}=\frac{T_2}{T_1}$$

上式表明，在定压过程中气体的比体积与热力学温度成正比。

(3) 过程在 p-v 图及 T-s 图上的表示

定压过程在 p-v 图上是一条水平线，在 T-s 图上是一条指数曲线，但斜率小于定容过程曲线，如图 2-12 所示。1—2 表示定压加热时，温度升高，比体积增大，比熵增大，是吸热升温膨胀过程；反之，1—2′为放热降温压缩过程。

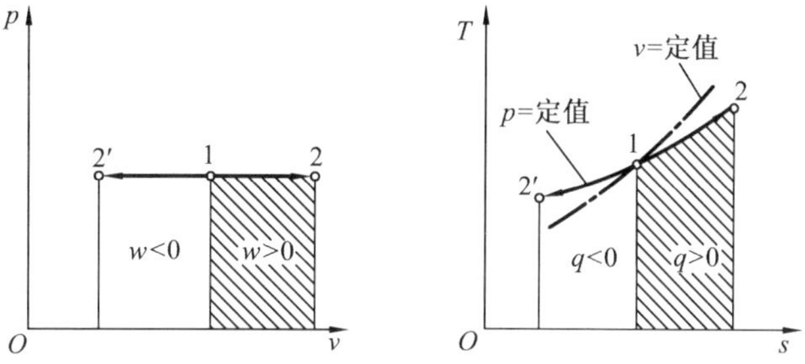

(a) p-v图　　(b) T-s图

图 2-12　定压过程

(4) 过程中传递的功量与热量

定压过程中，由于 p=定值，故体积变化功

$$w=\int_1^2 p\,\mathrm{d}v=p(v_2-v_1) \tag{2-41}$$

对于理想气体

$$w=p(v_2-v_1)=R(T_2-T_1)$$

根据热力学第一定律的能量方程，可得

$$q=\Delta u+p(v_2-v_1)=(u_2+pv_2)-(u_1+pv_1)=h_2-h_1 \tag{2-42}$$

也可用比定压热容来计算

$$q=\int_1^2 c_p\,\mathrm{d}T=c_p(T_2-T_1)$$

由此可知，在定压过程中，气体与外界交换的热量等于其焓的变化。

2.4.1.3 定温过程

气体在状态变化时温度保持不变的过程称为定温过程。

(1) 过程方程式

根据 T=定值、$pv=RT$ 得定温过程的过程方程式为

$$pv=定值$$

(2) 初、终状态参数关系式

由过程方程式得

$$p_1v_1=p_2v_2 \quad 或 \quad \frac{p_1}{p_2}=\frac{v_2}{v_1}$$

上式表明，在定温过程中，气体的压力与比体积成反比。

(3) 过程在 p-v 图及 T-s 图上的表示

定温过程在 p-v 图上为一条等轴双曲线，在 T-s 图上是一条水平线，如图 2-13 所示。1—2 为定温加热时，比体积增加，压力下降，比熵增加，是吸热膨胀过程；反之，1—2′为放热压缩过程。

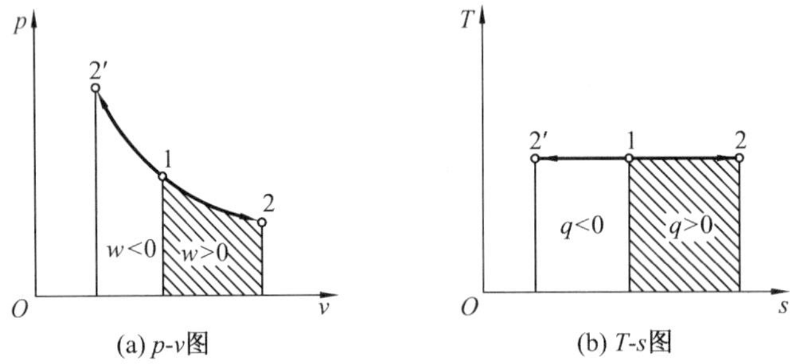

图 2-13 定温过程

(4) 过程中传递的功量与热量

定温过程中，由于 $pv=$定值，故体积变化功为

$$w=\int_1^2 p\,\mathrm{d}v=\int_1^2 pv\frac{\mathrm{d}v}{v}=pv\ln\frac{v_2}{v_1}=RT\ln\frac{v_2}{v_1}=RT\ln\frac{p_1}{p_2} \tag{2-43}$$

根据热力学第一定律能量方程，可得

$$q=\Delta u+w=w=pv\ln\frac{v_2}{v_1}=RT\ln\frac{p_1}{p_2} \tag{2-44}$$

由此可知，在定温过程中，气体与外界交换的热量等于过程中交换的功量。

2.4.1.4 绝热过程

气体与外界在没有热交换的情况下发生的状态变化过程称为绝热过程。

在绝热过程中，$\mathrm{d}q=0$，根据熵的定义式，可得

$$\mathrm{d}s=\frac{\delta q}{T}=0$$

即

$$s=定值$$

所以可逆绝热过程又称为定熵过程。

(1) 过程方程式

根据热力学第一定律的能量方程，经推导可得绝热过程的过程方程式为

$$pv^{\kappa}=定值 \tag{2-45}$$

(2) 初、终状态参数关系式

由过程方程式及理想气体状态方程式经整理可得

$$\frac{p_2}{p_1}=\left(\frac{v_1}{v_2}\right)^{\kappa} \tag{2-46}$$

$$\frac{T_2}{T_1}=\left(\frac{v_1}{v_2}\right)^{\kappa-1}=\left(\frac{p_2}{p_1}\right)^{\frac{\kappa-1}{\kappa}} \tag{2-47}$$

(3) 过程在 p-v 图及 T-s 图上的表示

如图 2-14 所示，定熵过程在 p-v 图上为一条高次双曲线。由于 $\kappa>1$，所以定熵线斜率的绝对值大于定温线斜率的绝对值，即定熵曲线比定温曲线陡。在 T-s 图上，定熵过程是一条垂直于 s 轴的直线。图中 1-2 是定熵膨胀降温降压过程，而 1-2′则是定熵压缩升温升压过程。

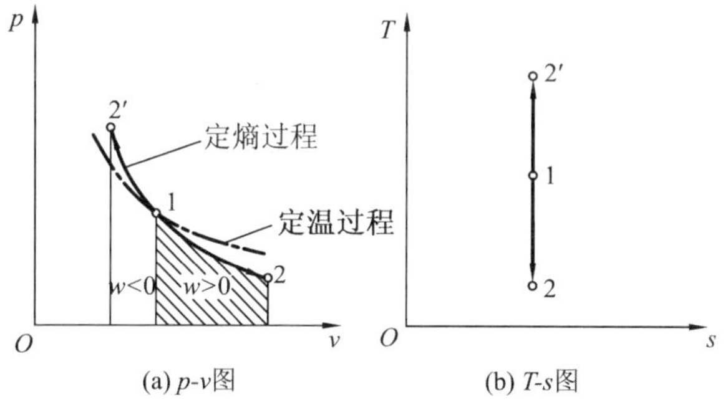

图 2-14　绝热过程

(4) 过程中传递的功量和热量

在绝热过程中，由于 $pv^{\kappa}=$常数，故体积变化功为

$$w=\int_1^2 p\,\mathrm{d}v=p_1v_1^{\kappa}\int_1^2\frac{\mathrm{d}v}{v^{\kappa}}=\frac{1}{\kappa-1}(p_1v_1-p_2v_2)=\frac{R}{\kappa-1}(T_1-T_2) \tag{2-48a}$$

由初、终状态参数关系式经整理又可得

$$w=\frac{RT_1}{\kappa-1}\left[1-\left(\frac{v_1}{v_2}\right)^{\kappa-1}\right]=\frac{RT}{\kappa-1}\left[1-\left(\frac{p_2}{p_1}\right)^{\frac{\kappa-1}{\kappa}}\right] \tag{2-48b}$$

也可根据能量方程来计算，则

$$w=-\Delta u=c_V(T_1-T_2)=\frac{R}{\kappa-1}(T_1-T_2)$$

2.4.2　多变过程

以上所讨论的基本热力过程都有明显的过程特征，即某一状态参数在过程中保持不变。实际过程中往往是各参数都发生变化，系统与外界也不可能完全绝热。因此，需要一种比基本热力过程更一般、更普遍、更具代表性的过程来研究，并且这种过程需要满足一定的规律。这种过程称为多变过程（polytropic process）。

(1) 多变过程方程式为

$$pv^n=\text{定值} \tag{2-49}$$

式中：n——多变指数，对于同一过程，n 为常数。

式（2-49）中的多变指数取不同值时，就代表不同的过程：

当 $n=0$ 时，$p=$定值，为定压过程；

当 $n=1$ 时，$pv=$定值，为定温过程；

当 $n=\kappa$ 时，$pv^{\kappa}=$定值，为绝热过程；

当 $n=\pm\infty$时，$v=$定值，为定容过程。

如图 2-15 所示，在 p-v 图和 T-s 图上表示了 n 的变化规律，上述四个基本过程仅仅是多变过程中的几个特例。实际过程中的 n 值可根据具体情况确定。

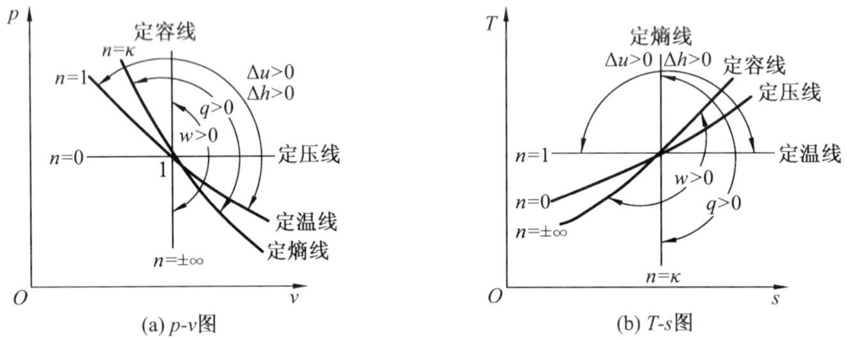

图 2-15 多变过程

（2）多变过程初、终状态参数之间的关系式为

$$\frac{p_2}{p_1}=\left(\frac{v_1}{v_2}\right)^n \tag{2-50}$$

$$\frac{T_2}{T_1}=\left(\frac{v_1}{v_2}\right)^{n-1}=\left(\frac{p_2}{p_1}\right)^{\frac{n-1}{n}} \tag{2-51}$$

（3）过程中传递的功量和热量

多变过程的体积变化功为

$$w=\frac{1}{n-1}(p_1v_1-p_2v_2)=\frac{R}{n-1}(T_1-T_2)=\frac{RT_1}{n-1}\left[1-\left(\frac{p_2}{p_1}\right)^{\frac{n-1}{n}}\right] \tag{2-52}$$

多变过程中系统与外界交换的热量为

$$q=\Delta u+w=c_V(T_2-T_1)+\frac{R}{n-1}(T_1-T_2)=c_n(T_2-T_1) \tag{2-53}$$

式中：c_n——多变过程的比热容，

$$c_n=\frac{n-\kappa}{n-1}c_V \tag{2-54}$$

当 n 取不同的数值时，c_n 也有不同的数值，分别代表不同的热力过程。

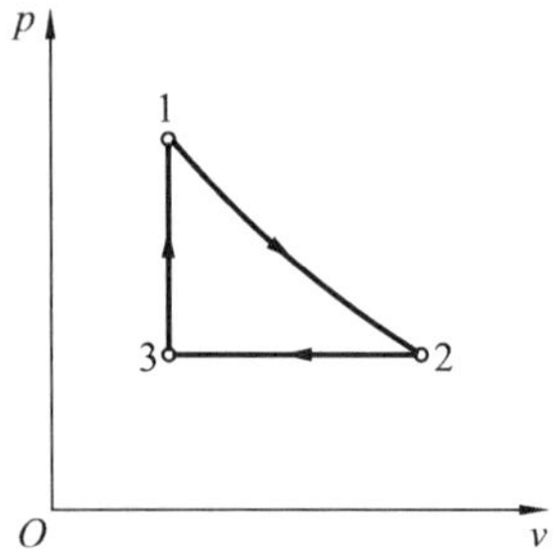

图 2-16 例 2-4 图

【例 2-4】 如图 2-16 所示，1.2 kg 空气从初态 $p_1=0.2$ MPa，$t_1=290$ ℃定温膨胀到 $V_2=1.8$ m^3。随后将空气定压压缩，再在定容下加热，使它重新回到初始状态。试求：(1) 每一过程中内能和焓的变化量。(2) 定压过程所消耗的功。(3) 定容过程的加热量。

【解】 由理想气体状态方程得

$$V_1=\frac{mRT_1}{p_1}=\frac{1.2\times287\times(290+273)}{0.2\times10^6}=0.97\ \text{m}^3$$

因为

$$V_3=V_1, T_2=T_1, \frac{T_3}{T_2}=\frac{V_3}{V_2}$$

所以

$$T_3=\frac{V_3}{V_2}T_2=\frac{0.97}{1.8}\times(290+273)=303.40\ \text{K}$$

（1）定温过程 1→2

$$\Delta U=0$$

$$\Delta H=0$$

（2）定压过程 2→3

$$\Delta U=mc_V(T_3-T_2)=1.2\times0.717\times(303.4-563)=-223.36\ \text{kJ}$$

$$\Delta H=mc_p(T_3-T_2)=1.2\times1.004\times(303.4-563)=-312.77\ \text{kJ}$$

$$W=mR(T_3-T_2)=1.2\times287\times(303.4-563)=-89.41\times10^3\ \text{J}=-89.41\ \text{kJ}$$

（3）定容过程 3→1

$$\Delta U=mc_V(T_2-T_3)=1.2\times0.717\times(563-303.4)=223.36\ \text{kJ}$$

$$\Delta H=mc_p(T_2-T_3)=1.2\times1.004\times(563-303.4)=312.77\ \text{kJ}$$

2.5 热力学第二定律

2.5.1 热力循环

热力循环、热效率与性能系数

工质经过一系列状态变化后，又回复到原来状态的全部过程称为热力循环（thermal cycle），简称循环。若组成循环的全部过程均为可逆过程，则该循环为可逆循环；否则，为不可逆循环。可逆循环可以表示在状态参数坐标图上，并且是一条封闭的曲线，如图 2-17 所示。

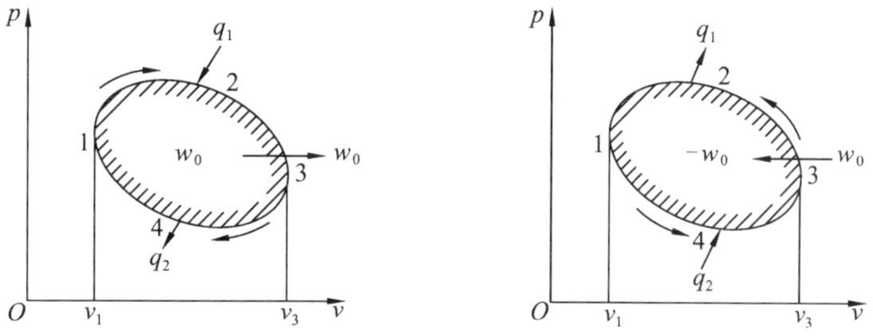

(a) 正向循环　(b) 逆向循环

图 2-17　热力循环

按照热力循环所产生的不同效果，可分为正向循环和逆向循环。将热能转化为机械能的循环称为正向循环，它使外界得到功；将热量从低温热源传给高温热源的循环称为逆向循环，一般来讲逆向循环必然消耗外功。

普遍接受的循环经济性指标的原则性定义是：

$$经济性指标=\frac{得到的收获}{花费的代价}$$

2.5.1.1 正向循环和热效率

将热能转变为机械能的循环称为正向循环。一切动力发动机都是按正向循环工作的，所以，正向循环又称为动力循环或热机循环。

设 1 kg 工质在热机中进行一个 12341 的正向循环，如图 2-17a 所示。1—2—3 为膨胀过程，所做的膨胀功在 p-v 图上即面积 $123v_3v_11$；3—4—1 为压缩过程，所消耗的压缩功即面积 $341v_1v_33$，同时向低温热源 T_2 放出 q_2 的热量，并结束一个循环回到初始状态。如图 2-18a 所示，根据热力学第一定律可知，在循环过程中，工质从高温热源吸收的热量 q_1 与向低温热源放出的热量 q_2 的差值必然等于循环所得到的净功 w_0，即

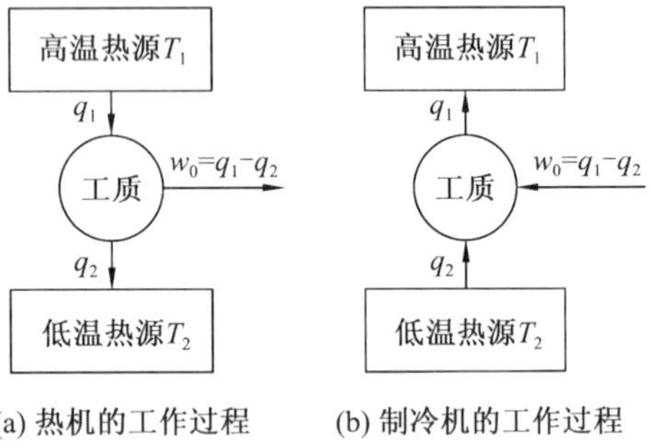

图 2-18 热机和制冷机的工作过程

$$w_0=q_1-q_2$$

上式表明，正向循环中工质从热源得到的热量不能全部转变为机械能，所获得的机械能与所付出的热量的比值称为热效率（thermal efficiency）。用符号 η_t 表示，其定义式为

$$\eta_t=\frac{w_0}{q_1}=\frac{q_1-q_2}{q_1}=1-\frac{q_2}{q_1} \tag{2-55}$$

热效率反映了热能转变为机械能的程度。η_t 越大，则循环的经济性就越好。因 q_2 不能为零，所以热效率 η_t 总是小于 1。

2.5.1.2 逆向循环和工作系数

逆向循环是消耗机械能（或其他能量），将热能从低温热源转移（传递）到高温热源的热力循环，如制冷装置及热泵空调装置。由于逆向循环要消耗机械能，所以其循环净功 $w_0<0$。逆向循环原理图如图 2-17b 所示，工作过程如图 2-18b 所示。若 1 kg 工质完成一次逆向循环，消耗净功 w_0（取绝对值），工质从低温热源吸收热量 q_2，向高温热源放出热量 q_1（取绝对值），则

$$q_1-q_2=w_0$$

逆向循环的经济性通常用工作系数来表示，即循环所获得的收益与所花费的代价之比值。对于逆向循环可以实现两种目的：一种是制冷，目的是人为创造低温环境，把热量 q_2 从低温热源取走，即低温热源获得了冷量 q_2，这就是制冷装置；另一种则为供热，目的是向高温热源输送热量 q_1，这就是热泵装置。

制冷装置的工作系数称为制冷系数（coefficient of performance），用 ε 表示，其定义式为

$$\varepsilon=\frac{q_2}{w_0}=\frac{q_2}{q_1-q_2} \tag{2-56}$$

热泵装置的工作系数称为供热系数（coefficient of heat supply），用 ε' 表示，其定义式为

$$\varepsilon'=\frac{q_1}{w_0}=\frac{q_1}{q_1-q_2} \tag{2-57}$$

逆向循环的工作系数越大，则装置的循环经济性越好。制冷系数 ε 可能大于 1、等于或小于 1，而供热系数 ε' 总是大于 1。

由于以上推导热效率和工作系数的过程中只用到了热力学第一定律，而热力学第一定律是普遍适用的，所以式（2-56）、式（2-57）适用于任何可逆循环与不可逆循环。

2.5.2 热力学第二定律

2.5.2.1 自发过程与非自发过程

自然界所发生的一切过程均有方向性和不可逆性。如水从高处流向低处、热量从高温物体传递给低温物体、功转变成热等。这些过程不需附加任何人为条件就可以自然进行，我们称之为自发过程。反过来，则为非自发过程。如水不能自发地从低处流向高处，但可以用水泵消耗额外的机械能作为补偿条件。可见，自发过程是不可逆的。

2.5.2.2 热力学第二定律的两种表述

针对各种具体过程，热力学第二定律有不同的表述，但其实质是一样的，这里只介绍两种经典说法。

（1）开尔文-普朗克（Kelvin－Planck）表述

1824 年，卡诺最早提出了热能转化为机械能的根本条件："凡有温度差的地方都能产生动力。"实质上，它是热力学第二定律的一种表达方式。随着蒸汽机的出现，人们在提高热机效率的研究中认识到，只有一个热源的热动力装置是无法工作的，要使热能连续地转化为机械能至少需要两个（或多于两个）温度不同的热源；通常以大气中的空气或环境温度下的水作为低温热源，另外还需要高于环境温度的高温热源，例如高温烟气。1851 年左右，开尔文（Lord Kelvin）和普朗克（Max Planck）等人从热能转换为机械能的角度先后提出更为严密的表述，被称为热力学第二定律的开尔文说法：

不可能制造出从单一热源吸热，使之全部转换为功而不留下其他任何变化的热力发动机。

上述说法中，"不留下其他任何变化"包括对热机内部、外界环境及其他物体都不留下其他任何变化，当然热机必须是循环发动机。开尔文的说法意味着用任何技术手段都不可能使取自热源的热全部转换为机械功，不可避免地有一部分要排给温度更低的低温热源。同样得出结论：非自发过程（热转变为功）的实现，必须有一个自发过程（部分热量由高温传向低温）作为补充条件。这种自发过程不限于一种形式。开尔文说法从本质上反映了热能和机械能存在的差别。

有人设想制造一台机器，使其从环境大气或海水里吸热不断获得机械功。这种单一热源下做功的动力机称为第二类永动机。它虽不违反热力学第一定律的能量守恒原则，但是违反了热力学第二定律。因而热力学第二定律也可以简化为"第二类永动机是不存

在的”。

这种说法是从热功转换过程来表述热力学第二定律的。它说明，从热源取得的热量不能全部变成机械能，因为这是非自发过程。但若伴随以非自发过程作为补偿，那么热能变成机械能的过程就能实现。

(2) 克劳修斯（Clausius）表述

不可能把热量从低温物体传向高温物体而不引起其他变化。

这种说法指出了传热过程的方向性，即从热量传递过程来表达热力学第二定律。它说明，热量从低温物体传至高温物体是一个非自发过程，要使之实现，必须花费一定的代价，即需要通过制冷机或热泵装置消耗能量作为补偿来实现。这里需要强调的是“不引起其他变化”。通过热泵装置的逆向循环可以将热量自低温物体传向高温物体，但这并不违反热力学第二定律的克劳修斯表述，因为它引起了其他变化，消耗了外界的功量。

热力学第二定律还有很多种表述，但实质是一致的，都说明了自发过程是有方向性的，非自发过程必须在一定条件下才能进行。非自发过程（热量自低温物体传向高温）的进行，必须同时伴随一个自发过程（如机械能转变为热能）作为代价、补充条件。

经典热力学采用宏观的研究方法。热力学第一定律和热力学第二定律是根据无数实践经验得出的经验定律，具有广泛的适用性和高度的可靠性。但是热能的本质、热现象有方向性的原因，都不是用宏观方法所能解释的，只有在统计热力学中用微观的、统计的方法才能予以阐明。

2.5.3 卡诺循环与卡诺定律

热力学第二定律已指明热机效率不可能达到100%，那么在确定的工作条件下热机的工作效率最高能达到多少呢？卡诺循环解决了这一问题。

2.5.3.1 卡诺循环(Carnot cycle)及其热效率

卡诺提出的理想热机循环是工作于两个恒温热源 T_1 与 T_2 之间、由两个可逆等温过程和两个可逆绝热过程交替组成的可逆正向循环。如图2-19所示，图中 a—b 为等温吸热膨胀过程；b—c 为绝热膨胀过程；c—d 为等温放热压缩过程；d—a 为绝热压缩过程。

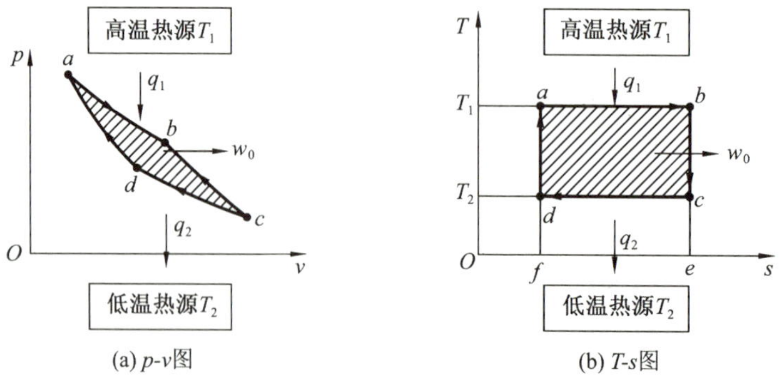

图 2-19 卡诺循环

根据式（2-55），卡诺循环的热效率为

$$\eta_t = 1 - \frac{q_2}{q_1} = 1 - \frac{T_2(s_c - s_d)}{T_1(s_b - s_a)} = 1 - \frac{T_2}{T_1} \tag{2-58}$$

由上式可以得出以下结论：

（1）卡诺循环的热效率只取决于高、低热源的温度 T_1 和 T_2，而与工质的性质无关。提高高温热源温度 T_1，或降低低温热源温度 T_2，都可以提高热效率。

（2）因为 $T_2>0$，所以卡诺循环的热效率只能小于 1。

（3）若 $T_1=T_2$，则 $\eta_t=0$。即由单一热源提供热量进行循环做功是不可能的。它表明，在温度平衡的体系中热能不可能转化为机械能，热能产生动力一定要有温差作为热力学条件，从而验证了借助单一热源连续做功的机器是制造不出的，或第二类永动机是不存在的。

卡诺循环及其热效率公式在热力学的发展上具有重大意义。首先，它奠定了热力学第二定律的理论基础；其次，卡诺循环的研究为提高各种热机热效率指出了方向：尽可能提高工质的吸热温度和尽可能降低工质的放热温度，使放热在接近于自然得到的最低温度——环境温度时进行。卡诺循环中所提出的，利用绝热压缩以提高气体吸热温度的方法，至今在以气体为工质的热动机中普遍采用。虽然至今为止未能制造出严格按照卡诺循环工作的热力发动机，但是卡诺循环是实际热机选用循环时的最高理想。

2.5.3.2 逆向卡诺循环(Carnot refrigeration cycle)及其性能系数

逆向进行的卡诺循环称为逆卡诺循环。工质从低温热源吸热 q_2，向高温热源放热 q_1，并接受外界做功 w_0，如图 2-20 所示。

由式（2-56）和（2-57），逆向卡诺循环的制冷系数 ε_c 和供热系数 ε_c' 分别为

$$\varepsilon_c = \frac{q_2}{q_1 - q_2} = \frac{T_2}{T_1 - T_2} \tag{2-59}$$

$$\varepsilon_c' = \frac{q_1}{q_1 - q_2} = \frac{T_1}{T_1 - T_2} \tag{2-60}$$

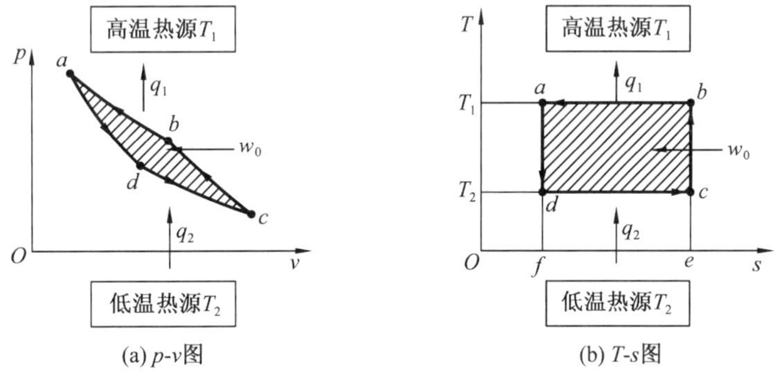

图 2-20 逆卡诺循环

从以上两式可得出如下结论：

（1）逆卡诺循环的工作系数只取决于高温热源的温度 T_1 和低温热源的温度 T_2，且随 T_1 的降低和 T_2 的提高而增大。

（2）ε_c' 总是大于 1，而 ε_c 可以大于 1、等于 1 或小于 1。在一般情况下，$T_2>$

(T_1-T_2)，所以 ε_c 也是大于 1 的。

逆向卡诺循环是理想的、经济性最高的制冷循环和热泵循环。由于种种困难，实际的制冷剂和热泵难以按逆向卡诺循环工作，但逆向卡诺循环有着极为重要的理论价值，它为提高制冷机和热泵的经济性指出了方向。

2.5.3.3 卡诺定理(Carnot principles)

卡诺定理可表述为：

(1) 在相同的高温热源和相同的低温热源之间工作的一切热机中，可逆热机的热效率最高。

(2) 在相同的高温热源和相同的低温热源之间工作的一切可逆热机，其热效率相等。

需要指出的是，卡诺定理中所说的热源都是温度均匀且恒定的热源。

卡诺循环与卡诺定理在热力学的研究中具有重要的意义，它解决了热机热效率的极限问题，指出了提高热效率的途径。虽然卡诺循环实际上无法实现，但它给实际热机的循环提供了改进方法和比较标准。

【例 2-5】 假设需某热泵以逆卡诺循环向室内供热 1.6 kW，若室内温度 $t_1=18$ ℃，室外温度 $t_2=-10$ ℃，求：(1) 该热泵每小时需从大气中吸取多少热量？(2) 热泵所耗功率多少？(3) 若直接用电采暖，需耗电多少？

【解】 (1) 热泵供热系数为

$$\varepsilon_c'=\frac{T_1}{T_1-T_2}=\frac{273+18}{(273+18)-(273-10)}=10.4$$

而 $\varepsilon_c'=\dfrac{Q_1}{Q_1-Q_2}$，则

$$Q_2=Q_1\left(1-\frac{1}{\varepsilon_c'}\right)=1.6\times\left(1-\frac{1}{10.4}\right)=1.45\ \text{kW}$$

热泵每小时从室外吸热为

$$1.45\times3600=5220\ \text{kJ/h}$$

(2) 热泵所耗功率为

$$P=Q_1-Q_2=1.6-1.45=0.15\ \text{kW}$$

(3) 电采暖时耗电量为

$$P'=Q_1=1.6\ \text{kW}$$

实际中热泵型空调器不会有如此高的供热系数（约为 3 左右），但热泵供热显然较直接用电采暖要好。

2.5.4 熵与熵增原理

如前所述，自发过程是具有方向性的。而事实上，状态函数熵就能够定量地判断自发过程的进行方向。它为判别实际过程的方向、过程能否实现、是否可逆提供了判据，在过程不可逆程度的量度、热力学第二定律的量化等方面有至关重要的作用。

2.5.4.1 熵(entropy)

熵是热力学中的重要状态参数。它的微分定义式为

$$ds = \frac{\delta q}{T} \tag{2-61}$$

式（2-61）表明，在微元可逆过程中，工质与外界交换的热量除以工质的热力学温度所得的商即为工质的熵的变化量。

在一个可逆过程中，热力系由状态 1 变化到状态 2 时两个状态点之间的熵差为

$$s_2 - s_1 = \int_1^2 \frac{\delta q}{T} \tag{2-62}$$

式（2-62）也是可逆过程热力学第二定律的数学表达式。工程中通常只需计算熵的变化量而无须确定其绝对值。

2.5.4.2 熵增原理

对于不可逆过程，则经推导后有

$$s_2 - s_1 > \int_1^2 \frac{\delta q}{T} \tag{2-63}$$

式（2-63）是不可逆过程的热力学第二定律数学表达式。它表明，对于任何一个不可逆过程，终态和初态的熵值之差恒大于热温比的积分值。将式（2-62）和式（2-63）联系起来有

$$s_2 - s_1 \geqslant \int_1^2 \frac{\delta q}{T} \tag{2-64}$$

这即是热力学第二定律的普遍的数学表达式。式中等号适用于可逆过程，不等号适用于不可逆过程。

对于与外界无任何交换的孤立系统，$\delta q=0$，式（2-64）变为

$$s_2 - s_1 \geqslant 0 \tag{2-65}$$

式（2-65）表明，在孤立系统中，热力系统从一个平衡状态变化到另一个平衡状态，其熵值永不减少。若过程可逆，则熵不变；如过程不可逆，则熵增加。这就是所谓孤立系统的熵增原理（increase of entropy principle）。

根据熵增原理可以作出判断：不可逆过程总是向着熵增加的方向进行的，可逆绝热过程则是沿着等熵路径进行的。所以，可利用熵的变化来判断自发过程进行的方向（沿着熵增加的方向）和限度（熵增加到极大值）。

熵增原理还指出：如果某一过程的进行，会导致孤立系中各物体的熵同时减小，或者虽然各有增减但其总和使系统的熵减小，则这种过程不能单独进行，除非有熵增大的过程作为补偿，使孤立系统总熵增大，至少保持不变。从而，熵增原理揭示了热过程进行的条件。例如，热转功或热量由低温传向高温，这类过程会使孤立系统总熵减小，所以不能单独进行，必须有能导致熵增大的过程作为补偿；而功转热或热量由高温物体传向低温，这类过程本来就导致孤立系统总熵增大，故不需要补偿，能单独进行，并且还可以用作补偿过程。非自发过程必须有自发过程相伴而行，原因于此。

最后应强调指出：熵增原理只适用于孤立系统，可以推广到闭口绝热系统。至于非孤立系统或孤立系中某个子系统，它们在过程中可以吸热也可以放热，质量也可以变化，所以它们的熵可能增大，可能不变，也可能减小。

思考题与习题

2-1　热力学能、热量和功量有何异同之处？

2-2　什么是焓？它的物理意义是什么？为什么说它是工质的状态参数？

2-3　什么是正向循环和逆向循环？它们的作用结果有何不同？在状态参数坐标图上的表示有何不同？

2-4　叙述热力学第二定律的两种表述。热力学第二定律的实质是什么？它解决了什么问题？

2-5　逆向循环的目的是什么？什么是制冷系数和供热系数？

2-6　氧气瓶放置在室内时温度为 20 ℃，压力表读数为 9 MPa。当施工时不得不将氧气瓶置于阳光下，其温度升高到 50 ℃，此时瓶内压力为多少？

2-7　压力为 13.7 MPa、温度为 27 ℃的氮气被贮存在 0.05 m^3 的钢瓶中，钢瓶被一易熔塞保护防止超压（即温度超过允许温度时，易熔塞熔化使气体泄出），试问：(1) 钢瓶中容纳多少千克氮？(2) 当瓶中压力超过最高压力 16.5 MPa 时，易熔塞将熔化，此时的熔化温度为多少？

2-8　某空调系统中的加热器在定压下每小时可将 3000 kg 的空气从 5 ℃加热至 25 ℃，试求该加热器每小时的供热量。

2-9　空气流经电加热器加热，温度由 $t_1=0$ ℃升至 $t_2=30$ ℃。假如电加热器的功率为 3 kW，求空气的流量。

2-10　压气机将标准状态下的 180 m^3 空气在定温条件下压缩至 $p_2=5$ MPa，试求气缸外冷却水需带走的热量。

2-11　6 kg 空气由初态 $p_1=0.3$ MPa、$t_1=30$ ℃经过下列不同的过程膨胀到同一终压 $p_2=0.1$ MPa。(1) 等温过程；(2) 定熵过程；(3) 指数为 $n=1.2$ 的多变过程。试比较不同过程中空气对外所做的功、所交换的热量和终态温度。

2-12　卡诺循环工作于 600 ℃及 40 ℃两个热源之间。设卡诺循环每秒钟从高温热源吸热 100 kJ，求：(1) 卡诺循环的热效率；(2) 卡诺循环产生的功率；(3) 每秒钟排向冷源的热量。

2-13　某制冷设备工作在温度为 33 ℃的热源和温度为 −35 ℃的冷源之间，为了使冷库保持 −35 ℃，需从冷库吸取的热量为 1.23 kJ/s，试求：(1) 制冷设备的最大制冷系数；(2) 制冷设备所需的最小功率。

2-14　某热泵按逆卡诺循环向房间供热，该房间冬季热损失为 5000 kJ/h，室外气温为 0 ℃，为使室内保持 18 ℃，试求：

(1) 该热泵的供热系数；

(2) 每小时从室外吸收的热量；

(3) 带动热泵所需的功率；

(4) 实际热泵供热系数约3左右，此时所需功率是多少？

2-15 某一热机带动热泵工作，热机和热泵排出的热量都用于建筑物的供暖，热机效率为35%，热泵供热系数为3.8。若热机每小时从高温热源吸收热量3000 kJ/h，则建筑物将得到多少热量？

3

水蒸气

知识点

饱和状态，汽化热和凝结热，水蒸气的定压生产过程，水蒸气的 p-v 图和 T-s 图，水蒸气表，水蒸气的 h-s 图，水蒸气的基本热力过程。

能力目标

◉ 掌握：饱和状态、饱和压力、饱和温度、汽化热和凝结热、干度、过热度等基本概念。

◉ 理解：水蒸气的定压发生过程及其在 p-v 图和 T-s 图上的区域划分及特征。

◉ 熟悉：水蒸气表的种类及水蒸气 h-s 图的构成，能熟练利用水蒸气图表查出水蒸气状态参数。

◉ 应用：应用水蒸气热力性质图表进行工程实际中水蒸气热力过程的分析和计算。

工程中常用水蒸气作为工质，如热电厂以水蒸气作为工质完成能量的转换，供热工程中以水蒸气作为热源加热供热管网中的循环水，空调工程中用水蒸气对空气进行加湿和减湿处理等。

热力工程中应用的水蒸气一般都是在蒸汽锅炉中对水定压加热而产生的，这种蒸汽离液态较近，其性质较为复杂，不能把它当作理想气体处理。工程计算中可直接查取为工程计算编制的蒸汽热力性质图表解决有关水蒸气的计算问题。

此外，在制冷系统中，还要用到氨或氟利昂等蒸气，其热力性质与水蒸气的性质基本相同，仅是物态变化时的参数不同而已。因此，充分掌握水蒸气的性质，将有助于我们了解其他蒸气共同具有的特性。

本节主要介绍水蒸气的基本概念、水蒸气的产生过程、水蒸气图表的应用，以及水蒸气基本热力过程的分析和计算。

3.1 水蒸气的基本概念

3.1.1 汽化

物质由液态变为气态的过程称为汽化。汽化有蒸发和沸腾两种形式。

3.1.1.1 蒸发

在液体表面进行的缓慢的汽化现象称为蒸发。它是液体表面附近动能较大的分子克服周围液体分子的引力而逸出液面的现象。蒸发可在任何温度下发生，液体的温度越高，蒸发表面积越大；液面上气流的流速越快时，蒸发就越快。

空调系统中的冷却塔，就可以通过增加蒸发表面积、利用风机的强制通风提高蒸发气流的流速等措施来提高蒸发速度，从而提高冷却塔的工作效率。

3.1.1.2 沸腾

在液体内部和表面同时进行的剧烈的汽化现象，称为沸腾。沸腾可以在敞开的容器内进行，也可以在密闭的容器内进行。工业上的沸腾大多是在密闭的容器内进行的。

液体沸腾时的温度称为沸点（或饱和温度），用 t_s 表示。沸腾可在压力不变的情况下加热实现，也可在温度不变的情况下降低压力实现。

3.1.2 凝结

物质由气态变为液态的过程称为凝结（液化）。凝结与汽化是物质相态变化的两种相反过程。实际上，在密闭容器内进行的汽化过程，总是伴随着液化过程进行的。

3.1.3 饱和状态

饱和状态（saturation state）是指当液体表面汽化速度与液化速度相等时，汽液两相即达到动态平衡时的状态。如将一定量的水置于一密闭的耐压容器中，然后将留在容器内的空气抽尽，此时水分子就从水中逸出。经一定时间后，水蒸气就充满整个水面上方空间。在一定温度下，此水蒸气的压力会自动地稳定在某一数值上。此时，脱离水面的分子数和返回水面的分子数相同，即达到了动态平衡。这种汽化和凝结的动态平衡状况称为饱和状态。处于饱和状态下的蒸汽和液体分别称为饱和蒸汽和饱和水。饱和蒸汽和饱和水的混合物称为湿饱和蒸汽，简称湿蒸汽；不含饱和水的饱和蒸汽称为干饱和蒸汽。饱和状态的压力称为饱和压力（saturation pressure），用 p_s 表示，温度称为饱和温度（saturation temperature），用 t_s 表示。饱和压力与饱和温度之间有一一对应的关系：$t_s=f(p_s)$。

3.1.4 汽化热和凝结热

3.1.4.1 汽化热

在一定的压力下，每千克饱和水变成同温度的干饱和蒸汽所吸收的热量称为该温度下的汽化潜热（latent heat of vaporization），简称汽化热，以 γ 表示，单位为 kJ/kg，则

$$\gamma = h_2 - h_1 \tag{3-1}$$

式中：h_1——饱和水的焓值，kJ/kg；

h_2——饱和蒸汽的焓值，kJ/kg。

汽化热随压力和温度变化较大，其值可查阅附表 2 和附表 3。

3.1.4.2 凝结热

每千克蒸汽转变成同温度的水所放出的热量称为凝结热。凝结热和汽化热数值相等。

物质在不发生相态变化，只发生温度变化时吸收或放出的热量称为显热。当然，物质在既有温度变化又有相态变化时，显热和潜热是同时存在的，二者之和称为全热。

3.2 定压下水蒸气的生产过程

3.2.1 水蒸气的定压生产过程

定压下水蒸气的生产过程

工程上所用的水蒸气是在锅炉内定压加热产生的。其产生过程可通过图 3-1 说明。假定将 1 kg 温度为 t_0（$t_0 < t_s$）的水盛于气缸中，活塞上加以恒定的压力 p，使水在定压下加热生成蒸汽。这一过程大致可分为三个阶段，包含五种状态。

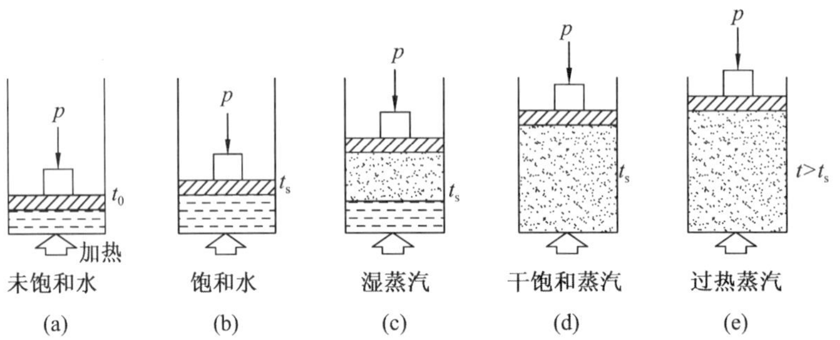

图 3-1 水蒸气的定压发生过程

3.2.1.1 定压预热阶段

对 1 kg 温度为 t_0 的水加热，初始时，水的温度 t_0 低于压力 p 所对应的饱和温度 t_s，此时的水称为未饱和水（unsaturated water），如图 3-1a 所示。随着温度的升高，水的比体积稍有增加。当水温升至 t_s 时，水将开始沸腾，此时的水称为饱和水（saturated water），如图 3-1b 所示。由未饱和水在定压下加热到饱和水的状态，即为预热阶段。

3.2.1.2 饱和水的定压汽化阶段

把预热到 t_s 的饱和水继续加热，饱和水开始沸腾产生水蒸气；再继续加热，水持

续沸腾，直至水全部变为蒸汽，这时的蒸汽称为干饱和蒸汽（saturated vapor），如图3.1d所示。在此过程中，工质的压力 p 不变，温度 t_s 也不变，比体积却不断增大。从饱和水变为饱和蒸汽的过程，是汽液共存，为湿饱和蒸汽，简称湿蒸汽（wet vapor），如图3-1c所示。由饱和水定压加热为干饱和蒸汽的过程称为汽化阶段。

由于湿蒸汽处于饱和状态，其压力与温度不是相互独立的参数，而是一一对应的关系。因此要确定湿蒸汽的状态，还需知道饱和水或饱和蒸汽的含量。把1 kg湿蒸汽中所含饱和蒸汽的质量称为湿蒸汽的干度（quality），用 x 表示，即

$$x=\frac{m_{\mathrm{vap}}}{m_{\mathrm{vap}}+m_{\mathrm{wat}}} \tag{3-2}$$

式中：m_{vap}——湿蒸汽中的饱和蒸汽的质量，kg；

m_{wat}——湿蒸汽中的饱和水的质量，kg。

显然，$x=0\sim1$。对于饱和水，$x=0$；对于饱和蒸汽，$x=1$。

3.2.1.3 饱和蒸汽的定压过热阶段

对饱和蒸汽继续加热，其温度进一步升高，比体积进一步增大，此时的蒸汽称为过热蒸汽（superheated vapor），如图3.1e所示。其温度与饱和温度的差值称为过热度，即

$$\Delta t=t-t_s$$

由饱和蒸汽变为过热蒸汽的过程称为饱和蒸汽的定压过热阶段。

3.2.2 水蒸气的 p-v 图和 T-s 图

3.2.2.1 绘制原理及构成

上述水蒸气在定压下的发生过程可表示为图3-2的 p-v 图和 T-s 图上。

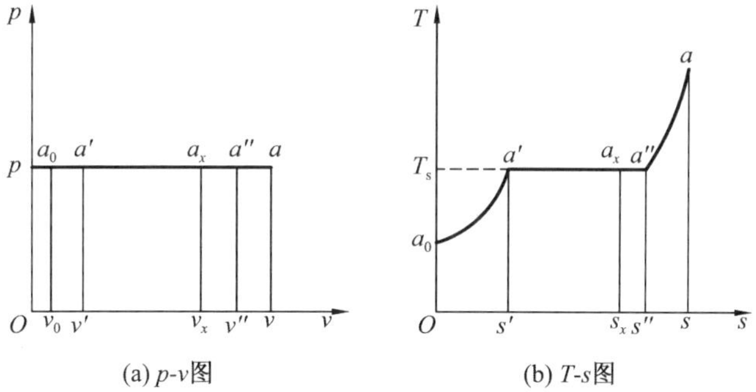

图3-2 p 压力下水蒸气形成过程

图中的 a_0 点为未饱和水状态，比体积为 v_0，温度为 T_0，熵为 s_0。a'点为饱和水状态，比体积为 v'，温度为 T_s，熵为 s'。a_x 点为湿蒸汽某一状态，比体积为 v_x，温度为 T_s，熵为 s_x。a''点为干饱和蒸汽状态，比体积为 v''，温度为 T_s，熵为 s''。a 点为过热蒸汽某一状态，比体积为 v，温度为 T，熵为 s。其中 a_0-a' 为未饱和水的定压预热；$a'-a''$为饱和水的定压汽化；$a''-a$ 为饱和蒸汽的过热。因为整个过程保持压力 p 不变，故在 p-v 图上为一水平线。在 T-s 图上，水的预热和蒸汽的过热，均有 $\mathrm{d}T>0$，

$ds>0$，故 a_0-a' 和 $a''-a$ 近似为一上凹的对数曲线。饱和水的定压汽化过程有 $dT=0$，$ds>0$，故 $a'-a''$ 为一水平线，且其下方的面积就是汽化潜热 γ 的值。

如将不同压力下水蒸气的定压生产过程表示在同一张 p-v 图和 T-s 图上，则可得到图 3-3 所示的水蒸气 p-v 图和 T-s 图。

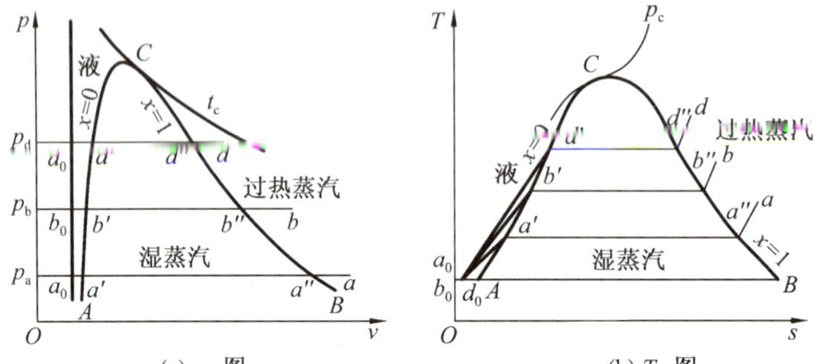

(a) p-v图　　(b) T-s图

图 3-3　水蒸气定压发生过程

图中 $a_0-a'-a''-a$，$b_0-b'-b''-b$，$d_0-d'-d''-d$，…均为不同压力下水蒸气定压发生的过程线。a_0，b_0，d_0，…均为不同压力下 t_0 时的未饱和水状态点；a'，b'，d'，…均为不同压力下的饱和水状态点；a''，b''，d''，…均为不同压力下干饱和蒸汽状态点；a，b，d，…均为不同压力下过热蒸汽状态点。连接 $a_0-b_0-d_0\cdots$，$a'-b'-d'\cdots$，$a''-b''-d''\cdots$，这三条线分别称为未饱和水线、饱和水线（或下界线）及干饱和蒸汽线（或上界线）。

由于液体的压缩性很小，不同压力下温度相同的水的比体积基本相等，故在 p-v 图上 $a_0-b_0-d_0\cdots$ 基本上为一条垂直于横坐标轴的直线。由于饱和温度随压力升高而增大，饱和水比体积又随温度升高而增加，使得饱和水比体积随饱和压力的升高而增加，故饱和水线 $a'-b'-d'\cdots$ 随压力升高而向右倾斜。饱和蒸汽比体积随压力升高而减小，同时随温度升高而增加，但其比体积随压力而减小的程度大于随温度升高而增加的程度，使得饱和蒸汽比体积随饱和压力升高而减小，故饱和蒸汽线 $a''-b''-d''\cdots$ 随压力升高向左倾斜。这样随压力升高，饱和水线和饱和蒸汽线将接近，汽化过程将变短，最终必交于一点 C。在 C 点汽液两相完全消失，汽化过程不再存在，汽液相变将在瞬间完成。该状态称为临界状态，C 点称为临界点。临界状态点的压力、温度和比体积分别称为临界压力、临界温度和临界比体积，用 p_{cr}，T_{cr}，和 v_{cr} 表示。水的临界参数为：$p_{cr}=22.064$ MPa，$T_{cr}=647.14$ K，$v_{cr}=0.003106$ m^3/kg。一般认为，当 $T>T_{cr}$ 时，不论压力多大，也不能使蒸汽液化。

在 T-s 图上同样可得到饱和水线、干饱和蒸汽线及临界点 C。

3.2.2.2　区域划分及特征

相交于 C 点的上界线、下界线及临界定温线 t_C 将 p-v 图、T-s 图分为三个区域，并表示了五个状态。水蒸气的定压发生过程在 p-v 图、T-s 图上的特征可用表 3-1 表示。

表 3-1 水蒸气的定压发生过程在 *p*-*v* 图、*T*-*s* 图上的特征

序号	类型	特　征
1	一点	临界点 C
2	两线	饱和水线 AC、饱和蒸汽线 BC
3	三区	未饱和水区（AC 线左侧和 t_C 线左下方区）、湿饱和蒸汽区（AC 与 BC 曲线之间）、过热蒸汽区（BC 线和 t_C 线右侧区）
4	五种状态	未饱和水状态、饱和水状态、湿饱和蒸汽状态、干饱和蒸汽状态、过热蒸汽状态

3.3 水和水蒸气图表

水蒸气的性质与理想气体差别很大，其 p，v，T 的关系不再满足理想气体状态方程式。在工程实际计算中，水和水蒸气的状态参数可根据水蒸气表和图查得。为了能正确应用图表查取数据，需对水蒸气表和图所列参数和参数间的一般关系有所了解。

水和水蒸气图表的应用

3.3.1 水和水蒸气表

水和水蒸气表有三种，见表 3-2。

表 3-2 水和水蒸气表的种类

序号	1	2	3
名称	按温度排列的饱和水与饱和蒸汽表（见附表 2）	按压力排列的饱和水与饱和蒸汽表（见附表 3）	按压力和温度排列的未饱和水与过热蒸汽表（见附表 4）

若要确定饱和水和饱和蒸汽的状态参数值，可根据已知的温度或压力，从附表 2 或附表 3 中查出相应的状态参数值：饱和压力 p_s 或饱和温度 t_s、比体积、焓、熵等。表中饱和水和饱和蒸汽的参数分别用右上角标“′”和“″”表示。若要确定未饱和水和过热蒸汽的参数，可根据已知的压力和温度，从附表 4 中查出相应的比体积、焓和熵的值。在未饱和水和过热蒸汽参数之间，用一粗黑水平线分隔开，上方为未饱和水的参数，下方为过热蒸汽的参数。

对上述三种表有以下说明：

(1) 零点的规定。

根据 1963 年第六届国际水蒸气会议的决定，以纯水的三相点的液态水作为基准状态，令其内能和熵均为零，即 $u_0=0$，$s_0=0$。此时水的压力为 $p_0=611.2$ Pa，比体积为 $v_0=0.0010002\ \mathrm{m^3/kg}$，这时 $h_0=u_0+p_0v_0=0+611.2\times0.0010002=0.611$ J/kg≈0 kJ/kg。这样表中所列焓、熵值是该状态的焓、熵值与纯水三相点液相水的焓、熵值的差值。

(2) 表中未列出内能值，可由焓的定义式求得，即

$$u=h-pv$$

（3）表中未列出湿蒸汽的状态参数，可由饱和水和饱和蒸汽的参数及干度求得，即

$$v_x=v''+(1-x)v' \tag{3-3}$$

$$h_x=xh''+(1-x)h' \tag{3-4}$$

$$s_x=xs''+(1-x)s' \tag{3-5}$$

（4）表中没有列出的中间状态的参数，可用直线内差法求得。应该注意，在利用未饱和水与过热蒸气表作内插时，不允许跨越表中粗折线。如果遇到这种情况，应另选用更详细的表，或使内插计算在未饱和水（或过热蒸气）单相区内进行。

（5）工程计算中，通常可用饱和水的数据代替同温度下未饱和水的数据。

【例 3-1】 10 kg 的水，处于 0.1 MPa 下时的饱和状态，当压力不变时，（1）其温度为多少？（2）若测得 10 kg 中含蒸汽 6.5 kg，含水 3.5 kg，则此时的温度应为多少？焓值为多少？（3）若其温度变为 130 ℃，则又处于何种状态？

【解】 （1）查附表 2，$p_s=0.1$ MPa 时，$t_s=99.63$ ℃。

（2）10 kg 工质中既含蒸汽又含水，为湿蒸汽状态，此时的温度 $t_x=t_s=99.63$ ℃，其干度为

$$x=\frac{6.5}{10}=0.65$$

查附表 3，$p_s=0.1$ MPa 时，$h'=417.51$ kJ/kg，$h''=2675.7$ kJ/kg。此时湿蒸汽的焓值为

$$h_x=xh''+(1-x)h'=0.65\times2675.7+(1-0.65)\times417.51=1885.33 \text{ kJ/kg}$$

（3）因 $t=130$ ℃$>t_s=99.63$ ℃，故此时处于过热蒸汽状态。其过热度为

$$\Delta t=t-t_s=130-99.63=30.37 \text{ ℃}$$

【例 3-2】 利用水蒸气表，求 $p=0.14$ MPa，$t=185$ ℃时水蒸气的焓值。

【解】 查附表 3，$p=0.14$ MPa 时，$t_s=109.32$ ℃。因 $t>t_s$，故该蒸汽为过热蒸汽，需查附表 4 来确定水蒸气的焓值。

根据已知的 p，t 值，在附表 4 中不能直接查出对应的焓值，需用直线内插法。

以先直线内插温度再直线内插压力为例介绍查表的方法。

在附表 4 中可以直接查出：

$$p=0.1 \text{ MPa},\quad t=180 \text{ ℃时},\quad h=2835.7 \text{ kJ/kg}$$

$$p=0.1 \text{ MPa},\quad t=200 \text{ ℃时},\quad h=2875.2 \text{ kJ/kg}$$

则利用直线内插法计算出 $p=0.1$ MPa，$t=185$ ℃时的焓为

$$h=2835.7+\frac{185-180}{200-180}\times(2875.2-2835.7)=2845.6 \text{ kJ/kg}$$

在附表 4 中可以直接查出：

$$p=0.2 \text{ MPa},\quad t=180 \text{ ℃时},\quad h=2830.1 \text{ kJ/kg}$$

$$p=0.2 \text{ MPa},\quad t=200 \text{ ℃时},\quad h=2870.5 \text{ kJ/kg}$$

则利用直线内插法计算出 $p=0.2$ MPa，$t=185$ ℃时的焓为

$$h=2830.1+\frac{185-180}{200-180}\times(2870.5-2830.1)=2840.2 \text{ kJ/kg}$$

再次利用直线内插法计算出 $p=0.14$ MPa，$t=185$ ℃时的焓为

$$h=2845.6+\frac{0.14-0.1}{0.2-0.1}\times(2840.2-2845.6)=2843.4\ \text{kJ/kg}$$

本题也可以先直线内插压力，再直线内插值温度，所得结果与上相同。

3.3.2 水蒸气的焓-熵图

利用水和水蒸气表确定的状态参数值精确度高，但不直观，而且表中数据不连续，常需使用内差法。此外，表中未列出湿蒸汽的状态参数值，还需利用公式进行计算。这些都会给分析和计算带来不便。如果将水蒸气各参数间的关系绘制成线图，就会解决上述问题。水蒸气的线图有很多种，如前面已讨论过的 p-v 图和 T-s 图，它们在分析过程和循环时很方便，但在计算功量和热量时需要进行积分运算，仍很麻烦。所以在水蒸气的热工计算中常用的是以焓为纵坐标，熵为横坐标的 h-s 图。

图 3-4 为水蒸气 h-s 图的结构示意图。图上绘有饱和水线（$x=0$）、干饱和蒸汽线（$x=1$）及它们的交点——临界点 C，还有六组定参数线，分别为定焓线、定熵线、定压线、定温线、定容线，在湿蒸汽区还有定干度线。其中，定压线是自左下方向右上方延伸的一族放射线，定容线的延伸方向同定压线相近，但比定压线陡峭；定温线在湿蒸汽区与定压线重合，在过热蒸汽区则是先弯曲而后趋于平坦；定干度线是由临界点出发，与饱和水线和干饱和蒸汽线的延伸方向大致相近的一组曲线。

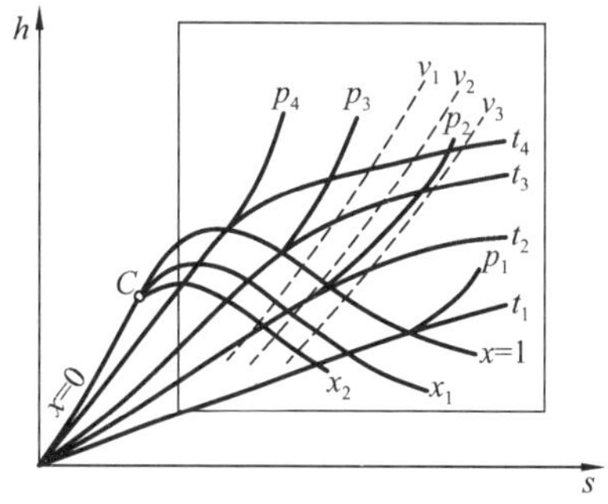

图 3-4　水蒸气 h-s 图

由于工程上所用水蒸气多为干度较大的湿蒸汽、饱和蒸汽或过热蒸汽，故实用的 h-s 图只保留图中右上部分，如图 3-4 中黑线框出的部分。（详见附图 1）

应用水蒸气的 h-s 图，可以根据已知的任意两个独立状态参数来确定状态点在图上的位置，从而查得其余状态参数；也可以在图上表示出水蒸气的热力过程，并对过程的热量、功量等进行计算。

【例 3-3】 已知湿蒸汽的 $p=1$ MPa，$x=0.95$，试利用 h-s 图确定该蒸汽的其余状态参数。

【解】 如图 3-5 所示，在 h-s 图上先找出标有 1 MPa的定压线，此线与 $x=0.95$ 的等干度线相交于点 1，点 1 即为所求的湿蒸汽状态点。

查得：$h_1=2682$ kJ/kg，$v_1=0.186$ m^3/kg，$s_1=6.35$ kJ/(kg·K)。

找出 1 MPa 的定压线与 $x=1$ 的干饱和蒸汽线的交点 A，然后看是哪一条定温线经过此点，则这条定温线上所标的温度即为所求湿蒸汽状态的温度。

查得：$t_1=180$ ℃。

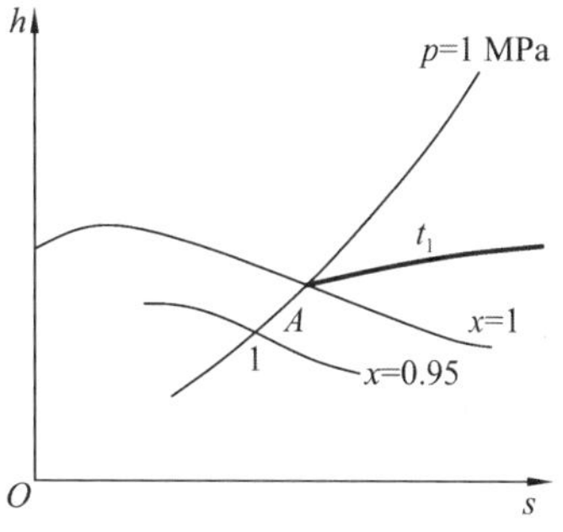

图 3-5　例 3-3 图

3.4 水蒸气的基本热力过程

水蒸气热力过程的分析与计算，与气体热力过程的方法、步骤类似，即要确定初、终态的状态参数，求出过程中交换的功量、热量等，也可以在状态图上进行分析。不同的是，气体热力过程的分析和计算是依据理想气体的有关关系式进行的，而水蒸气热力过程的分析和计算一般是依据水蒸气图表进行的。尤其是 h-s 图的应用，给水蒸气热力过程的分析和计算带来了很大的方便。本节应用 h-s 图来分析水蒸气的四个基本热力过程。

3.4.1 定压过程

锅炉内水蒸气的生产过程，以及水蒸气通过各种换热器进行热量交换的过程等，若忽略流动阻力等不可逆因素，均可视为可逆定压过程。

若已知定压过程的初态参数 p_1，x_1 及终态参数 t_2，则可在 h-s 图上找出定压线 p_1 和定干度线 x_1；两线的交点即为初态点 1；过点 1 沿定压线 p_1 与定温线 t_2 相交，交点即为终态点 2；查出点 1 和点 2 的其余状态参数，如图 3-6 所示。

利用上述参数可进行下列计算：

$$w=p_1(v_2-v_1)$$

$$\Delta u=h_2-h_1-p_1(v_2-v_1)$$

$$q=h_2-h_1$$

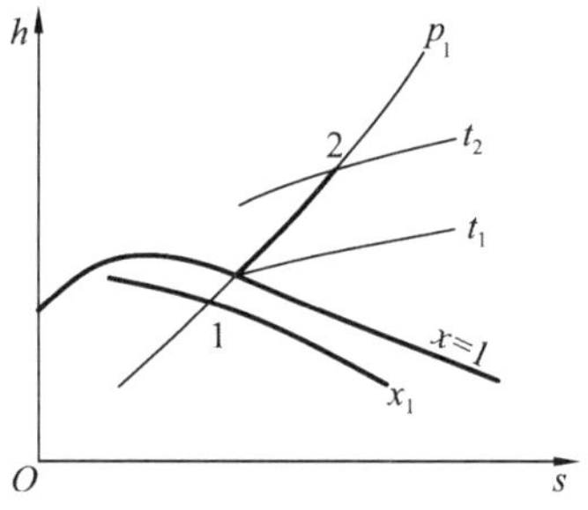

图 3-6　水蒸气的定压过程

由图 3-6 可看出，定压过程沿 1→2 进行，吸热膨胀且温度升高。若是湿蒸汽定压吸热膨胀，会使干度提高，最后变成过热蒸汽。

3.4.2 定容过程

水蒸气在刚性容器中的热力过程，若忽略一切不可逆因素，则可视为可逆定容过程。

若已知定容过程的初态参数 p_1，x_1 及终态参数 t_2，则可在 h-s 图上找出定压线 p_1 和定干度线 x_1，两线的交点即为初态点 1；过点 1 作 $v_2=v_1$ 定容线与定温线 t_2 相交，交点即为终态点 2；查出点 1 和点 2 的其余状态参数，如图 3-7 所示。

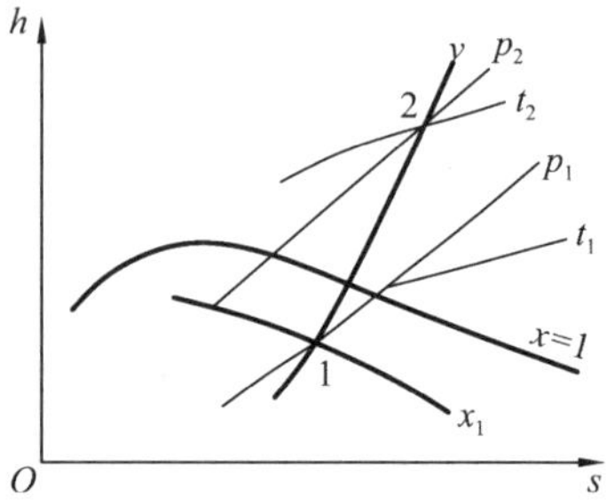

图 3-7　水蒸气的定容过程

利用上述参数可进行下列计算：

$$w=0$$

$$\Delta u=h_2-h_1-v_1(p_2-p_1)$$

$$q=\Delta u$$

3.4.3 定温过程

若已知定温过程的初态参数 p_1，x_1 及终态参数 p_2，则可在 h-s 图上找出定压线 p_1 和定干度线 x_1，两线的交点即为初态点 1；过点 1 作 $t_2=t_1$，定温线与定压线 p_2 相交，交点即为终态点 2；查出点 1 和点 2 的其余状态参数，如图 3-8 所示。

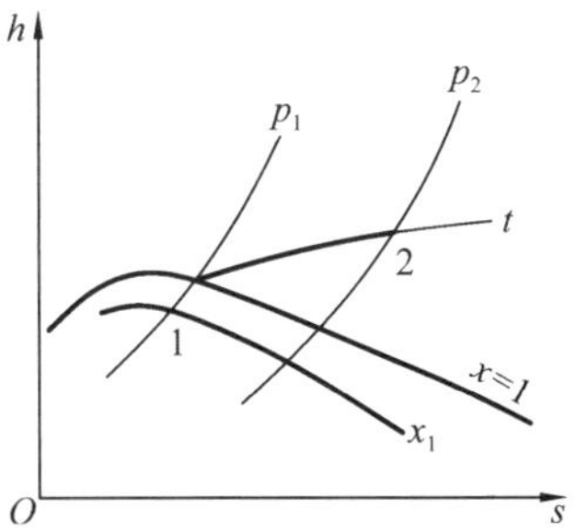

图 3-8 水蒸气的定温过程

利用上述参数可进行下列计算：

$$q=T(s_2-s_1)$$

$$\Delta u=h_2-h_1-\Delta(pv)=h_2-h_1-(p_2v_2-p_1v_1)$$

$$w=q-\Delta u$$

3.4.4 绝热过程

绝热过程在工程上是常见的，如水蒸气流过汽轮机或通过喷管等过程，若忽略散热等不可逆因素，则可视为可逆绝热过程，即定熵过程，如图 3-9 所示。

若已知过程的初态参数 p_1，t_1 及终态参数 p_2，则可在 h-s 图上找出定压线 p_1 和定温线 t_1，两线的交点即为初态点 1；过点 1 作 $s_2=s_1$ 定熵线与定压线 p_2 相交，交点即为终态点 2；查出点 1 和点 2 的其余状态参数，如图 3-9 所示。

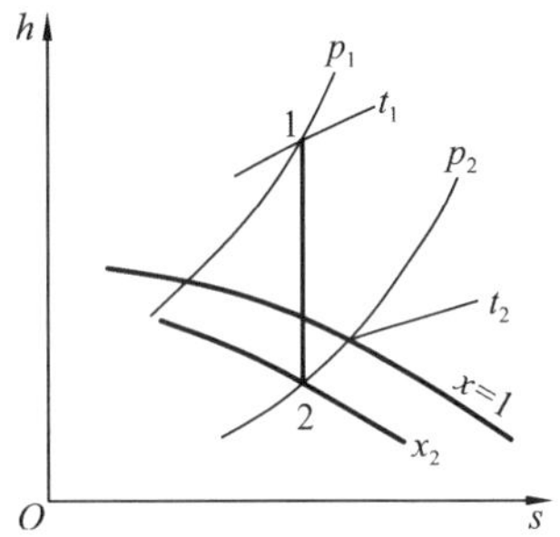

图 3-9 水蒸气的可逆绝热过程

利用上述参数可进行下列计算：

$$q=0$$

$$\Delta u=h_2-h_1-\Delta(pv)=h_2-h_1-(p_2v_2-p_1v_1)$$

$$w=-\Delta u$$

由图 3-9 可看出，绝热过程沿 1→2 进行，水蒸气绝热膨胀，压力、温度均降低。若是过热蒸汽绝热膨胀，会使其过热度减小，最后可变为饱和蒸汽和湿蒸汽。

【例 3-4】 某锅炉，由锅筒出来的蒸汽，经测定压力 $p=0.8$ MPa，干度 $x=0.95$，进入过热器在定压下加热，温度升高至 $t_2=250$ ℃，试利用 h-s 图确定：(1) 锅筒出来的蒸汽的焓值；(2) 1 kg 蒸汽在过热器中吸收的热量。

【解】 (1) 在 h-s 图上找出 0.8 MPa 的定压线与 $x=0.95$ 的等干度线的交点 1，点 1 即为由锅筒出来的蒸汽的状态点，查得：$h_1=2672$ kJ/kg。

(2) 沿过点 1 的定压线与 $t_2=250$ ℃的等温线交于点 2，查得：$h_2=2954$ kJ/kg。

蒸汽在过热器中吸收的热量为

$$q=h_2-h_1=2954-2672=282 \text{ kJ/kg}$$

【例 3-5】 $p_1=3$ MPa，$t_1=450$ ℃的过热蒸汽在汽轮机中进行可逆绝热膨胀，达到终态压力 $p_2=0.01$ MPa，试求蒸汽的终态参数及 1 kg 蒸汽在汽轮机中所做的理论功。

【解】 根据 p_1 和 t_1，在 h-s 图上确定出初态点 1，查得：$h_1=3340$ kJ/kg，$s_1=7.07$ kJ/(kg·K)。

沿点 1 作 $s_2=s_1$ 的定熵线与 p_2 定压线交于点 2，点 2 即为终态点。查得：$h_2=2255$ kJ/kg，$s_2=s_1=7.07$ kJ/(kg・K)，$v_2=12.4$ m^3/kg，$t_2=47$ ℃，$x_2=0.858$。

若忽略动、位能变化，汽轮机所做理论功为

$$w_s=-\Delta h=h_1-h_2=3340-2255=1085 \text{ kJ/kg}$$

思考题与习题

3-1　什么是饱和状态？饱和状态时压力与温度有何关系？

3-2　未饱和水的温度是否一定很低？过热蒸汽的温度是否一定很高？有没有400 ℃的水？有没有 0 ℃以下的过热蒸汽？为什么？

3-3　将未饱和水定压加热至饱和水时，加入的热量会使水温升高，而将饱和水定压加热至干饱和蒸汽时，加入的热量并没有使温度升高，为什么？

3-4　将水在表压力 $p=3.0$ MPa 下，加热至 230 ℃时是否沸腾？若将这种水变为过热度为 30 ℃的过热蒸汽，试问该蒸汽的温度为多少？

3-5　在容积为 30 L 的容器内，有水和水蒸气的混合物。若蒸汽温度为 180 ℃，水的质量为 0.08 kg，试求容器内混合物的干度及焓值。

3-6　气缸中盛有质量为 0.5 kg、温度为 120 ℃的干饱和蒸汽，在定容下冷却至 80 ℃。求此冷却过程中蒸汽放出的热量。

3-7　某空调系统用 $p=0.3$ MPa，$x=0.94$ 的湿蒸汽来加热空气。暖风机空气流量为 4000 Nm^3/h，空气通过暖风机被从 0 ℃加热到 120 ℃。若蒸汽流过暖风机后成为 0.3 MPa下的饱和水，试问每小时需要多少千克湿蒸汽？

3-8　某锅炉每小时生产压力 4 MPa、温度 450 ℃的过热蒸汽 130 t，给水温度为 150 ℃。求：(1) 由给水加热到饱和水的吸热量；(2) 由饱和水变为饱和蒸汽的吸热量；(3) 由饱和蒸汽到过热蒸汽的吸热量；(4) 若锅炉热效率为 80%，煤的发热量为 28500 kJ/kg，求每小时的耗煤量。

3-9　将 5 m^3 压力 $p_1=1$ MPa、温度 $t_1=350$ ℃的过热蒸汽定压加热到 $t_2=500$ ℃。求过程中的加热量及蒸汽的终态体积，并将该过程定性地表示在水蒸气的 h-s 图上。

3-10　压力 $p_1=7$ MPa、温度 $t_1=450$ ℃的蒸汽通过汽轮机可逆绝热膨胀到 $p_2=0.05$ MPa。若蒸汽流量为 110 kg/s，试求汽轮机理论功率及乏气的干度和温度。

3-11　将 1 kg 压力 $p_1=0.6$ MPa、温度 $t_1=200$ ℃的蒸汽定压加热到 $t_2=300$ ℃，求过程中的加热量和内能变化量。若将此蒸汽再送入某容器中绝热膨胀至 $p_3=0.1$ MPa，求此膨胀过程所做的功量。

4

湿空气

知识点

未饱和湿空气和饱和湿空气，湿空气的状态参数，湿空气的 h-d 图，湿空气的基本处理过程。

能力目标

◉ 掌握：湿空气的相对湿度、含湿量、焓、露点温度和湿球温度等状态参数的概念。

◉ 理解：湿空气、未饱和湿空气和饱和湿空气的概念和含义；热湿比 ε 的含义及用途。

◉ 熟悉：湿空气 h-d 图的结构，能熟练应用 h-d 图查出湿空气的状态参数。

◉ 应用：应用湿空气的 h-d 图进行湿空气基本处理过程的分析和计算。

由于地球表面大部分被海洋、江河和湖泊所覆盖，势必有大量水分蒸发为水蒸气进入大气中，所以，自然界中存在的空气都是干空气和水蒸气的混合物，我们称之为湿空气（wet air）。

存在于湿空气中的干空气（dry air），由于其组成成分不发生变化，所以可把它看作一个整体，并将其视为理想气体。存在于湿空气中的水蒸气，由于其分压力很低，比体积很大，处于过热状态，所以也可将其视为理想气体。这样可把湿空气视为由干空气和水蒸气组成的理想混合气体。它仍然遵循理想气体的一般规律，可以用理想气体状态方程来描述其参数间的关系。

由于湿空气中水蒸气的含量很少，所以在一般工程中可以忽略其影响。但是在空气调节、物料干燥等工程中，为使空气达到一定的温度和湿度，以符合生产工艺和生活上的要求，就不能将水蒸气的影响忽略。在通风与空气调节工程中，经常要使用湿空气作为工质，并对其进行加热、冷却、加湿、去湿等处理。因此，必须掌握湿空气的性质及其处理过程。本单元主要介绍湿空气的状态参数、湿空气的焓湿图、湿空气的热力过程及热力计算。

4.1 湿空气的状态参数

湿空气的物理性质是由它的组成成分和所处的状态决定的。湿空气的状态，同样可以用压力、温度、比体积及焓等参数来描述。此外，还需要有反映湿空气中水蒸气含量的参数，如绝对湿度、相对湿度和含湿量等。

4.1.1 湿空气的压力

根据道尔顿分压力定律，湿空气的总压力 p 等于干空气的分压力 p_{dry} 与水蒸气的分压力 p_{vap} 之和，即

$$p = p_{\mathrm{dry}} + p_{\mathrm{vap}}$$

通风空调工程中所处理的湿空气就是大气，这时，湿空气的压力就是当地大气压力 B，因而上式可写为

$$B = p_{\mathrm{dry}} + p_{\mathrm{vap}} \tag{4-1}$$

一般情况下，湿空气中水蒸气的分压力 p_{vap} 小于湿空气温度 t 所对应的水蒸气饱和分压力 p_{s}，这时的水蒸气处于过热状态，如图 4-1 中状态 a 所示。这种由干空气和过热蒸汽组成的湿空气，称为未饱和湿空气。在一定温度下，湿空气中水蒸气分压力的大小可反映水蒸气含量的多少。由于未饱和湿空气中水蒸气分压力未达到最大值，所以它具有一定的吸湿能力。在未饱和湿空气温度不变的情况下，向其中加入水蒸气，随着水蒸气含量的增加，水蒸气分压力将提高，这时水蒸气的状态将沿图 4-1 中的 $a \to b$ 变化。当水蒸气分压力达到湿空气温度 t 所对应的饱和分压力 p_{s} 时，即达到 b 点。这种由干空气和饱和水蒸气组成的湿空气称为饱和湿空气。各种温度下的饱和水蒸气分压力值，可以从湿空气性质表中查得，见附表 5。若向饱和湿空气中继续加入水蒸气，这时水蒸气的状态将沿 $b \to e$ 变化，即不断有凝结水析出。

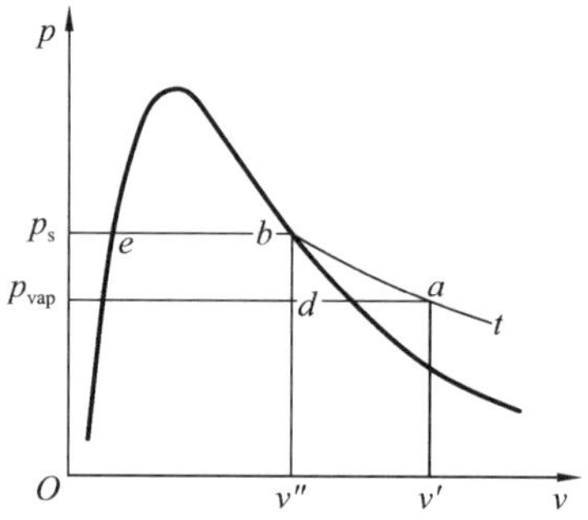

图 4-1 湿空气中水蒸气的 p-v 图

4.1.2 湿空气的温度

混合气体中各组成气体的温度都等于混合气体的温度，所以干空气的温度 T_{dry} 和水蒸气的温度 T_{vap} 均等于湿空气的温度 T，即

$$T = T_{\mathrm{dry}} = T_{\mathrm{vap}} \tag{4-2}$$

相对湿度、含湿量和比焓的概念

4.1.3 绝对湿度和相对湿度

4.1.3.1 绝对湿度

每 1 m^3 的湿空气中所含水蒸气的质量称为绝对湿度（absolute

humidity)。由于湿空气中的水蒸气也是充满在湿空气的整个体积中，所以绝对湿度也就是湿空气中水蒸气的密度，用符号 ρ_{vap} 表示，单位为 kg/m^3。其值可由水蒸气表查得，或按下式计算

$$\rho_{vap}=\frac{m_{vap}}{V_{vap}}=\frac{m_{vap}}{V}=\frac{p_{vap}}{R_{vap}T} \tag{4-3}$$

式中：R_{vap}——水蒸气的气体常数，$R_{vap}=461.5$ J/(kg·K)。

绝对湿度只能说明湿空气中所含水蒸气质量的多少，而不能说明湿空气干燥或潮湿的程度及吸湿能力的大小。为此，需引入相对湿度的概念。

4.1.3.2 相对湿度

湿空气的绝对湿度与同温度下的饱和绝对湿度的比值，称为相对湿度（relative humidity)，用符号 φ 表示，即

$$\varphi=\frac{\rho_{vap}}{\rho_s}\times 100\% \tag{4-4}$$

显然，相对湿度 $\varphi=0\sim 1$，它的大小反映了湿空气中水蒸气的含量接近饱和的程度，故又称为饱和度。在某一温度下，φ 值小，表示空气干燥，具有较大的吸湿能力；φ 值大，表示空气潮湿，吸湿能力小。当 $\varphi=0$ 时为干空气；$\varphi=1$ 时则为饱和空气。

应用理想气体状态方程，相对湿度又可表示为

$$\varphi=\frac{p_{vap}}{p_s}\times 100\% \tag{4-5}$$

由式（4-5）可知，在一定温度下，水蒸气分压力 p_{vap} 越大，相对湿度 φ 值就越大，空气就越潮湿。所以，湿空气中水蒸气分压力的大小也是表示其中水蒸气含量的参数。

4.1.4 含湿量

在通风空调及物料干燥工程中，经常要对湿空气进行加湿或减湿处理。在处理过程中，干空气的质量保持不变，只是水蒸气含量的增减。这样若以湿空气的质量作为基准进行分析计算，将会比较麻烦。为此，提出了以干空气质量作为基准的含湿量的概念，这给湿空气过程的分析计算带来了方便。

在含有 1 kg 干空气的湿空气中，所含的水蒸气的质量（通常以 g 计）称为含湿量（moisture content)，用符号 d 表示，单位为 g/kg(d,a)，其中（d,a）表示干空气，即

$$d=\frac{m_{vap}}{m_{dry}}\times 10^3 \tag{4-6}$$

式中：m_{vap}，m_{dry}——水蒸气和干空气的质量，kg。

由于与 1 kg 干空气相混合的水蒸气质量为 $10^{-3}d$ kg，那么，湿空气的质量应当是（$1+10^{-3}d$）kg。含湿量 d 就是（$1+10^{-3}d$）kg 湿空气中所含水蒸气的质量。

根据理想气体状态方程，可得

$$m_{dry}=\frac{p_{dry}V}{R_{dry}T}$$

$$m_{vap}=\frac{p_{vap}V}{R_{vap}T}$$

代入含湿量的定义式（4-6），得

$$d=622\frac{p_{vap}}{p_{dry}}=622\frac{p_{vap}}{B-p_{vap}} \tag{4-7}$$

由式（4-7）可知，当大气压力 B 一定时，含湿量是水蒸气分压力的函数，即 $d=f(p_{vap})$，因此，d 和 p_{vap} 不是相互独立的状态参数。

由于 $p_{vap}=\varphi\cdot p_s$，代入上式，得

$$d=622\frac{\varphi\cdot p_s}{B-\varphi\cdot p_s} \tag{4-8}$$

由式（4-8）可知，当大气压力 B 和湿空气温度 t 一定时，p_s 也是定值，d 随 φ 的增大而增大。

含湿量在过程中的变化 Δd，即表示 1 kg 干空气组成的湿空气在过程中所含水蒸气质量的改变，也是湿空气在过程中吸收或析出的水分。

注意 φ 表示湿空气接近饱和的程度，也就是湿空气在一定温度下吸收水分的能力，但并不反映空气中水蒸气含量的多少；而 d 可表示空气中水蒸气的含量，但却无法直观地反映出空气的潮湿程度和吸收水分的能力。

例如：有两种状态的空气，$t_1=10$ ℃，$d_1=7.73$ g/kg(d,a) 和 $t_2=30$ ℃，$d_2=15$ g/kg (d,a)，设 $B=0.1$ MPa。从表面上看，似乎第一种状态的空气要干燥些。其实却并非如此。查附表 5 可知，第一种状态的空气已是饱和空气，而第二种状态的空气距离饱和状态的含湿量 $d_s=27.52$ g/kg(d,a) 还很远，这时 $\varphi=55\%$左右，还有很大的吸湿能力。

4.1.5 湿空气的焓

湿空气的比焓是指含有 1 kg 干空气湿空气的焓值，它是 1 kg 干空气的焓与 $10^{-3}d$ kg 水蒸气的焓之和，仍用 h 表示，单位为 kJ/kg(d,a)，即

$$h=h_{dry}+10^{-3}d\cdot h_{vap} \tag{4-9}$$

在工程中，对干空气，取 0 ℃的干空气的焓为零；对水蒸气，取 0 ℃的水的焓为零，则有

$$h_{dry}=c_p t=1.01t$$

式中：c_p——干空气的平均比定压热容。

由于湿空气处理过程中所涉及的温度变化范围不大，所以干空气的 c_p 可取定值，为 1.01 kJ/(kg·K)。

$$h_{vap}=r_0+c_p t=2501+1.85t \tag{4-10}$$

式中：r_0——0 ℃时水的汽化潜热，取 $r_0=2501$ kJ/kg；

c_p——水蒸气在低压下的平均比定压热容，取 $c_p=1.85$ kJ/(kg·K)。

从而得出

$$h=1.01t+10^{-3}d(2501+1.85t) \tag{4-11}$$

在通风空调工程中，对湿空气的处理均是在定压下进行的，若忽略动能及位能的变化，则空气在各种热交换器中吸收或放出的热量就等于过程前后的焓差。

4.1.6 湿空气的密度

1 m³ 湿空气所具有的质量称为湿空气的密度，它应为干空气和水蒸气的密度之和，即

$$\begin{aligned}\rho &= \frac{m}{V}=\frac{m_{\rm dry}+m_{\rm vap}}{V}=\rho_{\rm dry}+\rho_{\rm vap}\\ &=\frac{p_{\rm dry}}{R_{\rm dry}T}+\frac{p_{\rm vap}}{R_{\rm vap}T}=\frac{B-p_{\rm vap}}{287T}+\frac{p_{\rm vap}}{461T}\\ &=\frac{B}{287T}-0.001315\,\frac{p_{\rm vap}}{T}\\ &=\frac{B}{287T}-0.001315\,\frac{\varphi\cdot p_{\rm vap}}{T}\end{aligned} \tag{4-12}$$

由式（4-12）可知，在同温同压下，湿空气的密度总是小于干空气的密度，并随 φ 值的增大而减小。

露点温度和湿球温度

4.1.7 露点温度和湿球温度

4.1.7.1 露点温度

对于未饱和湿空气，若在水蒸气分压力不变的情况下，降低其温度，也可使湿空气达到饱和状态，其中水蒸气的状态变化过程如图 4-1 中 $a \to d$ 所示。d 点即为饱和蒸汽状态，其温度就是湿空气中水蒸气分压力 $p_{\rm vap}$ 所对应的饱和温度，称为湿空气的露点温度（temperature of dewpoint），或简称露点，用符号 $t_{\rm dew}$ 表示。湿空气的露点可由湿度计或露点仪测定。它也是湿空气的状态参数。

湿空气达到饱和后，若进一步降低其温度，湿空气中的水蒸气便有一部分凝结成水滴析出，这种现象称为结露。结露现象无论在工程上还是生活中，都是普遍存在的。例如：空调蒸发器表面的水珠，冬天房屋外窗玻璃内侧的水雾等，都是由于湿空气遇到了低于其露点温度的冷表面时，其中的部分水蒸气在冷表面凝结为水析出而形成的。

在空调工程中，常常利用露点来控制空气的干、湿程度，若空气太潮湿，就可将其温度降至其露点温度以下，使多余的水蒸气凝结为水析出，从而达到去湿的目的。

4.1.7.2 湿球温度

图 4-2 所示为一干、湿球温度计的示意图。它由两支相同的玻璃杆温度计组成。一支称为干球温度计，另一支的水银球用浸在水中的湿纱布包起来，称为湿球温度计。干球温度计上的读数称为干球温度（dry bulb temperature），即空气温度，用 $t_{\rm dry}$ 表示。湿球温度计上的读数为湿球温度（wet bulb temperature），用 $t_{\rm wet}$ 表示。

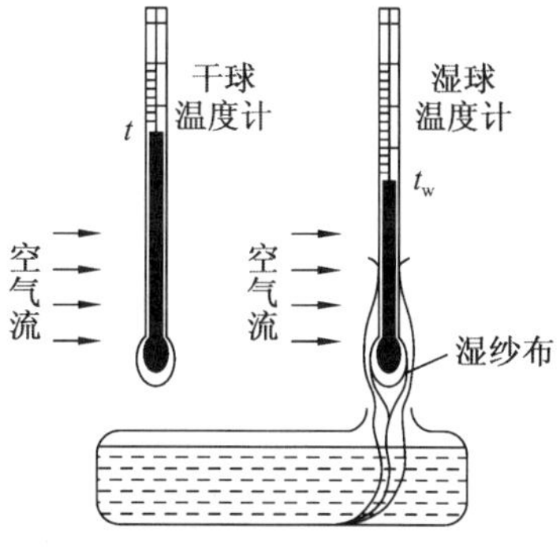

图 4-2　干、湿球温度计

若温度计周围为未饱和湿空气，湿纱布上的水将向空气中蒸发，使水温下降，即湿球温度计上的读数

将下降。这样水与周围空气间产生了温度差，从而导致周围空气向水传热。当水蒸发所需要的热量正好等于水从周围空气中所获得的热量时，湿球温度计上的读数不再下降，这个温度就反映了纱布中水的温度。此时湿球温度计的水银球表面形成了很薄的饱和空气层，其温度与水温十分接近，故湿球温度 t_{wet} 即为这一薄层饱和湿空气的温度。

从上述过程的分析可见，干球温度与湿球温度的差值大小与空气的相对湿度有关。空气的相对湿度愈小，水分的蒸发就愈快，干湿球温差也就愈大；反之，空气的相对湿度愈大，水分的蒸发就愈慢，干湿球温差也就愈小。当空气的相对湿度达到 100％时，水分不再蒸发，干湿球温差为零，此时湿球温度就等于干球温度。为方便起见，将空气的相对湿度与干球温度及湿球温度之间的关系制成表格或线图。这样，可根据测得的干球温度和湿球温度的值从表或图中查得相对湿度的值。

应当指出，湿纱布上水分的蒸发和空气向水的传热过程，还与空气的流速有关。一般来说，空气流速 v 越大，传热和蒸发进行得越充分，湿球温度越精确。实验表明，当空气流速 $v>2.5$ m/s 时，空气流速对湿球温度的影响很小，可不予考虑。在工程上一般是用干湿球温度计所测得的湿球温度作为湿空气的状态参数。

最后要说明的是，由于湿空气是干空气和水蒸气组成的混合气体，必须有三个独立参数才能确定其状态。若大气压力 B 一定，则只需要两个独立参数就可确定其状态，并可求出其余参数。

【例 4-1】 已知湿空气的总压力 $B=0.1$ MPa，温度 $t=25$ ℃，相对湿度 $\varphi=55\%$，求该空气的水蒸气分压力 p_{vap}、含湿量 d、露点温度 t_{dew} 和焓 h。

【解】 （1）水蒸气分压力 p_{vap}

查附表 5，当 $t=25$ ℃时，$p_s=3167$ Pa，则

$$p_{vap}=\varphi\cdot p_s=55\%\times3167=1742\ \text{Pa}$$

（2）含湿量

$$d=622\frac{p_{vap}}{B-p_{vap}}=622\times\frac{1742}{0.1\times10^6-1742}=11.0\ \text{g/kg(d,a)}$$

（3）露点温度

查附表 5，当 $p_s=p_{vap}=1742$ Pa 时，湿空气的饱和温度也即露点温度为

$$t_{dew}=15.3\ ℃$$

（4）湿空气的焓

$$\begin{aligned}h&=1.01t+10^{-3}d(2501+1.85t)\\&=1.01\times25+10^{-3}\times11.0\times(2501+1.85\times25)=53.3\ \text{kJ/kg(d,a)}\end{aligned}$$

4.2 湿空气的焓湿图

湿空气的状态参数可以用上节介绍的各种关系式确定，但计算起来比较麻烦。为工程计算分析的方便，人们绘制了湿空气的各种线算图，最常用的是焓湿图（h-d 图）。在焓湿图上不仅可以表示湿空气的状态，确定其状态参数，而且还可以方便地表示出湿

空气的状态变化过程。在焓湿图上，分析计算湿空气的处理过程十分方便，因此，h-d 图是空调工程计算中一个非常重要的工具，见附图 2。

4.2.1 焓湿图的构成及绘制原理

湿空气的焓湿图是以 1 kg 干空气为基准，并在一定的大气压力 B 下，取 h 为纵坐标，含湿量 d 为横坐标而绘制的。为使图线清晰，两坐标轴之间的夹角取 135°，如图 4-3 所示。

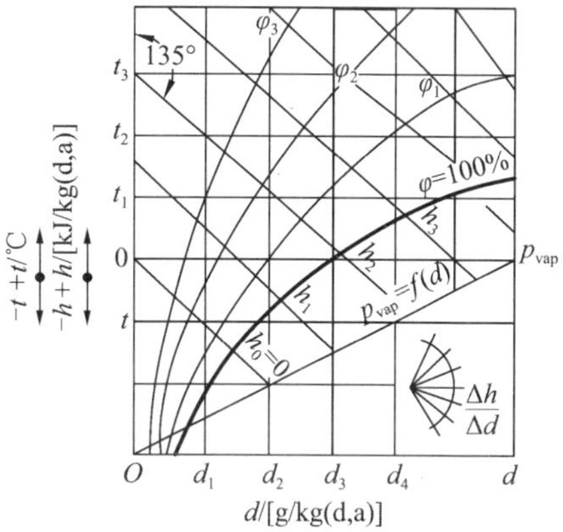

图 4-3 湿空气的 h-d 图

4.2.1.1 定焓线与定含湿量线

在纵坐标轴上标出零点，即 $h=0$，$d=0$。纵坐标轴即为 $d=0$ 的定含湿量线，该纵坐标轴上的读数也是干空气的焓值。在确定坐标轴的比例后，就可以绘制一系列与纵坐标轴平行的等 d 线和与横坐标平行的等 h 线。在实用中，为减小图面，可取一水平线来代替实际的 d 轴。

4.2.1.2 定温线(定干球温度线)

定温线是根据公式 $h=1.01t+10^{-3}d(2501+1.85t)$ 绘制的。当 t 为定值时，式中 h 和 d 呈线性关系，所以在 h-d 图上，定温线是一组直线。其斜率 $10^{-3}(2501+1.85t)$ 为正值，并随 t 的升高而增大，所以各定温线是不平行的。但由于 $1.85t$ 远小于 2501，t 值的变化对定温线斜率的影响很小，所以各定温线又几乎是平行的。

4.2.1.3 定相对湿度线

定相对湿度线是根据公式 $d=622\varphi\cdot p_s/(B-\varphi\cdot p_s)$ 绘制的。在 B 一定时，若 φ 为定值，则 d 与 p_s 之间有一一对应的关系，而 p_s 又是温度的单值函数，所以，当 φ 为某一定值时，把不同温度下的 p_s 代入上式，就可得到相应温度下的一系列 d 值。由 t 和 d 在 h-d 图上可得到相应的状态点，连接这些状态点，就可得到该 φ 值的定相对湿度线。取不同 φ 值，按同样的方法可作出一组不同的定相对湿度线。

定相对湿度线是一组由左下向右上的上凸形曲线。其中，$\varphi=0$ 的定相对湿度线就是干空气线，此时 $d=0$，也即纵坐标轴。$\varphi=100\%$ 的定相对湿度线就是饱和空气线，此线将 h-d 图分为两部分。上部为未饱和空气区，下部为过饱和空气区。未饱和空气区中的水蒸气处于过热状态。而在过饱和空气区，多余的水蒸气已开始凝结为水，此时的湿空气呈雾状，故该区也称为雾区。

4.2.1.4 水蒸气分压力线

由含湿量的计算式 $d=622p_{vap}/(B-p_{vap})$ 可知：当大气压力 B 一定时，d 与 p_{vap} 之间存在一一对应的关系，即 $p_{vap}=f(d)$。有的 h-d 图根据该关系将 p_{vap} 标在图的上方坐标上，也有的将该关系线绘制在图下方，而 p_{vap} 值则标在右边的坐标上。

4.2.1.5 热湿比

湿空气的热湿处理过程均是在定压下进行的，这样湿空气焓的变化就是过程中交换的热量；而湿空气含湿量的变化就是过程中水蒸气含量的改变。所以在空气的热力过程中，常常要涉及焓的变化和含湿量的变化。

为了说明空气状态变化的方向和特征，常用空气状态变化前后的焓差和含湿量差的比值来表征。这个比值称为热湿比，用符号 ε 表示，即

$$\varepsilon=\frac{h_2-h_1}{10^{-3}(d_2-d_1)}=10^3\ \frac{\Delta h}{\Delta d} \tag{4-13}$$

从式（4-13）可以看出，热湿比 ε 实际上是状态变化过程直线的斜率，它反映了从初态 1 到终态 2 的变化过程中，过程线 1—2 相对于横轴的倾斜角度，故又称之为角系数。在 h-d 图上，任何一个状态变化过程，都对应于一定的热湿比。对于各种变化过程，不管其初态及终态位置如何，只要热湿比 ε 相同，它们的过程线必定平行。因此，可在 h-d 图的右下方任取一点为基准点，作出一系列的热湿比线，也称为过程辐射线，以供在图上分析空气状态变化过程时使用。

4.2.2 h-d 图的应用

湿空气焓湿图的应用举例

4.2.2.1 确定状态参数

h-d 图上的任意一点都表示湿空气的某一个状态。如已知湿空气的任意两个独立的状态参数，就可在图上确定湿空气的状态点，并查出其余的状态参数。

4.2.2.2 确定露点温度和湿球温度

前已述及，将未饱和湿空气在水蒸气分压力不变的情况下冷却到饱和状态时所对应的温度即为露点温度。在 h-d 图上，将 A 状态的湿空气沿等 d_A 线冷却到与 $\varphi=100\%$的饱和曲线相交，则交点 B 的温度即为 A 状态的湿空气所对应的露点温度 $t_{dew \cdot A}$，如图 4-4 所示。

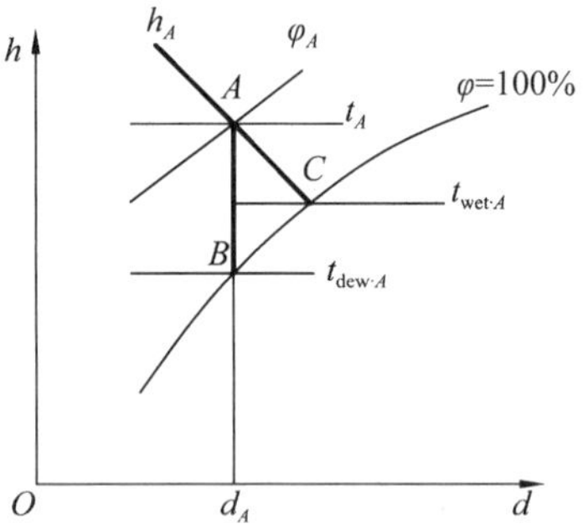

图 4-4 露点温度、湿球温度在 h-d 图上的表示

在湿球温度的形成过程中，由于饱和空气传给纱布中水的显热全部以汽化潜热的形式返回到空气中，所以可认为空气的焓值基本保持不变。在 h-d 图上，过 A 点作等 h_A 线与 $\varphi=100\%$线相交，则交点 C 的温度即为 A 状态的湿空气所对应的湿球温度 $t_{wet \cdot A}$，如图 4-4 所示。

4.2.2.3 表示湿空气的状态变化过程

若已知湿空气的初始状态及变化过程的热湿比 ε 值，则在 h-d 图上，可通过初态点作一条平行于热湿比为 ε 的辐射线，即得状态变化过程线。只要知道终态点的任一参数，就可确定出终态点的位置，即过程线与已知终态参数线的交点。

在工程计算中，除了用平行线法作热湿比线外，还采用在图上直接绘制 ε 线的方法。这种方法要精确些。例如，设 $\varepsilon=10^3\Delta h/\Delta d=5000$，则 $\Delta h:\Delta d=5:1$，任取 $\Delta d=2$，有 $\Delta h=10$。在 h-d 图上，如空气初状态点 1 的参数值为（h_1，d_1），则可计算出另一状态点 2 的参数值（h_2，d_2），其中 $h_2=h_1+10$，$d_2=d_1+2$。过这两点的直线就是所求的热湿比线。

需要注意的是，以上 h-d 图的绘制是在大气压力 B 等于某个定值的情况下得出的。

如果大气压力不同，所求出的参数也不同。因此，在实际应用中，应采用符合当地大气压力的 h-d 图。当大气压力的差值小于 2 kPa 时，相对湿度 φ 值的差别一般小于 2%。这时，大气压力不同的地区可近似采用同一个 h-d 图。

【例 4-2】 已知湿空气的总压力 $B=0.1$ MPa，温度 $t=25$ ℃，相对湿度 $\varphi=65\%$，试在 h-d 图上求出该空气的其余状态参数。

【解】 如图 4-5 所示，在 h-d 图上找出 $t=25$ ℃，$\varphi=65\%$的状态点 A，查得 A 点的其余参数为

$h_A=58.0$ kJ/kg(d,a)，$d_A=12.9$ g/kg(d,a)

$p_{vap\cdot A}=2050$ Pa，$t_{dew\cdot A}=15.0$ ℃，$t_{wet\cdot A}=18.0$ ℃

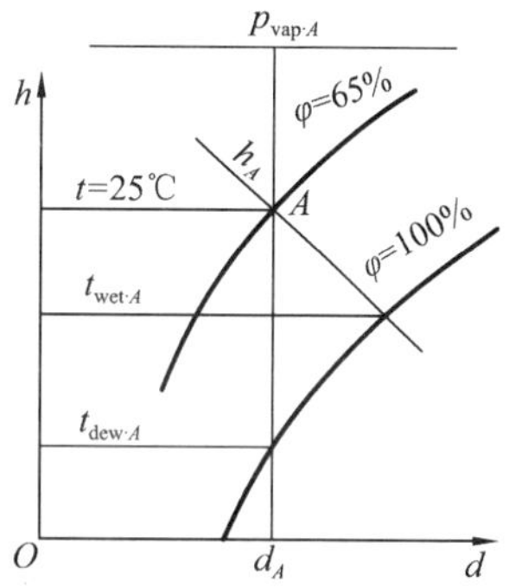

图 4-5　例 4-2 图

【例 4-3】 已知大气压力 $B=0.1$ MPa，空气初状态 $t_A=20$ ℃，$\varphi_A=60\%$。向空气中加入 10000 kJ/h 的热量，同时加湿 2 kg/h 后，空气的焓值为 $h_B=59$ kJ/kg(d,a)，试确定终状态 B。

【解】 在 h-d 图上，由 $t_A=20$ ℃，$\varphi_A=60\%$确定出空气的初状态点 A。

热湿比为

$$\varepsilon=10^3\frac{\Delta h}{\Delta d}=\frac{Q}{W}=\frac{10000}{2}=5000$$

（1）平行线法

在 h-d 图上，通过 A 点作与热湿比线 $\varepsilon=5000$ 相平行的直线，此过程线与 $h_B=59$ kJ/kg(d,a) 的等焓线的交点，就是所求的终状态点 B，如图 4-6 所示。

查得：$t_B=28$ ℃，$\varphi_B=51\%$，$d_B=12$ g/kg(d,a)。

（2）辅助点法

由 $\varepsilon=5000$，任取 $\Delta d=4$ g/kg(d,a)，则有 $\Delta h=20$ kJ/kg(d,a)。

现分别过点 A 作 $\Delta d=4$ g/kg(d,a) 的等含湿量线和 $\Delta h=20$ kJ/kg(d,a) 的等焓线，设两线的交点为 B'，则 AB'连线就是$\varepsilon=5000$ 的空气状态变化过程线。

此过程线与 $h=59$ kJ/kg(d,a) 的等焓线的交点 B，就是所求的终状态点。如图 4-7 所示。图中 B'点称为辅助点。

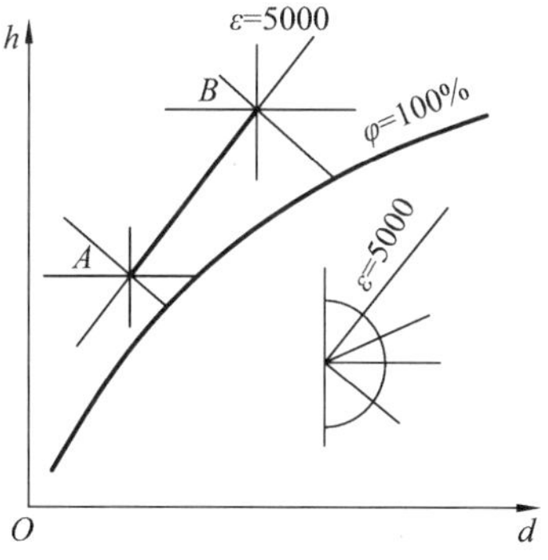

图 4-6　例 4-3 图

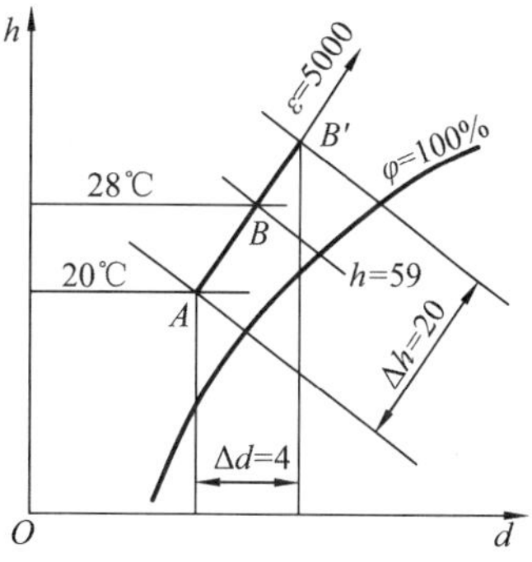

图 4-7　例 4-3 图

【例 4-4】 某车间要求空气的状态保持为 $t_1=20$ ℃，$\varphi_1=50\%$。设车间内有工作人员 10 名，在 20 ℃下工作时，每人散热量为 530 kJ/h、散湿量为 80 g/h。经计算车间的围护结构及设备向车间内散热量为 4700 kJ/h、散湿量为 1.2 kg/h。若送风温度 $t_2=12$ ℃，试确定送风状态及送风量。(大气压 $B=0.1$ MPa)

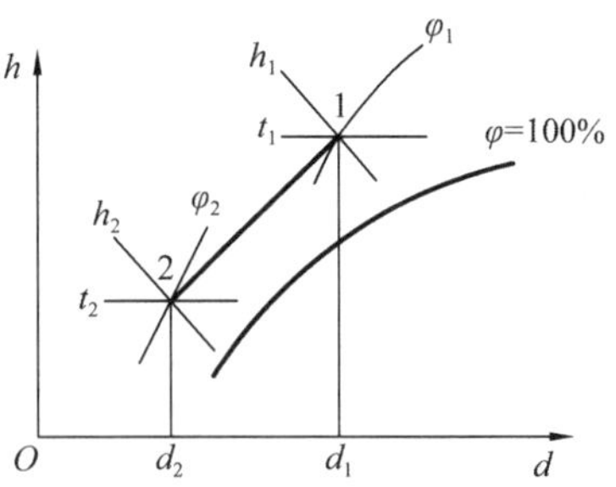

图 4-8 例 4-4 图

【解】 每小时散入车间的总热量为

$$Q=530\times10+4700=10000\ \text{kJ/h}$$

每小时散入车间的总湿量为

$$W=80\times10^{-3}\times10+1.2=2\ \text{kg/h}$$

则
$$\varepsilon=\frac{Q}{W}=\frac{10000}{2}=5000$$

如图 4-8 所示，在 h-d 图上，根据 $t_1=20$ ℃，$\varphi_1=50\%$可确定出状态点 1，即车间要求达到的空气状态，并可查出 $h_1=39$ kJ/kg(d,a)。

通过点 1 作一条 $\varepsilon=5000$ 的热湿比线与 $t_2=12$ ℃的定温线相交得到点 2，点 2 即为送风状态，可查出其余参数为

$$\varphi_2=48\%,\ h_2=23\ \text{kJ/kg(d,a)},\ d_2=4.2\ \text{g/kg(d,a)}$$

送风量为

$$m_{\text{dry}}=\frac{Q}{\Delta h}=\frac{10000}{39-23}=625\ \text{kg(d,a)/h}$$

或

$$m=(1+10^{-3}d_2)m_{\text{dry}}=(1+10^{-3}\times4.2)\times625=627.6\ \text{kg/h}$$

4.3 湿空气基本热力过程及其应用

湿空气的加热、冷却过程

对湿空气进行处理的目的是使湿空气达到一定的温度和湿度。在工程上，湿空气的实际处理过程可以有多个过程组合而成。本节利用 h-d 图来讨论湿空气的几种基本热力过程以及工程应用。

4.3.1 加热过程

湿空气的加热过程是在空气加热器中进行的。湿空气在加热器中吸收热量，温度升高，含湿量保持不变，在 h-d 图上加热过程 1→2 是一条垂直向上的直线，如图 4-9 所示。湿空气经加热后，状态参数的变化是 $t_2>t_1$，$d_2=d_1$，$h_2>h_1$，$\varphi_2<\varphi_1$。加热过程使空气的相对湿度减小，因此，这一过程可以用来干燥空气。

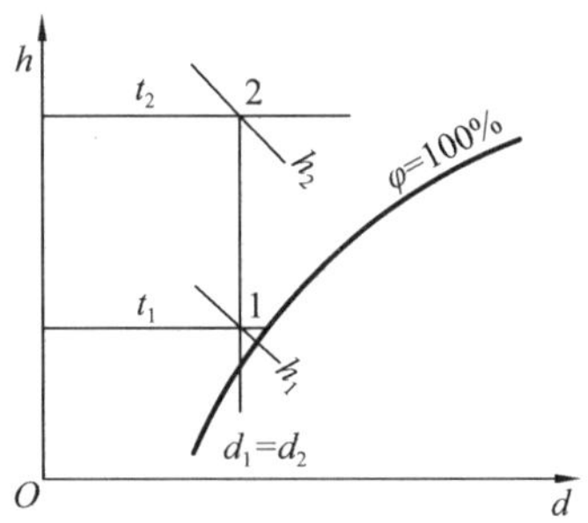

图 4-9 加热过程

加热过程中，由于 $\Delta h>0$，$\Delta d=0$，则

$$\varepsilon=10^3\frac{\Delta h}{\Delta d}=+\infty$$

由 1 kg 干空气所组成的湿空气在过程中的吸热量为

$$q=\Delta h=h_2-h_1$$

4.3.2 冷却过程

湿空气的冷却过程是在空气冷却器中进行的，可分为等湿冷却和冷却去湿两种情况。

4.3.2.1 等湿冷却过程

湿空气在冷却过程中，放出热量，温度降低，只要冷却器表面的温度高于湿空气的露点温度，湿空气的含湿量将保持不变，这一过程称为等湿冷却过程，如图 4-10 中 1→2 所示。

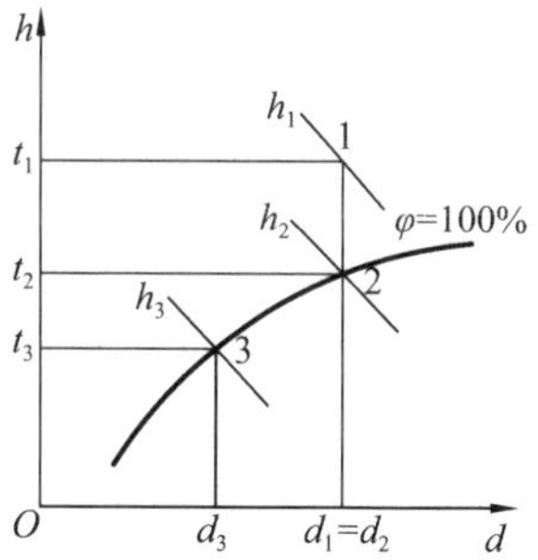

图 4-10 冷却过程

湿空气等湿冷却的结果是 $t_2<t_1$，$d_2=d_1$，$h_2<h_1$，$\varphi_2>\varphi_1$。

等湿冷却过程中，由于 $\Delta h<0$，$\Delta d=0$，则

$$\varepsilon=10^3\frac{\Delta h}{\Delta d}=-\infty$$

由 1 kg 干空气所组成的湿空气在过程中的放热量为

$$q=\Delta h=h_2-h_1$$

4.3.2.2 冷却去湿过程

若冷却器表面的温度低于湿空气的露点温度，这时湿空气中将有水蒸气凝结为水析出，而湿空气仍保持饱和状态。这种冷却过程称为冷却去湿过程，如图 4-10 中 1→2→3 所示。

从图中可以看出，湿空气冷却去湿后，$t_3<t_1$，$d_3<d_1$，$h_3<h_1$，$\varphi_3=100\%$。

过程中，由于 $\Delta h<0$，$\Delta d<0$，则

$$\varepsilon=10^3\frac{\Delta h}{\Delta d}>0$$

由 1 kg 干空气所组成的湿空气在过程中的放热量为

$$q=\Delta h=h_3-h_1$$

析出的水分为

$$w=\Delta d=d_3-d_1$$

【例 4-5】 在空调设备中，将 $t_1=30$ ℃，$\varphi_1=75\%$的湿空气先冷却去湿达到 $t_2=15$ ℃，再加热到 $t_3=22$ ℃。干空气流量 $m_{dry}=500$ kg(d,a)/min。试确定调节后空气的状态、冷却器中空气的放热量和凝结水量、加热器中的加热量。

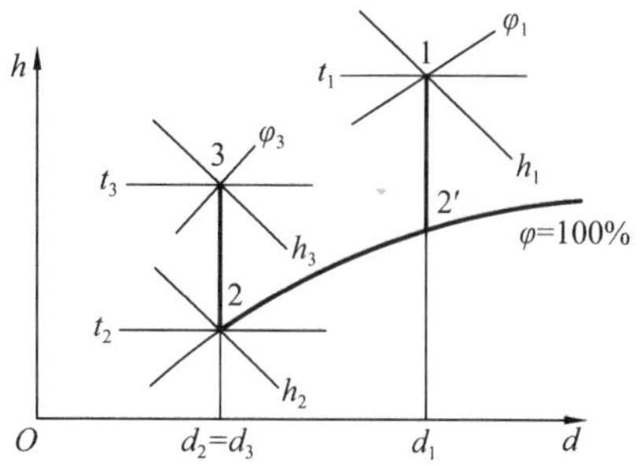

图 4-11 例 4-5 图

【解】 将空气调节过程表示在 h-d 图上，如图 4-11 所示。1→2′→2 为冷却去湿过程，2→3 为

加热过程。

从 h-d 图上可查得：

$h_1=82$ kJ/kg(d,a)， $d_1=20.4$ g/kg(d,a)

$h_2=42$ kJ/kg(d,a)， $d_2=10.7$ g/kg(d,a)

$h_3=49$ kJ/kg(d,a)， $d_3=d_2=10.7$ g/kg(d,a)

$\varphi_3=64\%$

空气在冷却器中的放热量为

$$Q_1=m_{\mathrm{dry}}(h_2-h_1)=500\times(42-82)=-2\times10^4\ \mathrm{kJ/min}$$

凝结水量为

$$m_{\mathrm{wat}}=m_{\mathrm{dry}}(d_2-d_1)=500\times(10.7-20.4)=-4.85\ \mathrm{kg/min}$$

空气在加热器中的吸热量为

$$Q_2=m_{\mathrm{dry}}(h_3-h_3)=500\times(49-42)=3500\ \mathrm{kJ/min}$$

4.3.3 加湿过程

湿空气的加湿过程

湿空气的加湿过程有绝热加湿和定温加湿两种情况。

4.3.3.1 绝热加湿

空气在绝热的条件下进行的加湿过程称为绝热加湿。在空调工程中，通常是在喷水室中通过喷入循环水滴来达到绝热加湿的目的。在该过程中，水滴蒸发所需的汽化潜热完全来自空气，而水滴变为水蒸气后又返回到空气中，这样空气本身焓的变化量很小，只是增加了补充水的液体热。这部分热量很小，可以忽略不计。因此，可把绝热加湿过程视为等焓过程，如图 4-12 中 1→2 所示。

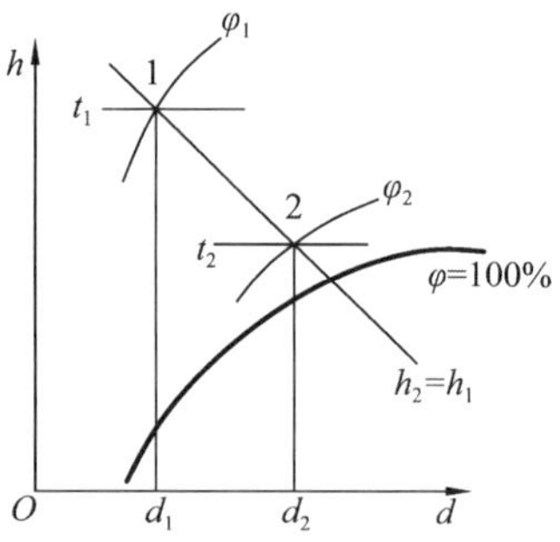

图 4-12　绝热加湿过程

从图中可以看出，湿空气绝热加湿后，$t_2<t_1, d_2>d_1, h_2=h_1, \varphi_2>\varphi_1$。

过程中，由于 $\Delta h=0$，$\Delta d>0$，则

$$\varepsilon=10^3\ \frac{\Delta h}{\Delta d}=0$$

由 1 kg 干空气所组成的湿空气在过程中吸收的水分为

$$w=\Delta d=d_2-d_1$$

4.3.3.2 定温加湿

向湿空气中喷入少量水蒸气使之加湿的过程称为定温加湿。在湿空气未达到饱和之前，随着水蒸气喷入量的增加，湿空气从状态点 1 变化到状态点 2，如图 4-13 中 1→2 所示。这时，蒸汽温度虽然较高，但因加入量有限，所以湿空气的温度没有明显提高，可近似认为不变。

如喷入压力为 0.1 MPa 的饱和蒸汽，则可从水蒸气表中查得该蒸汽的焓为 $h''=2676$ kJ/kg。

由 1 kg 干空气所组成的湿空气在该过程中的吸热量为

$$q=\Delta h=10^{-3}\Delta d h''$$

该过程的热湿比为

$$\varepsilon=10^3\ \frac{\Delta h}{\Delta d}=10^3\times\frac{10^{-3}\Delta dh''}{\Delta d}=2676$$

从 h-d 图上的角系数辐射线可看出，$\varepsilon=2676$ 的过程与常温下的定温线非常接近，因此，可认为这一过程为定温加湿过程。从图中可看出，加湿后，$t_2=t_1$，$d_2>d_1, h_2>h_1, \varphi_2>\varphi_1$。

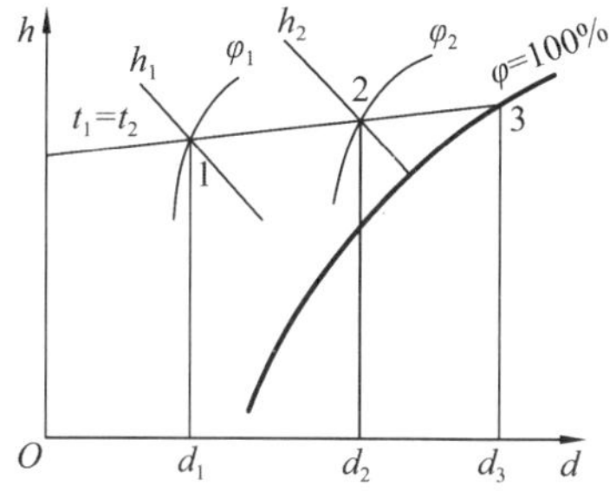

图 4-13　定温加湿过程

在上述过程中，若喷入蒸汽量过多，将使湿空气达到饱和状态，如图 4-13 中 1→3 所示。若继续喷入蒸汽，将会有蒸汽凝结为水析出并同时放出凝结热被湿空气吸收，此时湿空气的温度将会有较大的升高，不能当作定温过程来处理。湿空气状态将沿 $\varphi=100\%$的饱和湿空气线向右上方移动。

4.3.4　绝热混合过程

湿空气的绝热混合过程

空调工程中，在满足卫生条件的情况下，常使一部分空调系统中的循环空气与室外新风混合，经过处理再送入空调房间，以节省冷量或热量，达到节能的目的。若混合过程中与外界没有热量交换，即为绝热混合过程。

下面以两股空气绝热混合为例，来分析不同状态的空气的混合规律。

设第一股湿空气的状态为 A，质量为 m_A（其中干空气的质量为 $m_{\text{dry}\cdot A}$），其状态参数为 t_A，φ_A，h_A，d_A；第二股湿空气的状态为 B，质量为 m_B（其中干空气的质量为 $m_{\text{dry}\cdot B}$），其状态参数为 t_B，φ_B，h_B，d_B。混合后湿空气的质量为 m_C（其中干空气的质量为 $m_{\text{dry}\cdot C}$），其状态参数为 t_C，φ_C，h_C，d_C。

根据混合过程中的质量和能量守恒，可得

$$m_{\text{dry}\cdot A}+m_{\text{dry}\cdot B}=m_{\text{dry}\cdot C} \tag{4-14}$$

$$m_{\text{dry}\cdot A}d_A+m_{\text{dry}\cdot B}d_B=m_{\text{dry}\cdot C}d_C \tag{4-15}$$

$$m_{\text{dry}\cdot A}h_A+m_{\text{dry}\cdot B}h_B=m_{\text{dry}\cdot C}h_C \tag{4-16}$$

由式（4.14）和式（4.15）解得

$$d_C=(m_{\text{dry}\cdot A}d_A+m_{\text{dry}\cdot B}d_B)/(m_{\text{dry}\cdot A}+m_{\text{dry}\cdot B}) \tag{4-17}$$

由式（4-14）和式（4-16）解得

$$h_C=(m_{\text{dry}\cdot A}h_A+m_{\text{dry}\cdot B}h_B)/(m_{\text{dry}\cdot A}+m_{\text{dry}\cdot B}) \tag{4-18}$$

由式（4-14）、式（4-15）和式（4-16）整理后可得

$$\frac{m_{\text{dry}\cdot B}}{m_{\text{dry}\cdot A}}=\frac{h_C-h_A}{h_B-h_C}=\frac{d_C-d_A}{d_B-d_C} \tag{4-19}$$

由式（4-19）可得

$$\frac{h_C-h_A}{d_C-d_A}=\frac{h_B-h_C}{d_B-d_C}$$

由上式可知，$\frac{h_C-h_A}{d_C-d_A}$是直线 CA 的斜率，$\frac{h_B-h_C}{d_B-d_C}$是直线 BC 的斜率。两个斜率相

等并有共同点 C，所以混合后的状态点 C 与两股空气的状态点 A，B 在一条直线上，如图 4-14 所示。

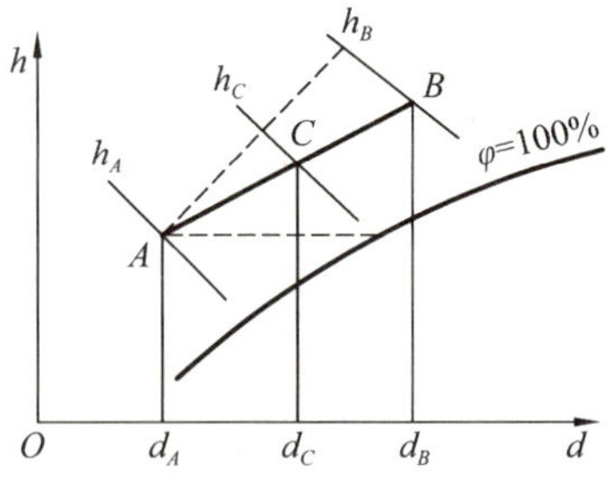

图 4-14 湿空气的混合过程

根据几何相似原理，可得

$$\frac{\overline{AC}}{\overline{CB}}=\frac{d_C-d_A}{d_B-d_C} \tag{4-20}$$

由式（4-19）和式（4-20）可得

$$\frac{\overline{AC}}{\overline{CB}}=\frac{m_{\text{dry}\cdot B}}{m_{\text{dry}\cdot A}}$$

由于湿空气中水蒸气的含量很少，所以在工程上，可近似地以湿空气的质量来代替干空气的质量。所以，上式可写成

$$\frac{\overline{AC}}{\overline{CB}}=\frac{m_B}{m_A} \tag{4-21}$$

式（4-21）表明：C 点分线段 AB 的比例与两股空气的质量流量成反比。也就是说，混合点靠近质量流量大的空气状态点一端。

从上述分析可知，确定混合后空气的状态及状态参数有以下两种方法：

（1）计算法：利用式（4-17）、（4-18）分别求出 d_C 和 h_C；根据 d_C 和 h_C 在 h-d 图上确定出状态点，可查出该点的其余状态参数。

（2）作图法：连接状态点 A 和 B 得线段 $\overline{AB}$，根据质量流量的比值分割线段 $\overline{AB}$，分割点即为混合后空气的状态点，从而可查出该点的其余状态参数。

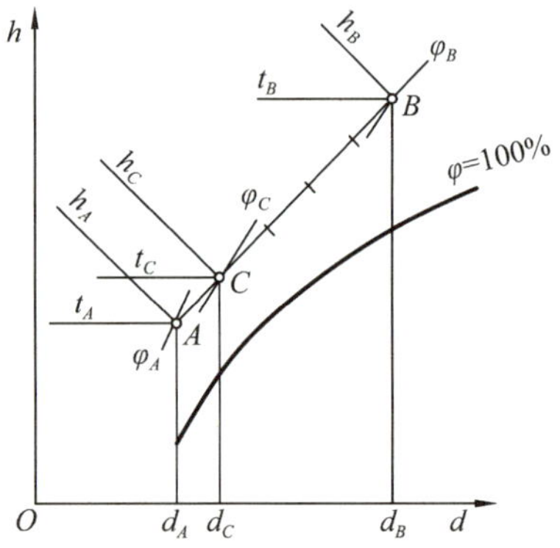

图 4-15 例 4-6 图

【例 4-6】 某空调系统采用新风和部分室内回风混合处理后送入空调房间。已知大气压力 $B=101325$ Pa，回风量 $m_A=10000$ kg/h，回风状态的 $t_A=20$ ℃，$\varphi_A=60\%$。新风量 $m_B=2500$ kg/h，新风状态的 $t_B=35$ ℃，$\varphi_B=80\%$。试确定出空气的混合状态点 C。

【解】 在 h-d 图上，由已知条件确定出 A，B 两种空气的状态点，并连接 A，B，如图 4-15 所示。

（1）计算法

查得：$h_A=42.5$ kJ/kg(d,a)，$d_A=8.8$ g/kg(d,a)

$h_B=109.4$ kJ/kg(d,a)，$d_B=29.0$ g/kg(d,a)

将上述值代入式（4-17）和（4-18）计算可得

$$d_C=\frac{m_Ad_A+m_Bd_B}{m_A+m_B}=\frac{10000\times 8.8+2500\times 29.0}{10000+2500}=12.8 \text{ g/kg(d,a)}$$

$$h_C=\frac{m_Ah_A+m_Bh_B}{m_A+m_B}=\frac{10000\times 42.5+2500\times 109.4}{10000+2500}=55.9 \text{ kJ/kg(d,a)}$$

由求出的 d_C，h_C 即可在 h-d 图上确定出空气的混合状态点 C，可查得：

$$t_C=23 \text{ ℃},\quad \varphi_C=73\%$$

实际上，根据混合规律，C 点一定在 AB 线段上，因此，只需计算出 d_C，h_C 中的一个，即可在 h-d 图上由 d_C 或 h_C 线与 AB 线段的交点确定出空气的混合状态点 C。

（2）作图法

由式（4-21）可得

$$\frac{\overline{AC}}{CB}=\frac{m_B}{m_A}=\frac{2500}{10000}=\frac{1}{4}$$

将线段$\overline{AB}$分为 5 等分，距离点 A 为 1 等分处即为混合后湿空气的状态点 C，从而可查出其余状态参数。

4.3.5 工程应用

4.3.5.1 烘干过程

烘干设备是利用未饱和空气流经湿物体，吸收其中的水分的装置。为提高湿空气的吸湿能力，一般吸湿前先对湿空气加热，所以，烘干的全过程包括湿空气的加热过程和绝热吸湿过程，如图 4-16 所示。烘干过程的核心是湿空气加热过程中水蒸气的质量不变，所以含湿量 d 不变；若不计液态水的焓，未饱和空气绝热吸湿过程中的焓近似不变。

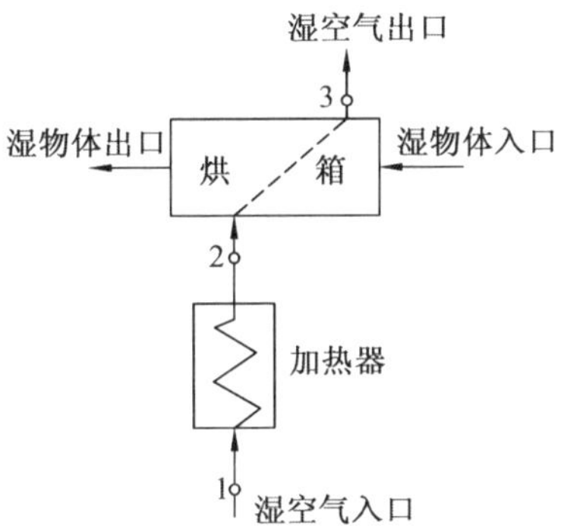

图 4-16　烘干装置示意图

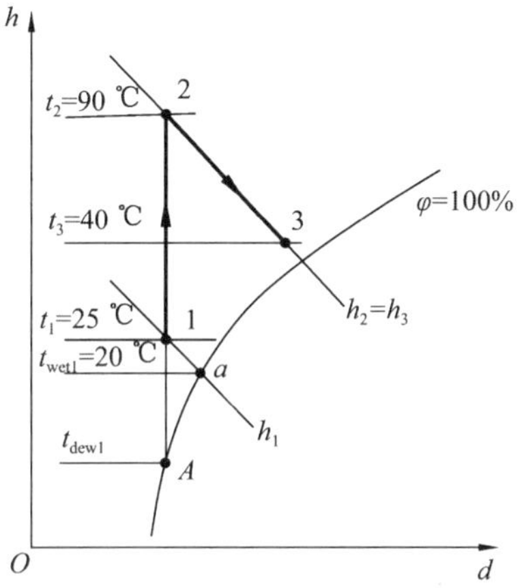

图 4-17　烘干过程在 h-d 图上表示

【例 4-7】 已知烘干用的湿空气进入加热器前 $t_1=25$ ℃，$t_{wet1}=20$ ℃，在加热器中被加热到 $t_2=90$ ℃后进入烘箱，出烘箱时 $t_3=40$ ℃。若当地大气压为 0.101 MPa，求：（1）d_1，h_1，t_{dew1}；（2）1 kg 干空气在烘箱中吸收的水分；（3）烘箱中每吸收 1 kg 水分所需要的干空气量及在加热器中吸收的热量。

【解】（1）在图 4-17 上，由 $t_{wet1}=20$ ℃的等温线与 $\varphi=100\%$的等相对湿度线的交点 a 得 $h_1=56.5$ kJ/kg(d,a)，该等焓线与 $t_1=25$ ℃的等温线相交于点 1，通过点 1 的等 d 线与 $\varphi=100\%$的线交于 A 点，即为露点，直接读出 $t_{dew1}=17$ ℃。

从点 1 向上作垂线与 $t_2=90$ ℃的等温线相交于点 2，得出

$$h_2=123.5\ \text{kJ/kg(d,a)}$$

$$d_2=d_1=12.5\ \text{g/kg(d,a)}$$

由点 2 沿等焓线与 $t_3=40$ ℃的等温线相交于 3，得出

$$d_3=32.5\ \text{g/kg(d,a)}$$

(2) 1 kg 干空气吸收的水分为

$$\Delta d = d_3 - d_2 = d_3 - d_1 = 32.5 - 12.5 = 20\ \text{g/kg(d,a)}$$

(3) 每吸收 1 kg 水分需要的干空气量

$$m_a = \frac{1}{\Delta d} = \frac{1\ \text{kg}}{20 \times 10^{-3}\ \text{kg/kg}} = 50\ \text{kg}$$

在加热器中的吸热量

$$Q = m_a (h_2 - h_1) = 50 \times (123.5 - 56.5) = 3350\ \text{kJ}$$

4.3.5.2 冷却塔

冷却塔是利用蒸发冷却原理，使热水降温以获得工业用循环冷却水的节水装置。图 4-18 为冷却塔结构，图 4-19 为冷却塔工作原理图。热水向下喷淋，与自下向上的湿空气接触，装置中部有填料，用以增大两者的接触面积及接触时间；热水与空气间进行复杂的传热和传质过程，总效果是水分蒸发，吸收汽化潜热，使水温降低。湿空气在过程中进行的是升温、增湿、焓值增大的过程，出口处湿空气可达饱和或接近饱和状态。

图 4-18 冷却塔结构图

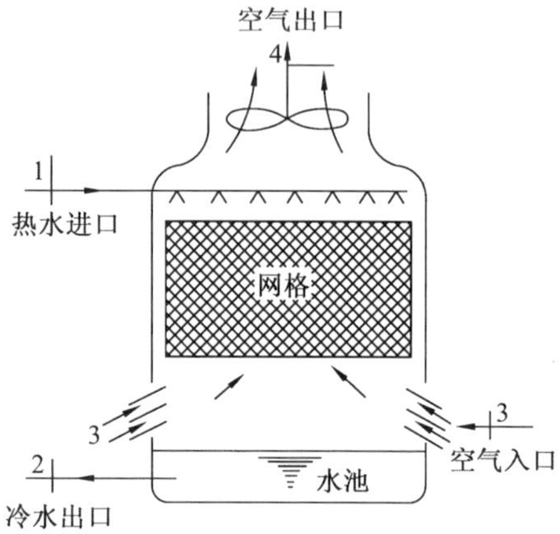

图 4-19 冷却塔工作原理图

【例 4-8】 冷却塔将水从 $t_1 = 38$ ℃冷却到 $t_2 = 23$ ℃，水进入塔时的流量为 $m_{\text{wta1}} = 100 \times 10^3$ kg/h。从塔底进入的空气为 $t_3 = 15$ ℃，$\varphi_3 = 50\%$，塔顶排出的空气为 $t_4 = 30$ ℃的饱和湿空气。若大气压 $B = 0.1$ MPa，求所需空气流量及过程中蒸发的水量。

【解】 (1) 从 h-d 图可查得：

$$d_3 = 5.2\ \text{g/kg(d,a)}, \qquad h_3 = 28.8\ \text{kJ/kg(d,a)}$$

$$d_4 = 27.7\ \text{g/kg(d,a)}, \qquad h_4 = 101\ \text{kJ/kg(d,a)}$$

而

$$h_{\text{wat1}} = c_{p\text{wat}} \cdot t_1 = 4.18 \times 38 = 158.84\ \text{kJ/kg(d,a)}$$

$$h_{\text{wat2}} = c_{p\text{wat}} \cdot t_2 = 4.18 \times 23 = 96.14\ \text{kJ/kg(d,a)}$$

(2) 根据题意可列出冷却塔中的能量方程为

$$m_{\text{dry}}(h_4 - h_3) = m_{\text{wat1}} h_{\text{wat1}} - m_{\text{wat2}} h_{\text{wat2}}$$

式中：m_{wat1}，h_{wat1}——热水进入冷却塔时的质量流量和焓值；

m_{wat2}，h_{wat2}——冷却后的水流出冷却塔时的质量流量和焓值。

对于水，还可以列出质量守恒方程：

$$m_{wat1}-m_{wat2}=m_{dry}(d_4-d_3)$$

或

$$m_{wat2}=m_{wat1}-m_{dry}(d_4-d_3)$$

(3) 将上式和参数带入能量方程，可求得所需干空气质量流量

$$m_{dry}=\frac{m_{wat1}(h_{wat1}-h_{wat2})}{(h_4-h_3)-(d_4-d_3)h_{wat2}}$$

$$=\frac{100\times10^3\times(159.1-96.3)}{(101-28.2)-10^{-3}(27.7-5.2)\times96.3}=88910\ \text{kg/h}$$

进入塔底的湿空气质量流量为

$$m_3=m_{dry}(1+10^{-3}d_3)=88910\times(1+10^{-3}\times5.2)=89372\ \text{kg/h}$$

蒸发水量为

$$m_{wat}=m_{dry}(d_4-d_3)=88910\times(27.7-5.2)\times10^{-3}=2000\ \text{kg/h}$$

4.3.5.3 冷冻除湿机

冷冻除湿机实际上是一个小型的制冷系统，图 4-20 是其工作原理示意图。减湿过程中空气的状态变化如图 4-21 所示。需要减湿的状态 1 的空气先经过制冷系统的蒸发器，由于蒸发器的表面温度低于空气的露点温度，空气被降温、减湿到状态 2。经过降温减湿后的空气离开蒸发器后，又进入冷凝器。由于冷凝器里是来自压缩机的高温高压气态制冷剂，与低温空气进行热交换后，高温高压的气态制冷剂被冷凝成低温高压的液态制冷剂，同时空气也被加热，温度升高到状态 3。这时，虽然空气的温度较高，但含湿量已很小，达到了减湿的目的。

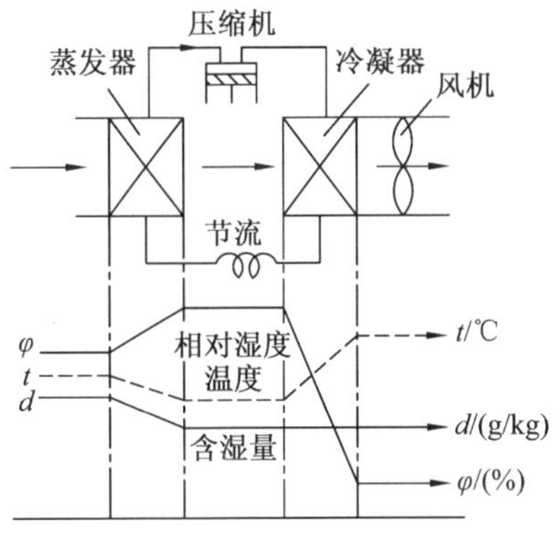

图 4-20 冷冻除湿机工作原理图

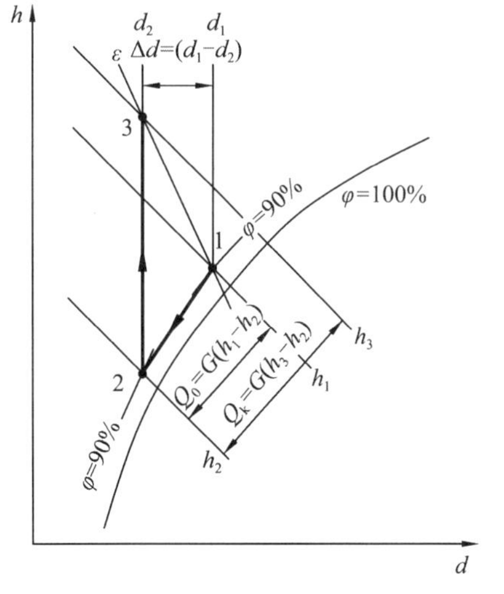

图 4-21 冷冻除湿机中空气的状态变化在 *h-d* 图上的表示

除湿机的送风温度较高，适用于既需要减湿又需要加热的场所。当相对湿度低于 50%或空气的露点温度低于 4 ℃时不可使用，否则，可能满足不了房间的温度、湿度要求。冷冻减湿机的优点是除湿效果显著，使用方便；缺点是投资和运行费用较大。

从图 4-21 中可知，冷冻除湿机的减湿量为

$$W=G(d_1-d_2) \tag{4-22}$$

蒸发器提供的制冷量为

$$Q_0=G(h_1-h_2) \tag{4-23}$$

式中：W——冷冻除湿机的减湿量，kg/s；

Q_0——冷冻除湿机的制冷量，kJ/kg；

G——减湿处理的空气量，kg/s；

ε——空气减湿过程的热湿比。

由式（4-22）和式（4-23）可得

$$W=Q_0/\varepsilon$$

上式表明，冷冻除湿机的减湿量与其制冷量成正比，与减湿过程的热湿比成反比。因此，每台冷冻除湿机的实际减湿量是随着所处理空气的状态不同而变化的。

冷冻除湿机有立式和卧式、固定式和移动式、带风机和不带风机等形式，品种、规格都较齐全。国内产品的除湿能力约 0.3～160 kg/h，生产厂家通常提供产品的性能曲线，以便于工程选用。

思考题与习题

4-1　夏天自来水管外表面上为什么会出现水珠？

4-2　在冬季采暖季节，为什么房间外墙内表面的温度必须高于室内空气的露点温度？

4-3　对于未饱和湿空气，干球温度、湿球温度和露点温度三者之间的大小关系如何？对于饱和湿空气，三者之间的大小关系又如何？

4-4　为什么晴天晒衣服容易干，而阴雨天则不容易干？

4-5　湿空气的含湿量越大则相对湿度越大，这种说法正确吗？若湿空气的含湿量不变，湿空气温度越高则越干燥吗？

4-6　傍晚时的气温为 8 ℃，相对湿度为 30%，若夜间温度降低至 −5 ℃，问晚上有霜冻出现吗？

4-7　已知某一状态湿空气的温度为 30 ℃，相对湿度为 50%，当地大气压力为 101325 Pa，试求该状态湿空气的含湿量、水蒸气分压力和露点温度。

4-8　有一空调冷水管道通过空气温度为 20 ℃的房间，如果管道内的冷水温度为 10 ℃，且没有保温，为了防止水管表面结露，房间内所允许的最大相对湿度是多少？

4-9　2 kg 温度为 32 ℃、相对湿度为 50%的湿空气，处理后的温度为 22 ℃，相对湿度为 85%。试求：(1) 状态变化过程的热湿比；(2) 空气处理过程中的热交换量和湿交换量。

4-10　某车间产生余热 18000 kJ/h，热湿比 $\varepsilon=6000$。为保证室内温度 $t_2=27$ ℃及

相对湿度 $\varphi_2=45\%$的要求，向车间送入的湿空气温度 $t_1=19$ ℃。求每小时的送风量以及车间的产湿量。

4-11 温度 $t_1=35$ ℃、相对湿度 $\varphi_1=70\%$的空气在冷却器中被冷却为 $t_2=25$ ℃的饱和湿空气。若干空气流量为 $m_{\mathrm{dry}}=100$ kg/min，求每分钟排出的水分及放出的热量。

4-12 温度 $t_1=35$ ℃、相对湿度 $\varphi_1=30\%$的湿空气进入喷淋室进行绝热加湿。离开喷淋室时 $t_2=24$ ℃。试求：(1) 处理后空气的相对湿度 φ_2；(2) 1 kg 干空气组成的湿空气在喷淋室中吸收的水分。

4-13 温度 $t_1=20$ ℃、相对湿度 $\varphi_1=50\%$的空气先在加热器中被加热到 $t_2=50$ ℃，又进入干燥室区干燥物料。从干燥室出来时空气温度 $t_3=30$ ℃。试计算在干燥室中每吸收 1 kg 水分所需要的空气量和在加热器中的加热量。

4-14 已知空调系统的新风量及其状态参数为 $G_{\mathrm{W}}=200$ kg/h，$t_{\mathrm{W}}=35$ ℃，$\varphi_{\mathrm{W}}=80\%$，回风量及其状态参数为 $G_{\mathrm{N}}=1400$ kg/h，$t_{\mathrm{N}}=26$ ℃，$\varphi_{\mathrm{N}}=60\%$。试求新、风回混合后混合空气的温度、含湿量和焓。

5

工程热力学基础的应用

知识点

活塞式压气机，蒸气压缩式制冷循环，压焓图，吸收式制冷循环，热泵。

能力目标

◉ 掌握：热能利用系数、热泵等基本概念。

◉ 理解：气体压缩、蒸气压缩式制冷循环、吸收式制冷循环的工作原理；多级压缩和中间冷却的好处；热泵循环和制冷循环的异同点。

◉ 熟悉：lg p-h 的结构，能熟练应用 lg p-h 图查出制冷剂的状态参数。

◉ 了解：水源热泵、热泵型家用空调的工作原理。

◉ 应用：应用压焓图和公式进行制冷循环的热工分析和计算。

5.1 活塞式压气机的基本原理

压缩气体主要由压气机产生，被广泛地应用于动力、制冷和化工等工程中。使得气体压力升高的设备称为压气机。压气机按其产生压缩气体的压力范围，可分为通风机（p_g<10 kPa）、鼓风机（p_g=10～200 kPa）和压缩机（p_g>350 kPa 以上）。压气机按其结构及工作原理的不同，可分为活塞式（往复式）和叶轮式（离心式、轴流式）两种。

5.1.1 单级活塞式压气机的工作原理

各种压气机的构造尽管不同，但从热力学观点来分析，压气机中气体状态变化规律是一样的，都是消耗机械功使气体得到压缩而提高其压力的。下面将以活塞式压气机为例介绍其工作原理。图 5-1a 为单级活塞式压气机的示意图，其工作过程可分为三个阶段：

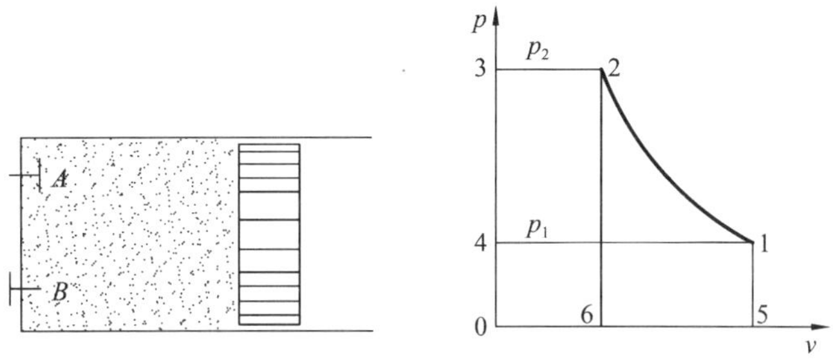

(a) 工作原理图　　(b) p-v图

图 5-1　单级活塞式压气机

(1) 吸气过程：进气阀 A 开启，排气阀 B 关闭。活塞从左端点右行至右端点，初态为 p_1 的气体被吸入气缸。

(2) 压缩过程：进、排气阀均关闭，活塞在外力推动下左行，缸内气体被升压，其压力升高，比体积减小。

(3) 排气过程：当缸内气体被压缩到预期状态后，活塞继续左行，排气阀打开，缸内压力为 p_2 的气体排出气缸，活塞到达左端点时，排气过程结束。

为了便于研究，假定活塞运动到左端点时，活塞与气缸盖之间没有余隙存在，还假定压缩过程是可逆的，在这些假定条件下的压气机工作过程，称为理论压气过程。该过程可表示在 p-v 图上，如图 5-1b 所示。

5.1.2 压气机压缩过程的分析

压气机由于工作条件不同，有不同的压缩过程。其压缩过程存在两种极限情况：一种是过程进行得很快，由机械能转变的热能来不及向外放散，或放散极少，可以忽略不计，这种过程可视为绝热压缩过程；另一种是过程进行得很慢，气缸冷却效果好，由机械能转变的热能随时向外界放散，气体温度保持不变，属于等温压缩过程。实际上，压气机的压缩过程是介于两种情况之间的多变过程。这三种压缩过程可表示在 p-v 图和 T-s 图上，如图 5-2 所示。其中 $1-2_s$ 表示绝热（定熵）压缩；$1-2_n$ 表示 $1<n<k$ 的多变压缩；$1-2_T$ 表示等温压缩。

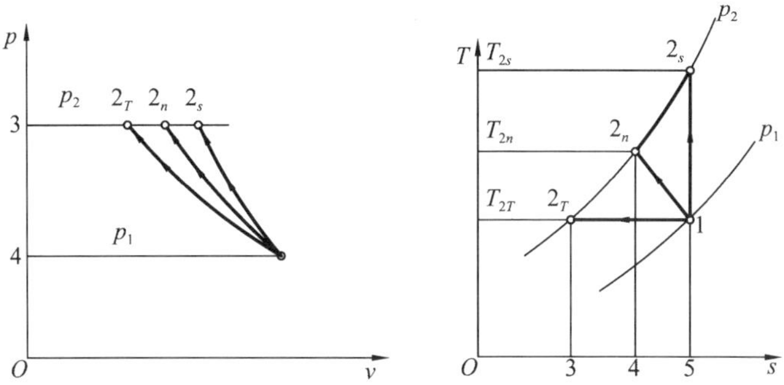

(a) p-V图　　(b) T-s图

图 5-2　三种压缩过程

5.1.2.1 压缩过程的终态温度

绝热压缩 $$T_{2s}=T_1\left(\frac{p_2}{p_1}\right)^{\frac{\kappa-1}{\kappa}}$$

多变压缩 $$T_{2n}=T_1\left(\frac{p_2}{p_1}\right)^{\frac{n-1}{n}}$$

等温压缩 $$T_{2T}=T_1$$

5.1.2.2 压缩过程所消耗的轴功

若忽略压缩过程中气体的动能、位能的变化，那么压气机所消耗的理论轴功应等于压缩过程气体所消耗的压缩功和进气、排气过程活塞推动气体所耗流动功之代数和，即

$$\begin{aligned}W_s&=p_1V_1+\int_1^2 p\,\mathrm{d}V-p_2V_2=\int_1^2 p\,\mathrm{d}V-(p_2V_2-p_1V_1)\\&=\int_1^2 p\,\mathrm{d}V-\int_1^2\mathrm{d}(pV)=-\int_1^2 V\mathrm{d}p\end{aligned}\tag{5-1}$$

（1）定熵过程

$$\begin{aligned}W_{s\cdot s}&=-\int_1^2 V\mathrm{d}p=\frac{\kappa}{\kappa-1}p_1V_1\left[1-\left(\frac{p_2}{p_1}\right)^{\frac{\kappa-1}{\kappa}}\right]\\&=\frac{\kappa}{\kappa-1}mR(T_1-T_2)=p\text{-}v\ \text{图上面积}\ 12_s341\end{aligned}\tag{5-2}$$

（2）多变过程

$$\begin{aligned}W_{s\cdot n}&=-\int_1^2 V\mathrm{d}p=\frac{n}{n-1}p_1V_1\left[1-\left(\frac{p_2}{p_1}\right)^{\frac{n-1}{n}}\right]\\&=\frac{n}{n-1}mR(T_1-T_2)=p\text{-}v\ \text{图上面积}\ 12_n341\end{aligned}\tag{5-3}$$

（3）等温过程

$$\begin{aligned}W_{s\cdot T}&=-\int_1^2 V\mathrm{d}p=-p_1V_1\ln\frac{p_2}{p_1}=mRT\ln\frac{p_1}{p_2}\\&=p\text{-}v\ \text{图上面积}\ 12_T341\end{aligned}\tag{5-4}$$

显然，从图 5-2 中可以得到

$$W_{s\cdot s}>W_{s\cdot n}>W_{s\cdot T}$$
$$T_{2T}<T_{2n}<T_{2s}$$

上述分析说明，等温压缩过程耗功量最少，其终态温度最低（终温低有利于润滑），因此等温过程是最理想的压缩过程。为此，工程中采用了在气缸外面加散热肋片、冷却水套等措施，来增强过程中的散热，使过程尽量接近于等温过程。

5.1.3 余隙容积的影响

在实际的活塞式压气机中，因为制造公差、金属材料的热膨胀及安装进、排气阀等零件的需要，当活塞运动到死点位置时，在活塞顶面与气缸间留有一定的空隙，该空隙的容积称为余隙容积。图 5-3 是考虑了余隙容积后的 p-v 图，图中 V_c 表示余隙容积，$V_h=V_1-V_3$ 是活塞从上死点到下死点扫过的容积，称为气缸的排气量。图上 1—2 为压

缩过程，2—3 为排气过程，3—4 为余隙容积中剩余气体的膨胀过程，4—1 表示有效进气。

活塞式压气机余隙容积的存在，虽然对 1 kg 的气体理论耗功量并无影响，但使容积效率降低。因此，若需要压缩同样数量的气体，必须使用有较大气缸的机器，这显然是不利的，而且这一有害影响将随着压缩比的增大而扩大，所以有人也将余隙容积称为有害容积。

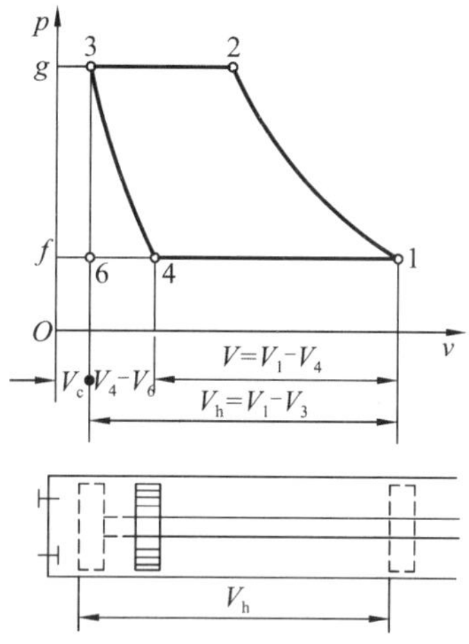

图 5-3　有余隙容积时的 p-v 图

5.1.4　多级压缩和中间冷却

耗功的大小是压气机的一个重要性能指标。从图 5-2 的 p-v 图可得出，减小压气机的耗功，就是减小压缩过程 1—2 曲线与 p 坐标所围成的面积。当初态和终态确定后，等温压缩过程耗功最小。活塞式压气机的实际工作过程是一多变压缩过程，而叶轮式压气机则是一绝热压缩过程，两者都不能实现等温压缩。为减小压气机的耗功，多级压缩、中间冷却无论对活塞式压气机，还是叶轮压气机都是省功的重要措施。

图 5-4b，c 为具有中间冷却的两级压气机设备示意图及工作过程的 p-v 图和 T-s 图。为方便分析，假定被压缩的气体是理想气体，在两个压缩机中进行的过程为多变压缩（若为叶轮式压气机，压缩过程为定熵过程），在中间冷却器中进行的是定压过程。

如图 5-4 所示，气体首先进入低压气缸被压缩至某一压力后进入中间冷却器被冷却放热，在理想条件下可使气体温度降至初温，即 $T_{2'}=T_1$。然后气体进入高压气缸继续被压缩到终压后排出。从 p-v 图上可以看到，若两级压缩过程都是多变过程，采用了两级压缩和中间冷却后耗功为面积 122′3461，单级压缩耗功为面积 123′461。后者比前者多耗功为面积 22′33′2。在 T-s 图上可以看出，单级压缩过程的终态为 3′，两级压缩过程的终态为 3，显然 $T_3<T_{3'}$。因此，采用多级压缩和中间冷却是节省耗功和降低排气温度的有效措施。

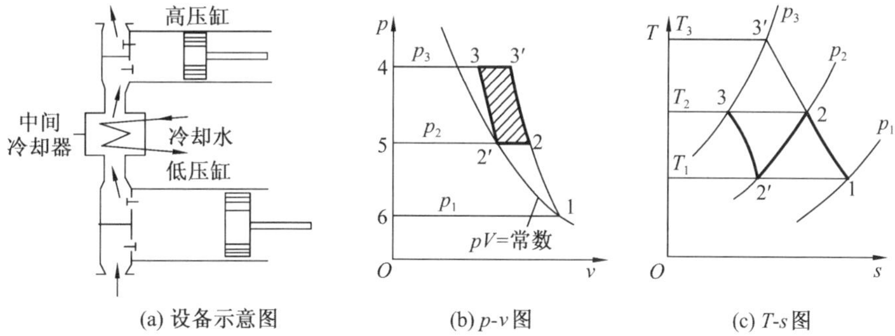

图 5-4　两级压缩及中间冷却的工作工程图

5.2 蒸气压缩式制冷循环

蒸气压缩式制冷循环采用低沸点的物质作为制冷剂，利用液体汽化吸热的效应来实现制冷。

5.2.1 蒸气逆卡诺循环

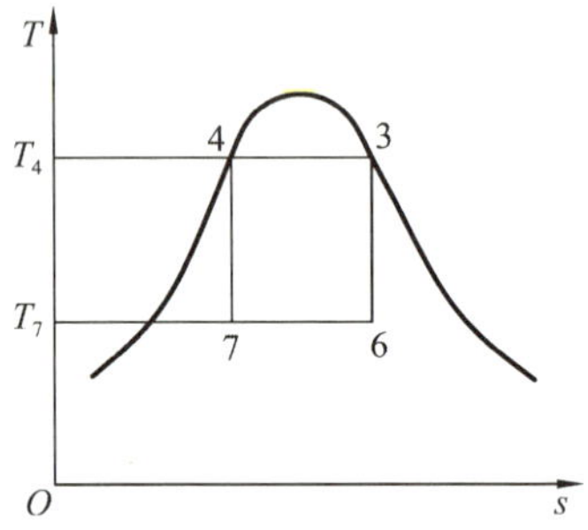

图 5-5 蒸气逆卡诺循环

逆卡诺循环是理想的制冷循环，它的制冷系数最高。逆卡诺循环由压缩机、膨胀机、蒸发器、冷凝器等部件组成。由于制冷剂在湿蒸气区可以实现定温吸热和定温放热，所以理论上可以实现蒸气逆卡诺循环。图 5-5 中的循环 63476 即为蒸气逆卡诺循环。但蒸气逆卡诺循环在实施中存在一些问题。压缩过程 6—3 是湿压缩，会引起液击而损坏压缩机；另外，膨胀机进口为饱和液体，膨胀过程中体积变化很小，所产生的膨胀功甚至不足以克服膨胀机本身的摩擦阻力。因此，蒸气逆卡诺循环并无实用价值，但它可以为实际制冷循环提供改进方向和比较标准。

5.2.2 蒸气压缩式制冷循环的工作原理

蒸气压缩式制冷循环

针对蒸气逆卡诺循环存在的问题，对其作相应的改进：将蒸发器中的定压定温吸热过程延长至饱和蒸气状态 1，从而获得干压缩过程 1—2，见图 5-6；用节流阀取代膨胀机，即用绝热节流过程 4—5 代替定熵膨胀过程 4—7。采用节流阀后，虽然损失了一部分功量，但系统变得简单了，同时也使蒸发器的温度调节变得十分方便。经过上述改进后的制冷循环就是蒸气压缩式制冷循环。

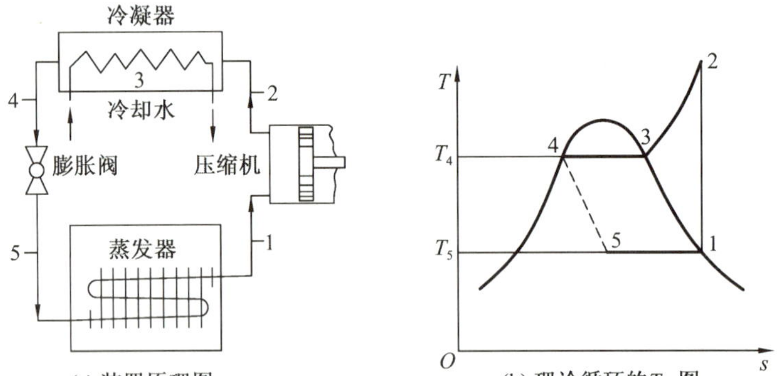

图 5-6 蒸气压缩式制冷装置

蒸气压缩式制冷循环主要由压缩机、冷凝器、节流阀及蒸发器组成，其装置原理图及理论循环的 T-s 图，如图 5-6 所示。其中：1—2 为从蒸发器中出来的蒸气在压缩机中的定熵压缩过程；2—3—4 为过热蒸气在冷凝器中的定压放热冷凝过程；4—5 为饱和液体在节流阀中节流、降压、降温的过程（因为是不可逆过程，故用虚线表示）；5—1 为低干度的湿饱和蒸气在蒸发器中定压吸热、汽化过程。

在蒸气压缩式制冷循环中，制冷剂在蒸发器中的吸热量（即制冷量）为

$$q_2 = h_1 - h_5 \tag{5-5}$$

在冷凝器中的放热量为

$$q_1 = h_2 - h_4 = h_2 - h_5 \tag{5-6}$$

循环所消耗的净功量为

$$w_0 = q_1 - q_2 = h_2 - h_1 \tag{5-7}$$

制冷系数为

$$\varepsilon_1 = \frac{q_2}{w_0} = \frac{h_1 - h_5}{h_2 - h_1} \tag{5-8}$$

5.2.3 制冷剂的压焓图及应用

在蒸气压缩式制冷循环的热力计算中，可以利用制冷剂的图表来确定各状态点的参数值。工程上最常用的是制冷剂的压焓图，如图 5-7 所示。

压焓图以制冷剂的焓作为横坐标，以压力作为纵坐标。为了缩小图面，压力采用其对数分格，但坐标上标出的仍是压力值。压焓图上绘有饱和液体线（下界线）、干饱和蒸气线（上界线）和临界点 C，这一点、两线将图面分成三个区域。饱和液体线以左为过冷液体区；饱和液体线与干饱和蒸气线之间为湿蒸气区；饱和蒸气线以右为过热蒸气区。图上还有六组定参数线，分别为：定焓线、定压线、定温线、定干度线、定容线、定熵线。

压焓图的应用举例

对各种制冷剂均可绘制出相应的压焓图，氨（NH_3，代号 R717）、氟利昂134a（$C_2H_2F_4$，代号 134a）、氟利昂 22（$CHClF_2$，代号 22）的 lg p-h 图见本书附图 3、附图 4、附图 5。

蒸气压缩式制冷循环表示在压焓图上，如图 5-8 所示。其中 1—2 为压缩机中的定熵压缩过程；2—3—4 为冷凝器中的定压冷却、冷凝过程；4—5 为节流阀中的绝热节流过程；5—1 为蒸发器中的定压定温吸热过程。

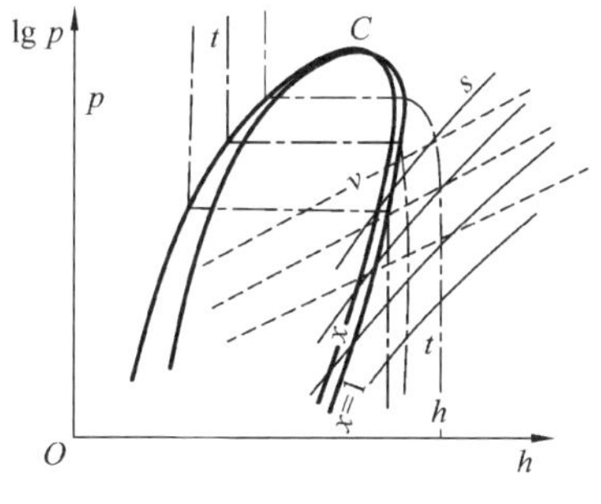

图 5-7 制冷剂的 lg p-h 图

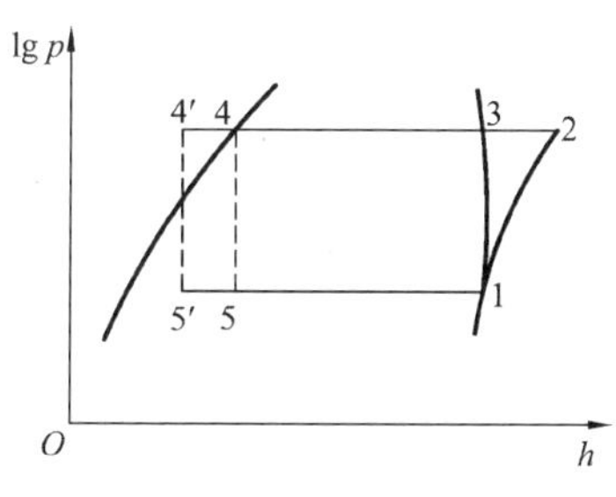

图 5-8 制冷循环的 lg p-h

若制冷循环中有过冷，则 4—4′为饱和液体的定压冷却过程；4′—5′为绝热节流过程；5′—5—1 为定压定温吸热过程。

5.2.4 蒸气压缩式制冷理论循环的热力计算

在设计和选用制冷设备时，都要进行热力计算来确定和校核必要的参数，以满足制冷的要求。

下面通过例题来说明热力计算的方法。

【例 5-1】 某氨压缩式制冷装置，蒸发温度 $t_5=-10$ ℃，冷凝温度 $t_4=38$ ℃，过冷温度 $t_4'=34$ ℃，制冷量 $Q_2=1\times10^6$ kJ/h，蒸发器出口状态为饱和蒸气。试求：(1) 制冷剂的质量流量；(2) 循环所消耗的功率；(3) 冷凝器中的放热量；(4) 制冷系数。

【解】 在氨的 lg p-h 图上确定各主要状态点，并绘出过程线，可参看图 5-8。查得：

$$h_1=1450\ \text{kJ/kg},\quad h_2=1690\ \text{kJ/kg},\quad h_4'=h_5'=355\ \text{kJ/kg}$$

(1) 单位质量制冷量为

$$q_2=h_1-h_5'=1450-355=1095\ \text{kJ/kg}$$

制冷剂的质量流量为

$$m=\frac{Q_2}{q_2}=\frac{1\times10^6}{1095}=913.24\ \text{kg/h}$$

(2) 循环净功为

$$w_0=h_2-h_1=1690-1450=240\ \text{kJ/kg}$$

循环所消耗的功率为

$$W_0=mw_0=913.24\times240=219178\ \text{kJ/h}=60.9\ \text{kW}$$

(3) 冷凝器中的放热量为

$$Q_1=m(h_2-h_4')=913.24\times(1690-355)=1219175\ \text{kJ/h}$$

(4) 制冷系数为

$$\varepsilon_1=\frac{q_2}{w_0}=\frac{1095}{240}=4.56$$

吸收式制冷循环

5.3 吸收式制冷循环

吸收式制冷也是利用制冷剂液体汽化吸热来达到制冷效果的，它是直接利用热能驱动，以消耗热能作为补偿将热量从低温物体转移到高温物体中去。

吸收式制冷循环采用的工质是由沸点不同的两种物质组成的二元溶液，如氨水溶液、溴化锂水溶液等。其中低沸点的物质作为制冷剂，高沸点的物质作为吸收剂。氨水溶液中氨是制冷剂，水是吸收剂；溴化锂水溶液中水是制冷剂，溴化锂是吸收剂。

目前常用的吸收式制冷机有两种，一种是氨吸收式制冷机，它的制冷温度在-45～1 ℃。由于氨吸收式制冷机构造非常复杂、热力系数较低、有爆炸危险等，故空调工程中很少应用，多用于工艺生产过程的冷源。另一种是溴化锂吸收式制冷机，其制冷温度只能在 0 ℃以上，主要用于空调系统的冷源。

5.3.1 溴化锂吸收式制冷循环的工作原理

水在标准大气压（101325 Pa）下的沸点为100 ℃，而在低于大气压（即真空）下，水可以在温度很低时就沸腾。例如：绝对压力为800 Pa的真空状态下，水的沸点只有4 ℃。

溴化锂吸收式制冷装置主要由发生器、吸收器、冷凝器、膨胀阀和蒸发器等组成，如图5-9所示。由溶液泵送来的溴化锂稀溶液经过热交换器进入发生器内，被外部热源加热，溶液中的水分汽化成为冷剂水蒸气。冷剂水蒸气进入冷凝器，被冷却水冷却，凝结成冷剂水。冷剂水经膨胀阀，降温降压后进入蒸发器；在蒸发器内，低压冷剂水吸收被冷却介质的热量，在低压下蒸发成水蒸气。被冷却介质因失去热量，温度降低而产生制冷效应。从蒸发器出来的低温冷剂水蒸气进入吸收器，被其中的溴化锂溶液所吸收，吸收过程中放出的吸收热，由冷却水带走。吸收了冷剂水蒸气的溴化锂水溶液，变为稀溶液后，再由溶液泵送往发生器中去加热。发生器中由于外部热源的加热，使溴化锂稀溶液不断释放出水蒸气而变为浓溶液。浓溶液经热交换器进入膨胀阀降压后进入吸收器。

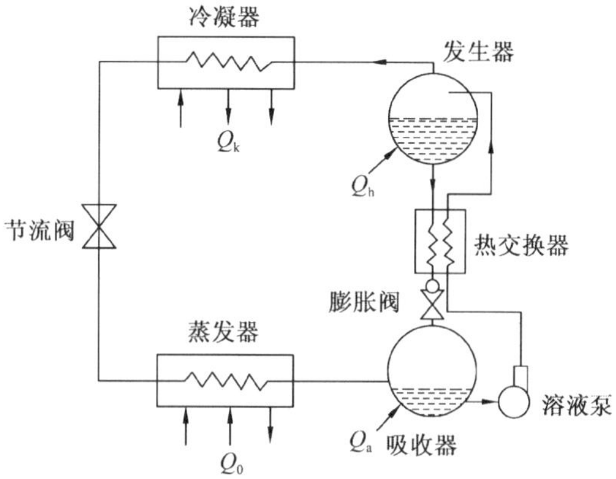

图5-9 溴化锂吸收式制冷机的工作原理图

5.3.2 吸收式制冷循环的热能利用系数

吸收式制冷循环常用热能利用系数 ξ 来衡量循环性能的优劣，即

$$\xi=\frac{Q_0}{Q_h} \tag{5-9}$$

式中：Q_0——制冷剂从蒸发器中吸收的热量，即制冷量，kJ/h；

Q_h——发生器中的加热量，即付出的补偿，kJ/h。

吸收式制冷的热能利用系数 ξ 较小，实际的吸收式制冷循环的性能系数的数量级为1。在制冷量相同的情况下，吸收式制冷装置体积比压缩蒸气制冷装置大，也需要更多的维护工作量，并且只适用于冷负荷稳定的场合。但系统中除溶液泵外无其他运转机械，设备简单，运行方便，且所需热源温度较低，可以充分利用低品位余热资源，如低压水蒸气、地热水、烟气、内燃机排气等，故其应用较为广泛。

5.4 其他制冷循环

5.4.1 蒸气喷射式制冷

蒸气喷射式制冷与吸收式制冷一样，都是以消耗热能来完成制冷的制冷方式。蒸气喷射式制冷利用高压水蒸气通过喷射器造成低压，并使水在此低压环境中蒸发吸热，从而达到制冷的目的。最早的蒸气喷射式制冷系统可以追溯到 1901 年，是由德国的 Le Blance 和英国的 Parson 设计。由于其具有结构简单、操作方便、可靠性高等优势，因此在工业上得到广泛应用。但是由于其制冷效率低、体积庞大而逐渐被后来的压缩制冷机所取代。今天，随着能源的日益紧张和环境的严重污染，提高能源的利用率和保护环境已经变得越来越重要。蒸气喷射制冷可以利用废热、太阳能等低温热源，因此人们对利用蒸气喷射制冷技术的研究又掀起了高潮。

蒸气喷射式制冷系统如图 5-10 所示，其组成部件包括：喷射器、冷凝器、蒸发器、节流阀、泵。喷射器又由喷嘴、吸入室、扩压器三个部分组成。喷射器的吸入室与蒸发器相连，扩压器与冷凝器相连。工作过程如下：来自锅炉（图中未画出）的高温高压工作蒸气在喷射器中绝热膨胀，形成一股低压高速气流，从而造成蒸气器中的低压环境，为蒸发器中水在低温下汽化提供了条件，汽化后的低压水蒸气被抽吸到喷射器中，与锅炉中的水蒸气混合，在扩压器中增压后进入冷凝器，被冷却介质冷却为液体。液体从冷凝器流出后分为两路：一部分凝结水通过循环泵提高压力后送回锅炉中被加热汽化，变成高温高压工作蒸气开始下一个循环，另一部分凝结水经节流阀降压后进入蒸发器，在蒸发器内吸收被冷却物体的热量汽化为低压水蒸气后被喷射器中的低压高速气流抽走，并与之混合进入到冷凝器中。

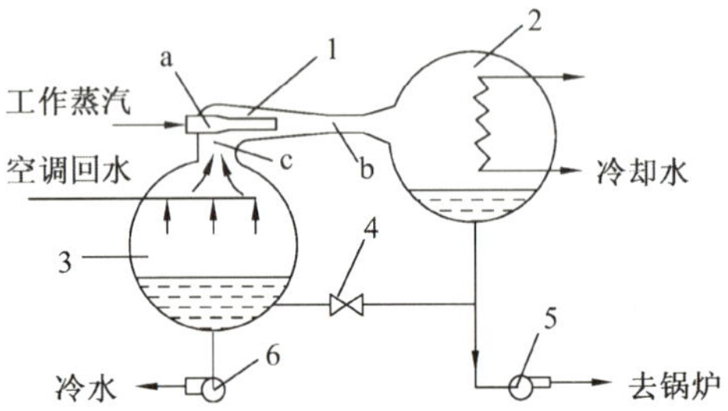

1—喷射器（a—喷嘴；b—扩压器；c—吸入室）；2—冷凝器；3—蒸发器；4—节流阀；5，6—泵

图 5-10　蒸气喷射制冷循环

图 5-11 是蒸气喷射式制冷循环在温熵图上的表示，图中 1→2 表示工作蒸气在喷嘴内部的膨胀过程。工作蒸气（状态 2）与制冷剂水蒸气（状态 3）混合后的状态是 4。4→5 为混合蒸气在扩压器中流动升压的过程。5→6 表示冷凝器中气体的凝结过程。凝结终了，状态 6 的水分为两部分：一部分用泵打入锅炉，产生工作蒸气，用过程线 6→9→1 表示；另一部分经节流阀进入蒸发器，在蒸发器中吸热汽化，制取冷量。

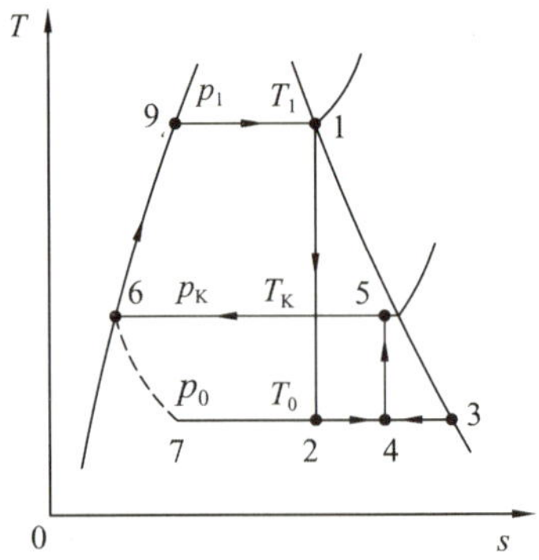

图 5-11　蒸气喷射式制冷在 T-s 图上的表示

蒸气喷射式制冷除了采用水作为工作介质外，还可以用其他制冷剂作为工作介质，比如用低沸点的氟利昂制冷剂，可以获得更低的制冷温度。另外，将蒸气喷射式制冷系统中的喷射器与压缩机组合使用，喷射器作为压缩机入口前的增压器，这样可以用单级压缩式制冷机制取更低的温度。

5.4.2 热电制冷

从物理学中知道，当直流电通过两种不同导体组成的回路时，节点上将产生吸热或放热现象，这就是珀尔贴效应。珀尔贴效应的本质是导体中的自由电子（载流子）从一种材料向另一种材料迁移通过节点时，因每种材料载流子的势能不同需与外界交换能量，以满足能量守恒。

实用的热电制冷装置是半导体电偶构成的。在半导体材料中，n 型材料有多余电子；p 型材料则电子不足。若把一只 p 型半导体和一只 n 型半导体元件联接为电偶，接上直流电后，在接头处就会产生温差、实现热量转移。若把一些半导体热电偶在电路上串联，就可构成一个常见的制冷热电堆，如图 5-12 所示。在上面接头处，电流方向是 n→p，温度下降并吸热，是冷端；下面的接头处电流方向是 p→n，温度上升并放热，是热端。

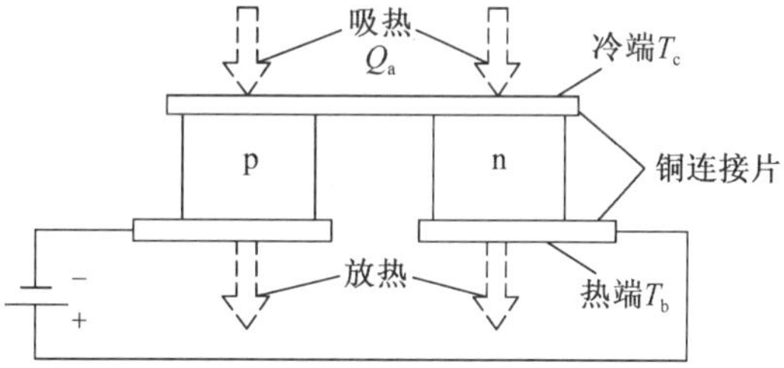

图 5-12 热电制冷原理示意图

热电制冷装置与一般制冷装置的显著区别在于：不用制冷剂，没有运动部件，无噪声、无振动、无磨损、容量尺寸易于小型化，使用直流电工作，工作可靠、维护方便、使用寿命长。但是，热电制冷装置对于工作电压的脉动范围的要求较高，目前半导体材料的成本较高，热电制冷的效率比较低，再加上制造工艺比较复杂，必须使用直流电等因素，这些都在一定程度上限制了热电制冷的推广和应用。

5.5 热 泵

5.5.1 热泵的工作原理

在室外温度低于室内温度时，如果将大气环境作为逆循环的低温热源，将室内空间作为高温热源，则循环的目的是将热量从低温的大气环境传给高温的室内空间，这种装置称为热泵（heat pump），相应的循环称为热泵循环。热泵循环和制冷循环的工作原理相同，只是工作目的和工作温度范围不同。如图 5-13 所示，制冷循环在环境温度与被冷却物温度之间工作，

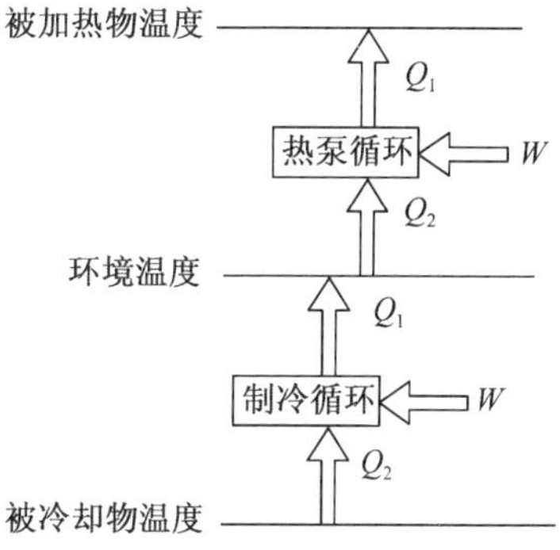

图 5-13 热泵循环和制冷循环的工作温度范围

从作为冷源的被冷却物体吸热，向作为热源的环境介质放热，从而对冷源实现制冷的目的；而热泵循环在被加热物体温度与环境温度之间工作，从作为冷源的环境介质中吸热，向作为热源的被加热物体放热，从而对热源实现供热的目的。

图 5-14 所示为一水源热泵工作原理和 T-s 图。过程 4—1 为工质在蒸发器中吸收自然水源中的热能而变为干饱和蒸气；1—2 为蒸气在压缩机中被可逆绝热压缩的过程；2—3 为过热蒸气在冷凝器中放热而凝结成饱和液体的过程，工质放出的热量被送到房间用作采暖或热水供应等；3—4 为饱和液体在节流阀中的降压降温过程。这样就完成了一个热泵循环。

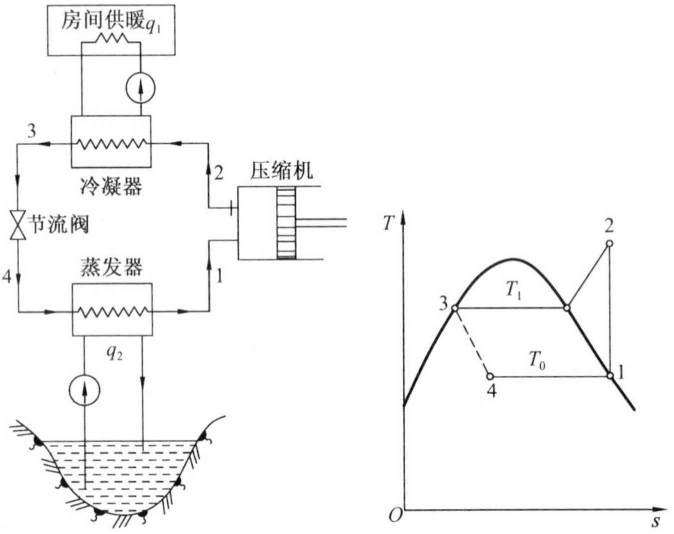

(a) 工作原理　　(b) T-s图

图 5-14　水源热泵工作原理和 T-s 图

5.5.2　热泵的经济性能指标——供热系数

热泵循环的经济性以消耗单位功量所得到的供热量来衡量，称为供热系数，即

$$\varepsilon'=\frac{q_1}{w_0}=\frac{w_0+q_2}{w_0}=1+\varepsilon \tag{5-10}$$

可见，热泵的供热系数大于制冷系数，制冷系数越高，供热系数也越高。从上式还可知，热泵的供热系数恒大于 1。相对于其他直接燃料燃烧或用电炉取暖来说，热泵是一种比较合理的节能型供热装置。

普遍使用的热泵型家用空调可以有两种用途，即通过内部设置的四通换向阀，使制冷剂改变流动方向，轮流进行供热和供冷，实现冬季供热，夏季制冷。图 5-15 是它的系统简图。

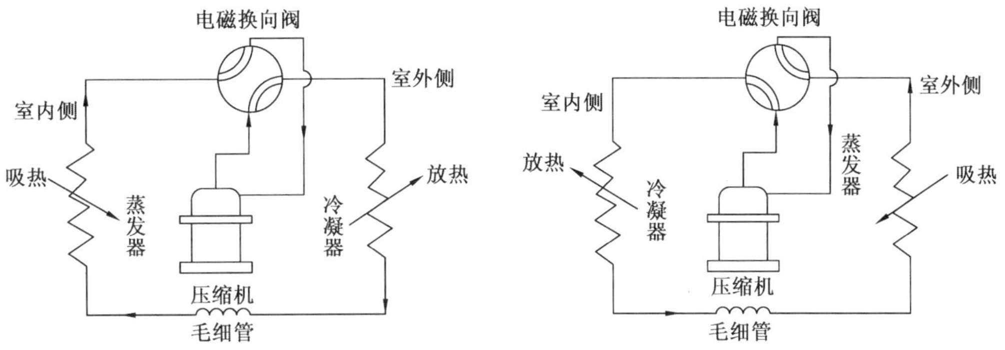

(a) 制冷工况　　(b) 制热工况

图 5-15　热泵型家用空调的系统简图

思考题与习题

5-1　以消耗能量形式的不同，制冷循环可分为哪几类？

5-2　如果采用了有效的冷却方法后，使气体在压气机气缸中实现了等温压缩，这是否还需要采用多级压缩？为什么？

5-3　简述蒸气压缩式制冷循环的组成和工作原理，并将该循环表示在 T-s 图和 lg p-h 图上。

5-4　简述溴化锂吸收式制冷循环的组成和工作原理。

5-5　热泵循环和制冷循环有何区别与联系？

5-6　活塞式压气机吸入压力 $p_1=0.1$ MPa，$t_1=15$ ℃的空气，将其压缩到 $p_2=0.5$ MPa。若分别经过：(1) 等温压缩过程；(2) 绝热压缩过程；(3) $n=1.25$ 的多变过程。试求各种过程中压缩 1 kg 空气所耗轴功及终态温度。

5-7　一台用氨为制冷剂的蒸气压缩式制冷装置，制冷量为 $Q=36000$ kJ/h，蒸发温度为−20 ℃，冷凝温度为 40 ℃，蒸发器出口为干饱和蒸气状态。试求其制冷系数和压缩机进口处制冷剂的容积流量。

5-8　一台氨制冷装置，其制冷量 $Q_0=4\times10^5$ kJ/h，蒸发温度为−15 ℃，冷凝温度为 30 ℃，过冷温度为 25 ℃，从蒸发器出口的蒸气为干饱和蒸气状态。求：(1) 理论循环的制冷系数；(2) 制冷剂的质量流量；(3) 所消耗的功率。

5-9　有一台小型热泵装置用于对热网水的加热。假设该装置用氟利昂 134a 做工质，并按理想制冷循环运行。蒸发温度为−15 ℃，冷凝温度为 55 ℃。如果 R134a 的流量为 0.1 kg/s，试确定由于用热泵代替直接供热而节约的能量。

5-10　热泵用井水作为热源，将 20 ℃的空气 8×10^4 m^3/h 加热到 30 ℃，使用氟利昂 134a 做工质。已知蒸发温度为 5 ℃，冷凝温度为 35 ℃，空气的定压质量比热容 $c_p=1.01$ kJ (kg·K)，井水的温度降低 7 ℃，试求理论上必需的井水量、压缩机功率和压缩机的压气量。

6

传热基本方式

知识点

傅里叶定律，一维稳态导热，导热热阻，牛顿冷却公式，强制对流换热，自然对流换热，沸腾换热与凝结换热，热辐射的基本定律，辐射换热，气体辐射，太阳辐射。

能力目标

◉ 掌握：温度梯度、稳态导热、导热系数、导热热阻的基本概念；各种对流换热的基本概念；热辐射、黑体、灰体、黑度等基本概念。

◉ 理解：傅里叶定律的表述及含义；强制对流换热和自然对流换热的特征及影响因素；辐射换热过程及气体辐射和太阳辐射的特点。

◉ 熟悉：平壁、圆筒壁导热的温度分布；对流换热中各公式的适用范围及各种相关参数的合理选择；辐射换热的计算原理与方法。

◉ 应用：应用相关概念和公式进行平壁、圆筒壁导热的分析和计算；对流换热的分析和计算；辐射换热的分析和计算。

热力学第二定律指出，只要存在温度差就会发生热量传递，热量总是自发地由高温处传向低温处。这种靠温度差推动的能量传递过程称为热传递。热传递过程属于一种普遍的自然现象。传热学是研究热量传递规律的一门科学。

在建筑环境领域，建筑的节能、采光和通风均与传热关系密切。特别是空调制冷和集中供热领域，属于传热学唱主角的行业。例如，制冷机、换热器的选择、配套和合理利用；空调设备、散热器的选择；各种热设备、管道的保温材料的设计和选用；建筑围护结构的热工计算等。

热量传递过程可划分为稳态和非稳态过程，物体中各点温度不随时间变化的热量传递过程，称为稳态传热（steady-state conduction）过程；反之则称为非稳态传热过程。如各种热力设备在稳态工况下运行时，其热量传递过程为稳态传热过程，而在启动、停机等变工况时所经历的热量传递过程则为非稳态传热过程。本章只讨论稳态传热过程。

热量传递有三种基本方式：导热（conduction）、对流（convection）和热辐射（radiation），工程中很多传热过程往往是以上三种基本传热方式综合作用的结果。本章着重讨论这三种方式的基本规律。

传热方式的应用主要有两种类型：一是增强传热，如尽可能提高换热设备的传热能力；另一个是削弱传热，如尽可能减少热力管道的热损失。

学习传热学的目的在于理解和分析传热的基本规律，掌握增强传热或削弱传热过程的方法，实现能源的合理利用，提高设备的生产能力。

6.1 稳态导热

导热的概念及导热系数

6.1.1 基本概念

6.1.1.1 导热的概念

当物体内有温度差或两个不同温度的物体接触时，在物体各部分之间不发生相对位移的情况下，依靠分子、原子或自由电子等微观粒子的热运动而进行的热量传递现象称为热传导（heat conduction），简称导热。单纯的导热一般只发生在密实的固体中，因为气体与液体具有流动性，在发生导热的同时往往伴随对流现象。导热发生在固体中的现象最为普遍，也最具有应用价值。一般发生在换热器管壁、管道保温层、墙壁等固态材料中的热量传递均可看作导热过程处理。

6.1.1.2 温度场

物体内部产生导热的起因在于物体内部之间存在温度差，导热过程中热量的传递与物体内部温度分布状况密切相关。因此，要分析导热现象，首先要分析物体内部的温度分布规律。

某一时刻，物体中各点温度分布的状况称为温度场。在一般情况下，温度场是空间坐标和时间的函数，其数学表达式为

$$t=f(x,y,z,\tau) \tag{6-1}$$

式中：x，y，z——直角坐标系的空间坐标；

τ——时间；

t——温度。

温度场按照是否随时间变化可分为两类，即稳态温度场（steady temperature field）和非稳态温度场（unsteady temperature field）。当空间各点的温度随时间 τ 而变化时，这种温度场称为非稳态温度场，如各种热力设备在启动、停机或变工况时的温度场；如果空间各点的温度不随时间变化，这种温度场则称为稳态温度场，如热力设备在持续稳态运行时的温度场。稳态温度场中发生的导热称为稳态导热；否则，称为非稳态导热。

稳态温度场的数学表达式为

$$t=f(x,y,z)$$

另外，根据温度场在空间坐标上的不同属性，温度场可分为三类：物体中各点温度只在一个坐标方向变化的一维温度场；物体中各点温度在 2 个坐标方向变化的二维温度场；物体中各点温度在 3 个坐标方向变化的三维温度场。在稳态温度场中，若温度仅在空间一个坐标方向上发生变化，则称为一维稳态温度场，即

$$t=f(x) \tag{6-2}$$

一维稳态温度场是最简单的温度分布，也是工程技术中应用最多的情况。

6.1.1.3 温度梯度

在同一瞬间，物体内温度相同的各点所构成的线或面称为等温线（isotherm）或等温面（isothermal surface）。由于物体内任何一点不可能同时具有两个不同的温度值，所以任意两个等温线或等温面绝对不会相交。

如图 6-1 所示，一物体内温度为 t 及 $t+\Delta t$ 的两个不同温度的等温面，沿等温面法线方向上的温度增量 Δt 与法向距离 Δn 比值的极限称为温度梯度（temperature gradient），用符号 **grad** t 表示，单位为℃/m，即

$$\mathbf{grad}\ t=\lim_{\Delta n\to 0}\frac{\Delta t}{\Delta n}=\frac{\partial t}{\partial n} \tag{6-3}$$

对于一维稳态温度场，温度梯度为

$$\mathbf{grad}\ t=\frac{\mathrm{d}t}{\mathrm{d}x} \tag{6-4}$$

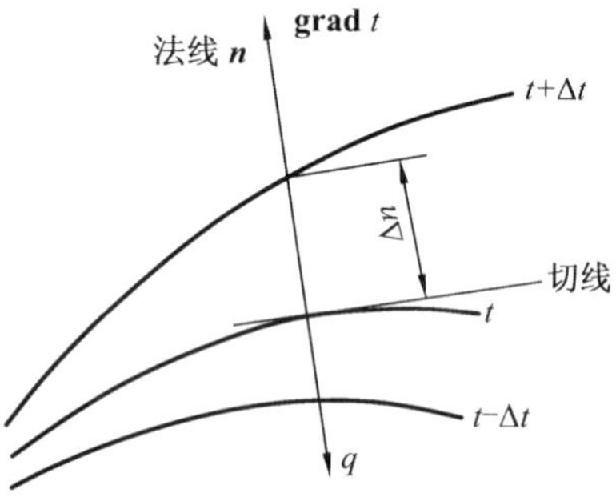

图 6-1 温度梯度

温度梯度是向量，其方向是指向温度增加的方向，而热量传递方向与温度梯度方向恰好相反。

6.1.2 导热基本定律

导热基本定律也称傅里叶定律（Fourier's law）。该定律指出：当导热体内进行的是纯导热时，单位时间内以导热方式传递的热量，与温度梯度及垂直于导热方向的导热面积成正比。对于一维稳态导热，傅里叶定律可表示为

$$Q=-\lambda A\ \frac{\mathrm{d}t}{\mathrm{d}x} \tag{6-5}$$

或

$$q=-\lambda\ \frac{\mathrm{d}t}{\mathrm{d}x} \tag{6-6}$$

式中：Q——单位时间内垂直通过导热面积 A 上的热流量，W；

A——导热面积，m^2；

λ——比例系数，称为导热系数（thermal conductivity），表征材料的导热能力，W/(m·K)；

q——单位时间内单位面积上的热流量，又称热流密度，W/m^2。

上述两式中的负号表示热流方向与温度梯度方向相反，永远指向温度降低的方向。

6.1.3 导热系数

由傅里叶定律的表达式（6-6）可得

$$\lambda=-\frac{q}{\mathrm{d}t/\mathrm{d}x} \tag{6-7}$$

导热系数 λ 在数值上等于单位温度梯度作用下的热流密度，是工程设计中合理选用材料的重要依据。工程计算采用的各种物质的导热系数的数值都是用专门实验测定出来的。

导热系数是物质的一个重要的热物性参数，其数值大小表征着物质导热性能的优劣。从微观的角度看，物质导热系数的大小取决于两个方面的因素：物质的微观结构和作用粒子。微观结构主要有：晶体、非晶体、液体、气体。作用粒子主要有：分子、原子、电子、声子、光子、磁子等。一般情况下，微观结构有序性越好，作用粒子的种类和数量越多，导热系数越大。而从宏观角度上，影响导热系数的因素主要有物质的种类、温度、密度和湿度等。工程上常见物质的导热系数可从相关资料中查取。

物质的导热系数具有如下特点。

（1）导电性能好的金属材料，导热性能也较好。因此金属的导热系数较高，如铜的导热系数高达 398 W/(m·K)，铝的导热系数为 236 W/(m·K)，制冷设备中常用铜管铝翅片制作冷凝器和蒸发器就是利用其导热性能好这一特点。

（2）液体导热系数的范围为 0.07～0.7 W/(m·K)，气体导热系数的范围为 0.006～0.6 W/(m·K)。

（3）非金属固体材料导热系数的范围很大，高限可达 6.0 W/(m·K)，低限接近气体。我国国家标准《设备及管道保温技术通则》（GB/T 4272—2008）规定，凡平均温度不高于 350 ℃时导热系数不大于 0.12 W/(m·K) 的材料称为保温材料，如膨胀珍珠岩、石棉、矿渣棉、玻璃纤维、橡塑等。保温材料一般是孔隙多而小的轻质材料，在孔隙内充满了导热系数小且不流动的空气，因而可以隔热。

（4）湿度对保温材料的导热系数影响很大。由于空隙多，保温材料很容易吸收水分。水的导热系数比空气大 20～30 倍，所以对建筑物的围护结构，特别是冷、热设备及管道的保温层外表面应采取适当的防潮措施。

（5）材料的导热系数均随温度的变化而变化，有的与温度的变化方向相同，有的则相反。其中，气体的导热系数随温度变化的幅度最大，同时气体的导热系数还随着压力的升高而增大。

导热系数高的物质有利于热传递，导热系数低的物质能有效阻止和削弱热传递。导热系数对解决传热的强化或削弱问题具有很重要的意义。例如：冬天，经太阳晒过的棉被，晚上盖起来会感觉很暖和，并且经过拍打以后，效果更加明显。棉被晾晒后，可使棉花的空隙中进入更多的空气。空气在狭小的棉絮空间里的热量传递方式主要为导热，由于空气的导热系数较小（20 ℃，0.1 MPa 时，$\lambda=0.0259$ W/(m·K)），具有良好的保温性能，而经过拍打的棉被可以让更多的空气进入，因而保温效果更好。另外，目前我国多数地区建筑用砖多采用多孔的空心砖，也是为了增加砖的导热系数。多孔砖内充满不动的空气，空气在纯导热时，其导热系数很低，是很好的绝热材料。

6.1.4 平壁的稳态导热

通过平壁的
导热计算

6.1.4.1 通过单层平壁的导热

如图 6-2 所示，有一单层平壁，其厚度为 δ，导热系数为 λ，两个侧表面分别维持均匀稳态的温度 t_{w1} 和 t_{w2}，且 $t_{w1}>t_{w1}$。若壁的高度和宽度远大于厚度（10 倍以上），则称为无限大平壁。这时可以认为温度只沿厚度方向变化，即一维稳态导热。由傅里叶定律可得热流密度为

$$q=-\lambda\frac{dt}{dx}$$

将上式积分后可得到

$$t=-\frac{q}{\lambda}x+c \tag{6-8}$$

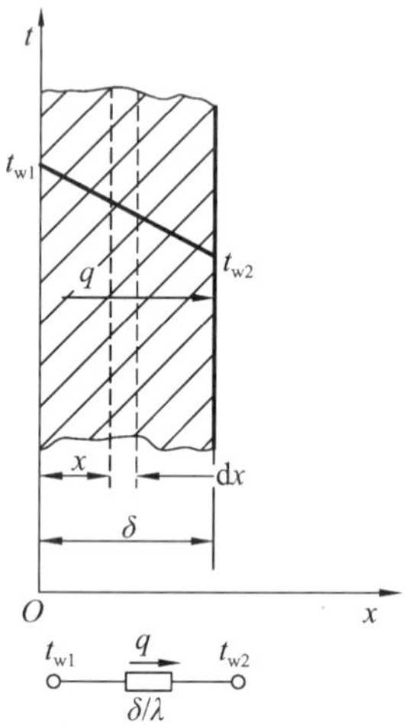

图 6-2 单层平壁的导热

由式（6-8）可知，稳态导热的平壁内温度呈直线规律分布。

当 $x=0$ 时，$t=t_{w1}$；$x=\delta$ 时，$t=t_{w2}$。由此边界条件积分上式可得

$$q=\frac{\lambda}{\delta}(t_{w1}-t_{w2}) \tag{6-9}$$

或

$$q=\frac{t_{w1}-t_{w2}}{\frac{\delta}{\lambda}}=\frac{\Delta t}{R} \tag{6-10}$$

式中：Δt——平壁两侧壁面的温度差，为导热推动力，℃；

R——单位面积平壁的导热热阻，$R=\frac{\delta}{\lambda}$，$(m^2\cdot K)/W$。

若平壁的导热面积为 A，则单位时间内传递的热流量为

$$Q=qA=\frac{t_{w1}-t_{w2}}{\frac{\delta}{\lambda A}}=\frac{\Delta t}{R_W} \tag{6-11}$$

式中：R_W——单层平壁的总导热热阻，$R_W=\frac{\delta}{\lambda A}$，K/W。

可以看出，式（6-10）及式（6-11）与电学上的欧姆定律的表达式相类似，温度差与电压相对应，导热热阻与电阻相对应，而热流密度或热流量与电流相对应。可写出广义的欧姆定律关系式为

$$过程的传递速率=\frac{过程的推动力}{过程的阻力}$$

图 6-2 中给出了单层平壁导热过程的模拟电网络图。热阻概念的建立对复杂热传递过程的分析带来很大的便利。例如，我们可以借用比较熟悉的串、并联电路电阻的计算公式计算热传递过程中的合成热阻（或称总热阻）。下面推导多层平壁的导热公式时，可以利用串联电阻叠加得到总电阻的原则。但需要注意的是，如果导热严重偏离一维稳态导热或物体内部有内热源时，热阻串联规律不再适用。

6.1.4.2 通过多层平壁的导热

在工程上经常会遇到由多层不同材料所组成的多层平壁。如：锅炉的炉墙是由耐火砖层、保温砖层和表面涂层三种材料叠合而成的多层平壁。对于如图 6-3 所示的三层平壁，假设各层平壁之间接触良好，无附加热阻，则各层的单位面积导热热阻分别为 δ_1/λ_1，δ_2/λ_2，δ_3/λ_3。

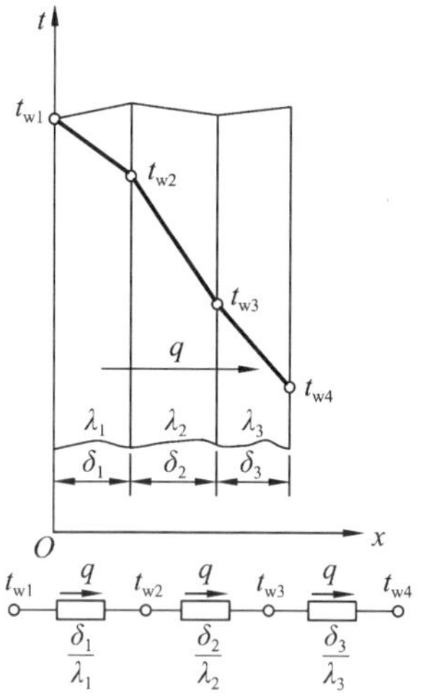

图 6-3 多层平壁的导热

层与层之间是串联的，由广义欧姆定律可得三层平壁的热流密度为

$$q=\frac{\Delta t}{R}=\frac{\Delta t}{R_1+R_2+R_3}=\frac{t_{w1}-t_{w4}}{\dfrac{\delta_1}{\lambda_1}+\dfrac{\delta_2}{\lambda_2}+\dfrac{\delta_3}{\lambda_3}} \tag{6-12}$$

三层平壁上的热流量为

$$Q=qA=\frac{t_{w1}-t_{w4}}{\dfrac{\delta_1}{\lambda_1 A}+\dfrac{\delta_2}{\lambda_2 A}+\dfrac{\delta_3}{\lambda_3 A}} \tag{6-13}$$

相应地可以推出：对于 n 层平壁的热流密度和热流量为

$$q=\frac{\Delta t}{\sum R}=\frac{t_{w1}-t_{w,n+1}}{\sum\limits_{i=1}^{n}\dfrac{\delta_i}{\lambda_i}} \tag{6-14}$$

$$Q=qA=\frac{t_{w1}-t_{w,n+1}}{\sum\limits_{i=1}^{n}\dfrac{\delta_i}{\lambda_i A}} \tag{6-15}$$

由于单层平壁内温度分布都是一条直线，而因为各层的导热系数 λ 值不同，故在多层平壁中的温度分布将是一条折线。

对于层与层之间接触面的温度，可按式（6-14）求得。对于 n 层的多层平壁，第 k 层与第 $k+1$ 层的接触面上的温度为

$$t_{k+1}=t_{w1}-q\sum_{i=1}^{k}\frac{\delta_i}{\lambda_i} \tag{6-16}$$

【例 6-1】 冰箱外壁材料为冷轧钢板，外壁外侧温度 $t_{w1}=30$ ℃，厚度 $\delta_1=1.2$ mm，导热系数 $\lambda_1=37.0$ W/(m·K)；内壁材料为聚苯乙烯，其内侧面温度 $t_{w4}=4$ ℃，壁厚 $\delta_3=1$ mm，导热系数 $\lambda_3=0.042$ W/(m·K)，中间绝热层材质为聚氨酯发泡材料，厚度 $\delta_2=25$ mm，导热系数 $\lambda_2=0.02$ W/(m·K)。试求热流密度 q 及接触面的温度 t_{w2} 和 t_{w3}。

【解】 （1）本题为三层平壁的稳态导热，其热流密度为

$$q=\frac{t_{w1}-t_{w4}}{\dfrac{\delta_1}{\lambda_1}+\dfrac{\delta_2}{\lambda_2}+\dfrac{\delta_3}{\lambda_3}}=\frac{30-4}{\dfrac{0.0012}{37.0}+\dfrac{0.025}{0.02}+\dfrac{0.001}{0.042}}=20.41\ \text{W/m}^2$$

（2）求接触面温度

由式 $q=\dfrac{t_{w1}-t_{w2}}{\dfrac{\delta_1}{\lambda_1}}$ 得

$$t_{w2}=t_{w1}-q\frac{\delta_1}{\lambda_1}=30-20.41\times\frac{0.0012}{37.0}=29.999\ ℃$$

由式 $q=\dfrac{t_{w3}-t_{w4}}{\dfrac{\delta_3}{\lambda_3}}$ 得

$$t_{w3}=t_{w4}+q\frac{\delta_3}{\lambda_3}=4+20.41\times\frac{0.001}{0.042}=4.486\ ℃$$

上述计算结果表明：内外壁的热阻都非常小，内外壁两侧的温度也就相差无几。真正起到绝热作用的是聚氨酯发泡绝热层，由于热阻很大，绝热层两侧的温度差为 25.51 ℃。

【例 6-2】 一个双层玻璃窗，高 2 m，宽 1 m，玻璃厚 3 mm，玻璃的导热系数为 $\lambda=1.05$ W/(m·K)，双层玻璃间的空气夹层厚度为 5 mm，夹层中的空气完全静止，空气的导热系数为 $\lambda=0.025$ W/(m·K)。如果测得冬季室内外玻璃表面温度分别为 15 ℃和 5 ℃，试求玻璃窗的散热损失，并比较玻璃与空气夹层的导热热阻。

【解】 (1)玻璃窗的散热损失为

$$q=\frac{t_{w1}-t_{w4}}{\dfrac{\delta_1}{\lambda_1}+\dfrac{\delta_2}{\lambda_2}+\dfrac{\delta_3}{\lambda_3}}=\frac{15-5}{\dfrac{0.003}{1.05}+\dfrac{0.005}{0.025}+\dfrac{0.003}{1.05}}=48.61\ \text{W/m}^2$$

$$Q=qA=48.61\times2\times1=97.22\ \text{W}$$

(2) 热阻比较

单层玻璃的导热热阻为

$$R=\frac{\delta}{\lambda}=\frac{0.003}{1.05}=0.00286\ (\text{m}^2\cdot\text{K})/\text{W}$$

空气夹层的导热热阻为

$$R=\frac{\delta}{\lambda}=\frac{0.005}{0.025}=0.2\ (\text{m}^2\cdot\text{K})/\text{W}$$

空气夹层的热阻约是玻璃的 70 倍。可见采用双层玻璃窗可以大大减少散热损失，节约能源。

6.1.5 圆筒壁的稳态导热

6.1.5.1 通过单层圆筒壁的导热

圆形管道在工程中的应用十分广泛，如热力管道、制冷剂管路等。由于这些管路的长度远远大于管壁的厚度，热流量的计算可以忽略沿轴向的温度变化，仅考虑沿径向发生的温度变化，即可按一维稳态导热处理。

如图 6-4 所示为一单层圆筒壁，其内半径为 r_1（内径为 d_1），外半径为 r_2（外径为 d_2）；长度为 L；材料的导热系数为 λ 且是常数；内、外壁温度分别保持 t_{w1} 和 t_{w2} 不变（$t_{w1}>t_{w2}$），壁内温度只沿半径方向变化，属于一维稳态导热。

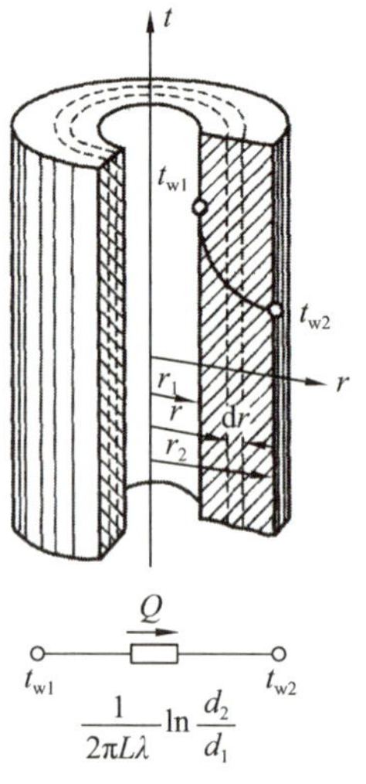

图 6-4 单层圆筒壁的导热

热量从内壁沿半径方向向外壁传递，等温面为同心圆柱面。设在圆筒内取一薄层，其半径为 r，厚度为 dr，其导热面积可视为常数，等于 $2\pi rL$，通过该薄层的温度变化为 $\mathrm{d}t$。根据傅里叶定律，通过这一薄层的热流量可表示为

$$Q=-\lambda A\frac{\mathrm{d}t}{\mathrm{d}r}=-\lambda(2\pi rL)\frac{\mathrm{d}t}{\mathrm{d}r} \tag{6-17}$$

分离变量后可得

$$\mathrm{d}t=-\frac{Q}{2\pi L\lambda}\times\frac{\mathrm{d}r}{r}$$

上式两边分别积分，可得到

$$t=-\frac{Q}{2\pi L\lambda}\ln r+C \tag{6-18}$$

式（6-18）表明圆筒壁内温度分布是一条对数曲线，而并非直线。

式中的积分常数由边界条件确定，把当 $r=r_1$，$t=t_{w1}$ 和 $r=r_2$，$t=t_{w2}$ 分别代入上式得

$$t_{w1}=-\frac{Q}{2\pi L\lambda}\ln r_1+c$$

$$t_{w2}=-\frac{Q}{2\pi L\lambda}\ln r_2+c$$

以上两式相减得

$$t_{w1}-t_{w2}=\frac{Q}{2\pi L\lambda}(\ln r_2-\ln r_1)=\frac{Q}{2\pi L\lambda}\ln\frac{r_2}{r_1}=\frac{Q}{2\pi L\lambda}\ln\frac{d_2}{d_1}$$

由此可得单层圆筒壁的热流量计算公式

$$Q=\frac{2\pi L\lambda(t_{w1}-t_{w2})}{\ln\frac{d_2}{d_1}}=\frac{t_{w1}-t_{w2}}{\frac{1}{2\pi L\lambda}\ln\frac{d_2}{d_1}}=\frac{\Delta t}{R_W} \tag{6-19}$$

工程上为计算方便，常按单位管长计算热流量，记为 q_L，单位为 W/m。

$$q_L=\frac{Q}{L}=\frac{t_{w1}-t_{w2}}{\frac{1}{2\pi\lambda}\ln\frac{d_2}{d_1}}=\frac{\Delta t}{R_L} \tag{6-20}$$

式中：R_L——单层圆筒壁单位管长的导热热阻，$R_L=\frac{1}{2\pi\lambda}\ln\frac{d_2}{d_1}$，(m·K)/W。

6.1.5.2 通过多层圆筒壁的导热

在实际工程中，管道保温或管道结垢后就变成多层圆筒壁导热。如图 6-5 所示为一个由三种不同材料组成的圆筒壁。各层的半径和导热系数分别为 r_1，r_2，r_3，r_4 和 λ_1，λ_2，λ_3；圆筒壁的内外表面温度分别为 t_{w1} 和 t_{w4}，且 $t_{w1}>t_{w4}$。假设各层之间接触良好，无接触热阻。稳态导热时每一层管壁的单位管长热流量 q_L 都相等。

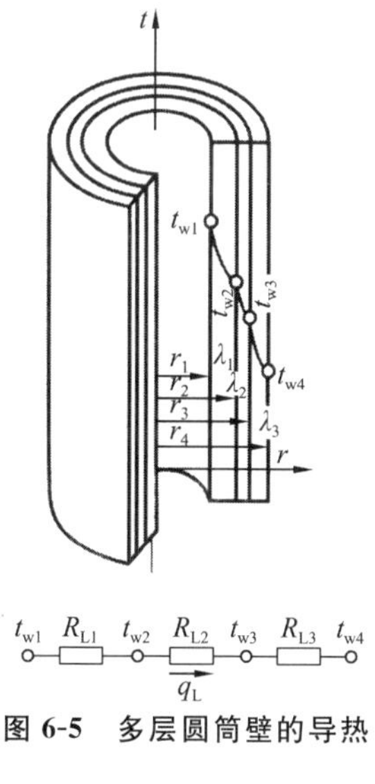

图 6-5 多层圆筒壁的导热

多层圆筒壁与多层平壁相类似，三层管壁的单位管长的总热阻等于各层管壁单位管长的导热热阻之和，则通过三层圆筒

壁单位管长的热流量为

$$q_L=\frac{t_{w1}-t_{w4}}{R_{L1}+R_{L2}+R_{L3}}=\frac{t_{w1}-t_{w4}}{\frac{1}{2\pi\lambda_1}\ln\frac{d_2}{d_1}+\frac{1}{2\pi\lambda_2}\ln\frac{d_3}{d_2}+\frac{1}{2\pi\lambda_3}\ln\frac{d_4}{d_3}} \tag{6-21}$$

相应地，可以推出 n 层圆筒壁单位管长的热流量为

$$q_L=\frac{t_{w1}-t_{w,n+1}}{\sum_{i=1}^{n}\frac{1}{2\pi\lambda_i}\ln\frac{d_{i+1}}{d_i}} \tag{6-22}$$

在实际工程计算中，常采用简化计算方法，即当圆筒壁 $d_2/d_1<2$ 时，可以将圆筒壁的导热计算近似用平壁导热公式计算来代替，简化处理后误差一般不大于 4%。

对于单层圆筒壁，单位管长热流量简化计算公式为

$$q_L=\frac{t_{w1}-t_{w2}}{\frac{\delta}{\pi d_m\lambda}} \tag{6-23}$$

式中：d_m——圆筒壁的平均直径，$d_m=\frac{d_1+d_2}{2}$；

δ——圆筒壁厚度，$\delta=\frac{d_2-d_1}{2}$。

对于多层圆筒壁，单位管长热流量简化计算公式为

$$q_L=\frac{t_{w1}-t_{w,n+1}}{\sum_{i=1}^{n}\frac{\delta_i}{d_{mi}\lambda_i}} \tag{6-24}$$

【例 6-3】 热电厂中有一内径为 0.2 m 的过热蒸汽管道，钢管壁厚为 8 mm，钢材的导热系数为 $\lambda_1=45$ W/(m·K)，管外包有厚度为 $\delta=0.12$ m 的保温层，保温材料的导热系数为 $\lambda_2=0.1$ W/(m·K)，管内壁面温度为 $t_{w1}=300$ ℃，保温层外壁面温度为 $t_{w3}=50$ ℃。试求单位管长的散热损失。

【解】 这是一个通过两层圆筒壁的稳态导热问题。根据式（6-22）得

$$\begin{aligned}q_L&=\frac{t_{w1}-t_{w3}}{\frac{1}{2\pi\lambda_1}\ln\frac{d_2}{d_1}+\frac{1}{2\pi\lambda_2}\ln\frac{d_3}{d_2}}\\&=\frac{300-50}{\frac{1}{2\pi\times45}\ln\frac{0.2+2\times0.008}{0.2}+\frac{1}{2\pi\times0.1}\ln\frac{0.216+2\times0.12}{0.216}}\\&=\frac{250}{0.272\times10^{-3}+1.189}=210.2\ \text{W/m}\end{aligned}$$

从以上计算过程可以看出，钢管壁的导热热阻与保温层的导热热阻相比非常小，可以忽略。

【例 6-4】 已知供暖蒸汽管道的内径为 150 mm，外径为 160 mm，导热系数为 $\lambda_1=50$ W/(m·K)；钢管的外表面包着两层隔热层，其厚度分别为 $\delta_2=30$ mm，$\delta_3=50$ mm，导热系数分别为 $\lambda_2=0.17$ W/(m·K)，$\lambda_3=0.09$ W/(m·K)；钢管内表面的

温度 $t_{w1}=300\ ℃$，隔热层外表面温度为 $t_{w4}=50\ ℃$。试求：（1）单位管长的热损失；（2）各层间的温度；（3）用简化公式计算单位管长热损失，并求出简化计算的误差。

【解】 由题意知：

$$d_3=d_2+2\delta_2=0.16+2\times0.03=0.22\ \text{m}$$

$$d_4=d_3+2\delta_3=0.22+2\times0.05=0.32\ \text{m}$$

（1）通过每米蒸汽管道的热损失为

$$q_L=\frac{t_{w1}-t_{w4}}{\frac{1}{2\pi\lambda_1}\ln\frac{d_2}{d_1}+\frac{1}{2\pi\lambda_2}\ln\frac{d_3}{d_2}+\frac{1}{2\pi\lambda_3}\ln\frac{d_4}{d_3}}$$

$$=\frac{2\times3.14\times(300-50)}{\frac{1}{50}\ln\frac{0.16}{0.15}+\frac{1}{0.17}\ln\frac{0.22}{0.16}+\frac{1}{0.09}\ln\frac{0.32}{0.22}}=260.0\ \text{W/m}$$

（2）各材料层之间的接触面温度为

$$t_{w2}=t_{w1}-\frac{q_L}{2\pi\lambda_1}\ln\frac{d_2}{d_1}=300-\frac{260}{2\times3.14\times50}\ln\frac{0.16}{0.15}=299.9\ ℃$$

$$t_{w3}=t_{w1}-\frac{q_L}{2\pi}\left(\frac{1}{\lambda_1}\ln\frac{d_2}{d_1}+\frac{1}{\lambda_2}\ln\frac{d_3}{d_2}\right)$$

$$=299.95-\frac{260}{2\times3.14}\left(\frac{1}{50}\ln\frac{0.16}{0.15}+\frac{1}{0.17}\ln\frac{0.22}{0.16}\right)=222.3\ ℃$$

（3）按简化公式计算单位长度的热损失

$$d_{m1}=\frac{d_1+d_2}{2}=\frac{0.15+0.16}{2}=0.155\ \text{m}$$

$$d_{m2}=\frac{d_2+d_3}{2}=\frac{0.16+0.22}{2}=0.19\ \text{m}$$

$$d_{m3}=\frac{d_3+d_4}{2}=\frac{0.22+0.32}{2}=0.27\ \text{m}$$

$$\delta_1=\frac{d_2-d_1}{2}=\frac{0.16-0.15}{2}=0.005\ \text{m}$$

$$\delta_2=\frac{d_3-d_2}{2}=\frac{0.22-0.16}{2}=0.03\ \text{m}$$

$$\delta_3=\frac{d_4-d_3}{2}=\frac{0.32-0.22}{2}=0.05\ \text{m}$$

$$q_L=\frac{\pi(t_{w1}-t_{w,n+1})}{\sum_{i=1}^{n}\frac{\delta_i}{d_{mi}\lambda_i}}=\frac{\pi(t_{w1}-t_{w,n+1})}{\frac{\delta_1}{d_{m1}\lambda_1}+\frac{\delta_2}{d_{m2}\lambda_2}+\frac{\delta_3}{d_{m3}\lambda_3}}$$

$$=\frac{3.14\times(300-50)}{\frac{0.005}{0.155\times50}+\frac{0.03}{0.19\times0.17}+\frac{0.05}{0.27\times0.09}}=262.8\ \text{W/m}$$

简化计算的误差为

$$\frac{|262.8-260.0|}{260.0}\times100\%=1.1\%$$

由此可见，在本例的条件下，用简化计算公式进行计算误差很小，计算结果可以接受。

6.1.6 通过接触面的导热

当导热过程在两个直接接触的固体之间进行时，例如，镶配式或缠绕式的肋片等，由于固体表面不是理想平整的，所以两固体直接接触的界面容易出现点接触，或者只是部分的而不是完全的平整的接触（见图6-6），这尝给导热带来额外的热阻，这种热阻称为接触热阻。特别是当界面上那些互不接触的界面空隙中充满导热系数远小于固体的气体时，接触热阻的影响更为突出。在接触界面上出现温差（$t_{2A}-t_{2B}$），这是存在接触面热阻的表现，因为两个固体理想接触时，界面上不存在温差，即在界面上两个固体具有相同的温度。按照热阻的定义，界面接触热阻 R_C 可以表示为

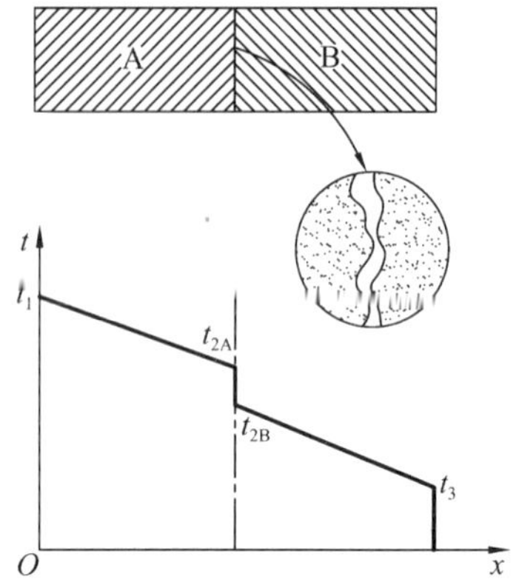

图 6-6 接触热阻

$$R_C=\frac{t_{2A}-t_{2B}}{Q}=\frac{\Delta t_C}{Q} \tag{6-25}$$

式中：Δt_C——界面上的温差；

Q——热流量，等于热流密度与界面表面积 F 的乘积。

从式（6-25）可以看出，热流密度不变的条件下，接触热阻 R_C 较大，必然在界面上产生较大的温差。反之，当温差不变时，热流密度则会随接触热阻的增加而下降。值得注意的是，即使接触热阻不是很大，若热流密度很大，例如 $q\geqslant 6\times 10^5$ W/m^2，界面上的温差仍不容忽视。

由于固体表面存在粗糙度，使两固体表面的接触不是完全的和平整的面接触，因而粗糙度是产生并影响接触热阻的主要因素。此外，接触热阻还与接触面上的挤压压力、两固体表面的材料硬度匹配情形（即材料对的硬度）等因素有关。很明显，接触热阻随表面粗糙度的加大而升高。对于粗糙度一定的表面，增加接触面上的挤压压力可使弹塑性材料的点接触变形从而固体间的接触面积增大，接触热阻减小。在同样的挤压压力下，两表面的接触情形又因材料的硬度而异。在相同条件下，一个硬的表面与一个软的表面相接触，比两个硬的表面接触的接触热阻要小。例如，在接触面之间衬以导热系数大而硬度低的银箔或铜箔，对降低接触热阻有明显的效果。

前已述及，除了接触点间或部分接触面间的热量传递是通过固体的导热，在接触界面间的空隙中，热量传递则是通过空隙中介质的导热，因此接触热阻还因空隙中介质的性质而有所不同。例如，在接触面上涂上很薄的一层特殊的热涂油，亦称导热姆，它是一种二苯和二苯氧化物的混合物，使其填充空隙，以代替空气，有可能减小接触热阻约75%。当空隙两侧温差加大时，空隙中介质是空气，辐射换热对接触热阻的影响将会增加。

以上是结合实验研究对接触热阻所做的定性分析。由于接触热阻的情况复杂，所以至今未能从理论上阐明它的规律，也未得到完全可靠的计算公式。

6.2 对流换热

6.2.1 对流换热的概念

6.2.1.1 热对流

热对流是发生在流体之中，主要由于流体的宏观运动，使流体各部分之间发生相对位移，致使冷、热流体相互掺混而引起的热量传递现象。根据流体流动的原因，对流可以分为自然对流和强制对流两大类。

（1）自然对流

由于流体中各部分的密度不同而引起的流动称为自然对流。如电冰箱的冷凝器、房间的散热器等换热设备，其表面冷、热空气的流动就是自然对流。

（2）强制对流

由于动力机械的作用而造成流体的流动称为强制对流。如供热管道中的热水、空调风管中的空气，分别是由水泵、风机所驱动的。

6.2.1.2 对流换热

热对流可以发生在流体内部，也可以发生在流体与壁面之间。而后者在工程实际中应用更普遍。流动的流体与它直接接触的固体壁面之间的热传递过程称为对流换热。在这一过程中，不仅有离壁面较远处流体的对流作用，同时还有紧贴壁面薄层流体的导热作用。因此，对流换热实际上是一种由热对流和导热共同作用的复合换热形式。

对流换热按流体是否有相变分为无相变对流换热和相变对流换热；无相变对流换热按流体流动原因分为强制对流换热和自然对流换热；相变对流换热又分为沸腾换热和凝结换热，见表6-1。

表 6-1 对流换热的分类

- 对流换热
  - 无相变
    - 强制对流
      - 内部流动
        - 圆管内强制对流换热
        - 非圆管内强制对流换热
      - 外部流动
        - 流体流过单根圆管外壁的对流换热
        - 流体在圆管束外流过的对流换热
        - 流体流过平板的对流换热
    - 自然对流
      - 大空间的自然对流换热
      - 有限空间的自然对流换热
  - 在相变
    - 沸腾换热
      - 大容器内的沸腾换热
      - 管内的沸腾换热
    - 凝结换热
      - 管内凝结换热
      - 管外凝结换热

无相变的对流换热

6.2.2 牛顿冷却公式

一般情况下，流体与固体壁面间的对流换热量可以用牛顿冷却公式来计算，形式如下：

$$Q=A\alpha\Delta t \tag{6-26}$$

式中：Q——热流量，W；

α——表面传热系数，$W/(m^2\cdot K)$；

A——换热面积，m^2；

Δt——壁面温度与流体温度的温差，℃。

式（6-26）也可以写成：

$$Q=\frac{\Delta t}{\frac{1}{\alpha A}}=\frac{\Delta t}{R_w} \tag{6-27}$$

式中：R_w——对流换热热阻，$R_w=\frac{1}{\alpha A}$，K/W。

对于单位面积而言，对流换热热阻为 $R=\frac{1}{\alpha}$，$(m^2\cdot K)/W$。

牛顿冷却公式描述了对流换热量与表面传热系数及温差之间的关系，表面传热系数的大小反映了对流换热的强弱。它表明了当流体与壁面之间的温差为 1 K 时，单位时间内通过单位面积的热流量。牛顿冷却公式形式虽然简单，但难点都集中在表面传热系数的确定上。如何确定表面传热系数 α 的大小是对流换热的核心问题。表 6-2 列出了几种对流换热情况的表面传热系数 α 值的大致范围，以便有一个数量级的概念。

表 6-2 表面传热系数 α 的大致范围

对流换热方式	α	对流换热方式	α
空气自然对流	5～12	高压水蒸气强制对流	500～3500
空气强制对流	12～100	水沸腾	600～50000
水自然对流	200～1000	蒸汽膜状凝结	4500～18000
水强制对流	1000～15000	蒸汽珠状凝结	45000～140000

6.2.3 影响表面传热系数的主要因素

表面传热系数 α 的大小与换热过程中的许多因素有关，归纳起来大致有如下五点。

（1）流体流动的起因

前已述及，流体流动的原因有两种：一种是自然对流，如采暖散热器表面自下而上的自然对流；另一种是强制对流，如泵、风机、液面高差等作用下产生流动，进而引起的对流换热现象。一般来说，强制对流的流速较自然对流高，因而表面传热系数也高。如空气自然对流表面传热系数约为 5～12 $W/(m^2\cdot K)$，强制对流的表面传热系数可达 12～100 $W/(m^2\cdot K)$；再如受风力的影响，房屋墙壁外表面的表面传热系数比内表面高出一倍以上。

(2) 流体的流动状态

流体流动有层流和紊流之分。层流时流速较慢，流体各部分均沿着流道壁面做平行流动，各层流体之间互不混杂，热量传递主要依靠垂直于流动方向的导热，故表面传热系数的大小取决于流体的导数系数。紊流时流速较快，流体各部分的运动呈不规则的混乱状态，只在靠近流道壁面处存在一厚度很薄的边界层流。紊流时的热量传递，除靠近壁面处的层流边界层内是以导热方式进行传热外，紊流核心的热量转移则依靠流体各部分的剧烈位移。显然紊流运动的对流换热要比层流运动对流换热效果要好。

(3) 流体的物理性质

流体的物理性质如密度 ρ、动力黏度 μ、导热系数 λ 及比定压热容 c_p 等，对表面传热系数有很大的影响。流体的导热系数越大，流体与壁面之间的热阻就越小，换热就越强烈；流体的比定压热容和密度越大，单位质量携带的热量就越多，传递热量的能力就越强；流体的黏度越大，黏滞力就越大，这就阻碍了流体的流动，加大了层流边界层的厚度，不利于对流换热。总的来说，λ，c_p 和 ρ 值增大，α 增大；μ 值增大，α 减小。

(4) 流体有无相变

流体是否发生了相变，对对流换热的影响很大。流体不发生相变的对流换热，是由流体显热的变化来实现的。而对流换热有相变时，流体吸收或放出汽化潜热。对于同种流体，潜热换热要比显热换热剧烈得多。因此，有相变时的表面传热系数要比无相变时的大。另外，沸腾时液体中气泡的产生和运动增加了液体内部的扰动，从而强化了对流换热。

(5) 换热表面的几何因素

几何因素是指换热表面的形状、大小、状况（光滑或粗糙程度）及相对位置等。几何因素影响了流体的流态、流速分布和温度分布，从而影响了对流换热的效果。如图 6-7a 所示，流体在管内强制流动与管外强制流动时，由于换热表面不同，流体流动产生的边界层也不同，其换热规律和表面传热系数也不相同。在自然对流中，流体的流动与换热表面之间的相对位置对对流换热的影响较大。图 6-7b 所示的平板表面加热空气自然对流时，热面朝上气流扰动比较激烈，换热强度大；热面朝下时流动比较平静，换热强度较小。

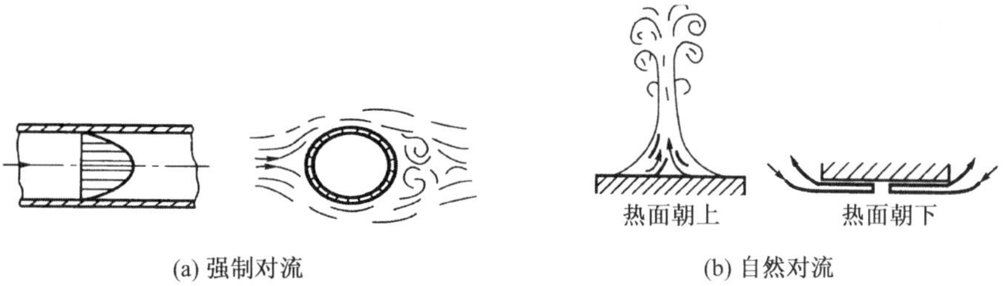

图 6-7 换热表面几何因素对对流的影响

6.2.4 表面传热系数的一般关联式

由于影响因素较多，要建立一个计算表面传热系数的通式很困难。目前常用的方法是将各影响因素经过分析组成若干无因次准数，然后再由实验方法确定这些准数之间的关系，从而得到不同情况下的表面传热系数。

对于流体无相变时的对流换热，可以将影响表面传热系数的众多因素表示为如下的函数形式

$$\alpha=f(\omega,\Delta t,\lambda,c_p,\rho,\mu,\alpha_V,l,\cdots) \tag{6-28}$$

经过分析，可得到流体无相变时对流换热的准则关系式为

$$Nu=f(Re,Pr,Gr) \tag{6-29}$$

式（6-29）中各准则的名称、符号和含义如表 6-3 所示。

表 6-3　准则的符号和含义

符号	名称	公式	含义
Nu	努谢尔特准则	$Nu=\frac{\alpha l}{\lambda}$	表示对流换热的强弱，是待定准则，包含待定的表面传热系数
Re	雷诺准则	$Re=\frac{\omega l}{\nu}$	表示流体的流动类型，反映流体流动状态对换热的影响
Pr	普朗特准则	$Pr=\frac{\nu}{a}$	包含了流体的物性，反映了流体物性对对流换热的影响
Gr	格拉晓夫准则	$Gr=\frac{\alpha_V g l^3 \Delta t}{\nu^2}$	表示浮升力与黏滞力的相对大小，反映了自然对流对对流换热的影响

上述各准则中：

l——换热面的特征尺寸，m；

ω——流体的流速，m/s；

ν——流体的运动黏度，m^2/s；

a——热扩散率，其值为 $a=\frac{\lambda}{\rho c_p}$，$m^2/s$；

α_V——流体的体积膨胀系数，K^{-1}；

g——重力加速度，m^2/s；

Δt——流体与壁面之间的温度差，℃。

应用于具体的换热过程时，式（6-29）可以简化。若只存在自然对流，浮升力的影响较大，雷诺准则 Re 的影响则可忽略；而在强制对流时，浮升力的影响准则 Gr 则可以忽略。

对于强制对流的换热过程，Nu，Re，Pr 三个准则之间的关系，大多数为指数函数的形式，即

$$Nu=CRe^m Pr^n \tag{6-30}$$

式（6-30）称为准则关联式，式中的 C，m，n 均为常数，都是针对各种不同情况的具体条件进行实验测定的。当这些常数被实验确定后，则可由该式来计算表面传热系数 α。

应当注意，在使用准则关系式来计算对流换热系数 α 时，要用到流体的物性参数，如 ρ，ν 等，这些参数的大小一般都与温度有关。所以大多数基于实验分析的经验公式都给出了一个决定公式中其他物理参数的温度，这个温度叫定性温度。可以用流体温度，也可以用壁温，或流体与壁面的算术平均温度，具体要按准则关联式指定的定性温度来确定流体的物性。另外，参与对流换热的换热面几何尺寸往往有几个，准则公式中所用的尺寸参数，一般是实验中发现其中对换热有显著影响的几何尺寸，称为特征尺寸。如流体在圆形管内对流换热时，特征尺寸一般为管内径，而在非圆形管内对流换热时，则常用当量直径作为特征尺寸。在使用准则数公式时，要按准则公式的要求来确定。

6.2.5 流体无相变时的对流换热计算

6.2.5.1 管内流体强制对流换热计算

（1）管内流体强制对流换热量计算公式的选用

常用的管内流体强制对流时的准则关联式如表 6-4 所示，可在计算时选用。

表 6-4 管内无相变时强制对流的准则关联式

流型	准则关联式	适用范围	定型温度	特征尺寸
湍流	$Nu=0.023Re^{0.8}Pr^{n}$ (6-31) 流体被加热时，$n=0.4$ 流体被冷却时，$n=0.3$	(1) 流体与壁面的温差较小，一般气体与面壁温差不超过 50 ℃；水与壁面温差不超过 30 ℃；油类温度不超过 10 ℃ (2) $10^4<Re<1.2\times10^5$ (3) $0.7<Pr<120$ (4) $\dfrac{换热管长\ L}{管内径\ d_i}\geqslant60$	流体进出口温度的算术平均值	换热管的内径 d_i
湍流	$Nu=0.027Re^{0.8}Pr^{1/3}\left(\dfrac{\mu}{\mu_w}\right)^{0.14}$ (6-32)	(1) 流体与壁面温差较大 (2) $Re>10^4$ (3) $0.7<Pr<16700$ (4) $\dfrac{L}{d_i}\geqslant60$	μ_w 为壁面温度下的动力黏度，其余物理量用流体进出口温度的算术平均值	换热管的内径 d_i
层流	$Nu=1.86\left(\dfrac{RePr}{L/d_i}\right)^{1/3}\left(\dfrac{\mu}{\mu_w}\right)^{0.14}$ (6-33) 不考虑自然对流的影响	(1) $Re<2300$ (2) $0.48<Pr<16700$ (3) $0.0044<\dfrac{\mu}{\mu_w}<9.75$ (4) $\left(\dfrac{RePr}{L/d_i}\right)^{1/3}\left(\dfrac{\mu}{\mu_w}\right)^{0.14}\geqslant2$	μ_w 为壁面温度下的动力黏度，其余物理量用流体进出口温度的算术平均值	换热管的内径 d_i

（2）表面传热系数的修正

如果实际情况与表 6-4 的实验情况有所不同，那么需要引入修正。

① 入口段效应的修正

入口段管内流动的表面传热系数是不稳态的。在入口处，边界层较薄，温度梯度较大，α 较大；随着入口距离的增加，边界层加厚，温度梯度减小，α 逐渐降低，最后趋于某一定值。鉴于入口段局部表面传热系数 α 的变化情况，计算管内平均表面传热系 α

时应注意管的长度，在紊流状态下管长 L 与管内径 d_i 之比如果大于 60，可忽略入口段效应对平均换热系数的影响。而当 $L/d_i<60$ 时，就需要对由式（6-31）和式（6-32）求得的 Nu 进行修正，将由上述公式计算出的 Nu 乘以短管修正系数 ε_L。

$$\varepsilon_L=1+\left(\frac{d_i}{L}\right)^{0.7} \tag{6-34}$$

② 弯管修正

当流体在弯管内流动时，因受离心力的作用，增大了流体的扰动，在同样条件下表面传热系数比起在直管内流动时有所提高。弯管内流体的表面传热系数 α，可先按直管计算，再乘以弯管修正系数 ε_R 即可获得。

对于气体：
$$\varepsilon_R=1+1.77\frac{d}{R} \tag{6-35}$$

对于液体：
$$\varepsilon_R=1+10.3\left(\frac{d}{R}\right)^3 \tag{6-36}$$

式中：d——管子内径，m；

R——弯管的弯曲半径，m。

【例 6-5】 水流进长度为 $L=5$ m 的直管，从 $t_1'=25$ ℃被加热到 $t_1''=35$ ℃。管内径 $d=20$ mm，水在管内的流速为 2 m/s。求平均表面传热系数 α。

【解】 （1）由已知条件可得

$$\frac{L}{d}=\frac{5}{20\times10^{-3}}=250>60$$

（2）水的平均温度为

$$t_f=\frac{t_1'+t_1''}{2}=\frac{25+35}{2}=30\ ℃$$

（3）以 $t_1=30$ ℃为定性温度，由附表 6 饱和水的热物理性质表，查得：

$\lambda=61.8\times10^{-2}$ W/(m·K)，　$\rho=995.7$ kg/m³

$\mu=801.5\times10^{-6}$ Pa·s，　$Pr=5.42$，　$c_p=4.174$ kJ/(kg·K)

（4）雷诺数

$$Re=\frac{\rho v d}{\mu}=\frac{995.7\times2\times20\times10^{-3}}{801.5\times10^{-6}}=4.97\times10^4>10^4$$

所以管内水的流态属于旺盛紊流。

（5）已知水的雷诺数、流态、$t_w>t_1$，$\frac{L}{d}>60$，但不知道 $\Delta t=t_w-t_1$ 是大于 30 ℃还是小于 30 ℃。先假设 $\Delta t=t_w-t_1<30$ ℃，那么相应的 Nu 计算式为（6-31），则

$$Nu=0.023Re^{0.8}Pr^{0.4}=0.023\times(4.97\times10^4)^{0.8}\times5.42^{0.4}=258.5$$

（6）初步计算表面传热系数

$$\alpha=\frac{\lambda}{d}Nu=\frac{61.8\times10^{-2}}{20\times10^{-3}}\times258.5=7988\ \text{W/(m}^2\cdot\text{K)}$$

（7）验证所选择的 Nu 计算式是否合适。方法是由算出的 α 推算出 Δt，若 $\Delta t<30$ ℃，则所选用的 Nu 计算式合适；否则，应改用其他相应的计算式重新计算。

水吸收的热量为

$$Q=\rho \omega A c_p(t_1'-t_1'')=\rho \omega \frac{\pi d^2}{4}c_p(t_1'-t_1'')$$

$$=995.7\times 2\times \frac{3.14\times(20\times 10^{-3})^2}{4}\times 4.174\times 10^3\times(35-25)$$

$$=2.61\times 10^4\ \mathrm{W}$$

于是，水平均温度与管壁温度的差值

$$\Delta t=t_w-t_1=\frac{Q}{\alpha A}=\frac{2.61\times 10^4}{7988\times 3.14\times 20\times 10^{-3}\times 5}=10.41\ ℃<30\ ℃$$

根据 Δt 的计算结果可看出所选择的 Nu 计算式在适用范围内。

6.2.5.2 管外流体强制对流换热计算

流体横向流过管束的对流换热，在各类管式换热器和锅炉等换热设备中最常见。换热设备中的管束排列方式很多，其中以图 6-8 的顺排与叉排最为普遍。影响流体与管束壁面间换热系数的主要因素是流速和管束本身所引起的紊流度，因此，管束的几何条件，即管径、管距、排数和排列方式等与换热系数有密切的关系。一般来说，叉排流体的扰动性好，只要管间距设计合理，换热比顺排要大。

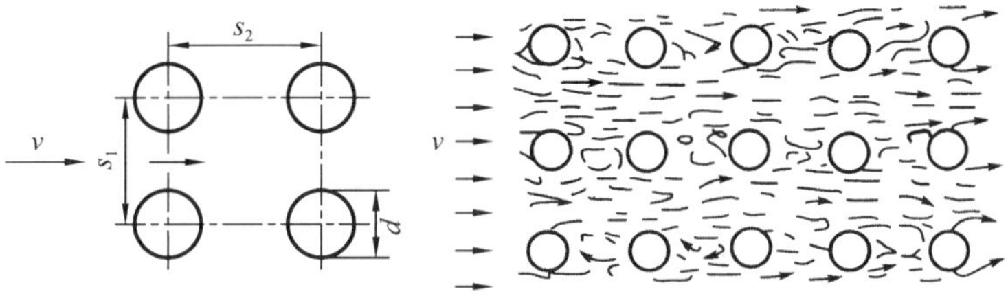

(a) 顺排

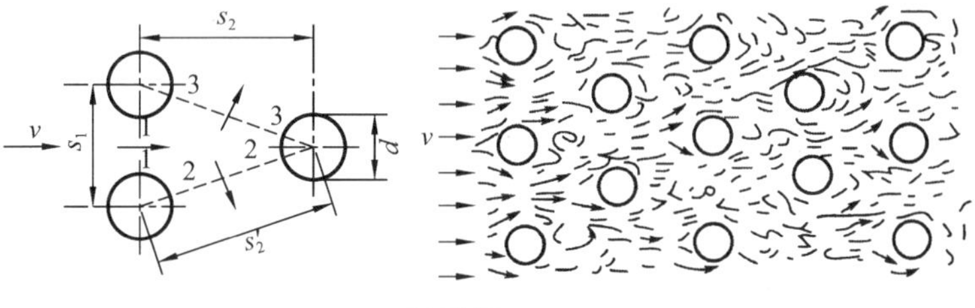

(b) 叉排

图 6-8 顺排和叉排管束

管束换热的准则关联式为

$$Nu=CRe^n Pr^m\left(\frac{Pr}{Pr_w}\right)^{0.25}\left(\frac{s_1}{s_2}\right)^p \varepsilon_z \tag{6-37}$$

式中：s_1/s_2——相对管间距；

ε_z——排数影响的校正系数（见表 6-5）。

式（6-37）的具体形式列于表 6-6 中，各式定性温度用流体在管束中的平均温度，定型尺寸为管外径；Re 中的速度用流通截面最窄处的流速（即管束中的最大流速）。因前排引起的扰动加强了后排的换热，故各排的换热将逐排增大，直到 20 排左右。表 6-6 中所列的关联式是排数大于 20 时的平均表面传热系数。若排数低于 20，应采用表 6-5

的排数修正系数修正，它适用于 $Re>10^3$ 的情况。

对于供热通风工程，空气加热器和冷却器等都大量采用带肋片的管束，品种规格多，流动及换热与管束结构参数密切有关，情况复杂，一般根据实际结构进行实验研究，将数据制作成线图，供工程设计查用。

表 6-5　排数修正系数 ε_z

排数	1	2	3	4	5	6	8	12	16	20
顺排	0.69	0.80	0.86	0.90	0.93.	0.95	0.96	0.98	0.99	1.0
叉排	0.62	0.76	0.84	0.88	0.92	0.95	0.96	0.98	0.99	1.0

表 6-6　流体强制横向流过管束的换热计算式

排列方式	适用范围 $0.7<Pr<500$		准则关联式	对空气或烟气的简化式
顺排	$Re=10^3\sim2\times10^5$，$\frac{s_1}{s_2}<0.7$		$Nu=0.27Re^{0.63}Pr^{0.36}\left(\frac{Pr}{Pr_w}\right)^{0.25}$	$Nu=0.024Re_f^{0.65}$
	$Re=2\times10^5\sim2\times10^6$		$Nu=0.021Re^{0.84}Pr^{0.36}\left(\frac{Pr}{Pr_w}\right)^{0.25}$	$Nu=0.018Re^{0.84}$
叉排	$Re=10^3\sim2\times10^5$	$\frac{s_1}{s_2}\leqslant2$	$Nu=0.35Re^{0.6}Pr^{0.36}\left(\frac{Pr}{Pr_w}\right)^{0.25}\left(\frac{s_1}{s_2}\right)^{0.2}$	$Nu=0.31Re^{0.6}\left(\frac{s_1}{s_2}\right)^{0.2}$
		$\frac{s_1}{s_2}>2$	$Nu=0.40Re^{0.6}Pr^{0.36}\left(\frac{Pr}{Pr_w}\right)^{0.25}$	$Nu=0.35Re^{0.6}$
	$Re=2\times10^5\sim2\times10^6$		$Nu=0.022Re^{0.6}Pr^{0.36}\left(\frac{Pr}{Pr_w}\right)^{0.25}$	$Nu=0.019Re^{0.84}$

【例 6-6】 某空气加热器由 8 排（每排 16 根）管束组成，每根长 1.2 m，外直径 20 mm。管子排列方式为叉排，管间距 $s_1=60$ mm，$s_2=40$ mm，空气平均温度为 20 ℃，流经管束最窄处的速度为 1.6 m/s。试求流经换热器的空气所获得的热量。

【解】 由附表 7 查得空气平均温度为 20 ℃时的物性参数为

$$\lambda=0.0257\ \text{W/(m·K)},\quad \nu=15.06\times10^{-6}\ \text{m}^2/\text{s}$$

管间距之比 $s_1/s_2=60/40=1.5<2$，

$$Re=\frac{\omega d}{\nu}=\frac{1.6\times0.02}{15.06\times10^{-6}}=2124.8$$

根据 $s_1/s_2<2$，$Re=10^3\sim2\times10^5$，选用表 6-6 中的公式，再乘以排数修正系数 ε_z，得

$$Nu=0.31Re^{0.6}(s_1/s_2)^{0.2}\varepsilon_z=0.31\times2124.8^{0.6}\times(1.5)^{0.2}\times0.96=32.0$$

$$\alpha=\frac{Nu\lambda}{d}=\frac{32.0\times0.0257}{0.02}=41.12\ \text{W/(m}^2\text{·K)}$$

流经换热器的空气所获得的热流量为

$$Q=\alpha\Delta tA=\alpha\Delta tn\pi dl=41.12\times(100-20)\times8\times16\times3.14\times0.02\times1.2=31.73\ \text{kW}$$

6.2.5.3 自然对流换热的计算

流体自然对流换热是指流体与固体壁面相接触，由于两者温度不同，靠近壁面的流体受壁面温度的影响，造成流体温度和密度的改变，流体主体与固体壁面附近的流体间因存在密度的差异而形成浮力，结果导致固体壁面附近的流体上升（或下降）和流体主体的流体下降（或上升）的自然对流。因此，流体与壁面之间的温度差是流体产生自然对流的根本原因。

自然对流又分为大空间自然对流和有限空间自然对流。如房间内散热器与空气之间的自然对流换热，因空间大，自然对流不受干扰，称为大空间的自然对流换热；将流体封闭在狭小空间内进行自然对流换热，冷、热流体相互干扰，称为有限空间的自然对流换热，如双层玻璃窗之间的空气层等。

（1）大空间自然对流换热的计算

大空间自然对流换热的表面传热系数 α 仅与 Pr，Gr 有关，其准则关联式为

$$Nu=C(Gr\cdot Pr)^{n} \tag{6-38}$$

式中：C，n——由实验确定的常数，其值的选择可按换热表面的形状及（$Gr\cdot Pr$）的数值范围由表 6-7 查取。

进行计算时，把壁温 t_w 看作定值，定性温度为壁面温度和流体温度的平均值

$$t_m=\frac{t_w+t_1}{2}$$

表 6-7 大空间自然对流换热准则关联式中的 C，n 值

壁面形状与位置	流动情况	特征长度	流态	C	n	适用范围 $Gr\cdot Pr$
垂直平壁或圆柱	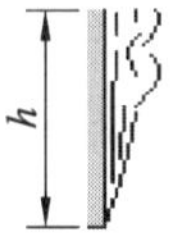	壁面高度 H	层流	0.59	1/4	$10^4\sim10^9$
			紊流	0.10	1/3	$10^9\sim10^{13}$
水平圆柱	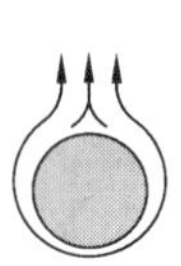	圆柱外径 D	层流	1.02	0.148	$10^{-2}\sim10^2$
				0.85	0.188	$10^2\sim10^4$
				0.48	1/4	$10^4\sim10^7$
			紊流	0.125	1/3	$10^7\sim10^{12}$
水平热壁上面或水平冷壁下面	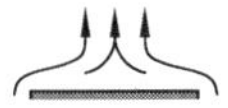 或 	矩形取两个边长的平均值；非规则形平壁面积与周长之比 A/U；圆盘取 0.9d	层流	0.54	1/4	$2\times10^4\sim8\times10^6$
			紊流	0.15	1/3	$8\times10^6\sim10^{11}$
平热壁下面或水平冷壁上面	 或 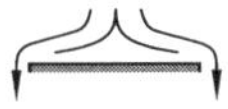		层流	0.58	1/5	$10^5\sim10^{11}$

【例 6-7】 一室外水平蒸汽管外包保温材料，其表面温度为 40 ℃，外径 $D=100$ mm，室外温度是 0 ℃。试求蒸汽管外表面的换热系数和每米管长的散热量。

【解】 求定性温度

$$t_m=\frac{t_w+t_1}{2}=\frac{40+0}{2}=20\ ℃$$

按定性温度查附表 7，得空气的有关物理参数：

$$\lambda=2.57\times10^{-2}\ W/(m\cdot K),\quad Pr=0.703,\quad \nu=15.05\times10^{-6}\ m^2/s$$

$$\alpha_V=\frac{1}{273+20}$$

$$Gr=\frac{\alpha_V g\Delta t l^3}{\nu^2}=\frac{1}{273+20}\times\frac{9.81\times(40-0)\times0.1^3}{(15.06\times10^{-6})^2}=5.905\times10^6$$

$$(Gr\cdot Pr)_m=5.905\times10^6\times0.703=4.151\times10^6$$

由表 6-7 查得 $C=0.48$，$n=\frac{1}{4}$，代入方程（6-38）得

$$Nu=C(Gr\cdot Pr)_m^n=0.48\times(4.151\times10^6)^{0.25}=21.67$$

由 $Nu=\frac{\alpha l}{\lambda}$ 可得，换热系数 α 为

$$\alpha=\frac{Nu\lambda}{l}=\frac{21.67\times2.57\times10^{-2}}{0.1}=5.57\ W/(m^2\cdot K)$$

每米管长的散热量 q_L 为

$$q_L=\alpha\Delta t\pi D\times1=5.57\times(40-0)\pi\times0.1\times1=69.96\ W/m$$

（2）有限空间自然对流换热计算

有限空间的自然对流换热是指在封闭的夹层内由高温壁向低温壁的传热过程。封闭夹层的几何位置可分为竖直、水平和倾斜三种情况，如图 6-9 所示。

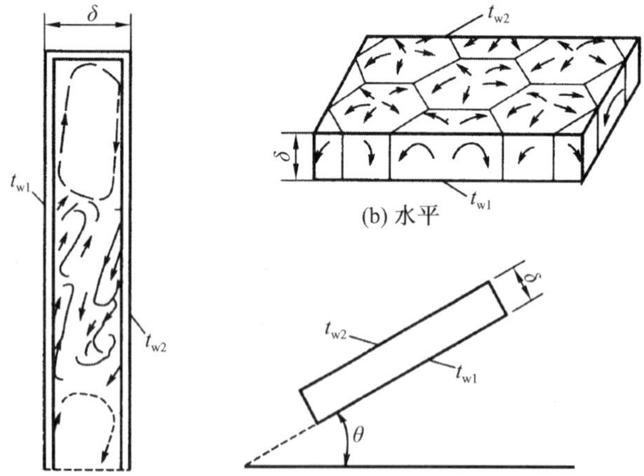

图 6-9 有限空间自然对流换热

若高温壁的温度为 t_{w1}，低温壁的温度为 t_{w2}，则靠近高温壁的流体温度较高，密度较小的将向上流动；靠近低温壁的流体温度较低，密度较大向下流动。由于两壁面相距

很近，冷热两流体在向上和向下的流动过程中互相干扰，可见此种换热过程十分复杂。为了简化其换热过程，工程应用中常引入当量导热率 λ_e 的概念，即将这种换热过程按平壁导热方式进行处理。此时，换热量可以按下式进行计算

$$Q=\frac{\lambda_e}{\delta}A(t_{w1}-t_{w2}) \tag{6-39}$$

式中：Q——热流量，W；

t_{w1}，t_{w2}——热面和冷面的平均温度，℃；

λ_e——当量导热率，W/(m·K)；

δ——夹层厚度，m；

A——换热面积，m^2。

封闭夹层有限空间自然对流换热的当量导热系数 λ_e 与流体的导热系数 λ 的比值可用下面的准则关联式表示

$$\frac{\lambda_e}{\lambda}=C(Gr\cdot Pr)^m\left(\frac{\delta}{h}\right)^n \tag{6-40}$$

式（6-40）的定性温度为 $t_m=\frac{t_{w1}+t_{w2}}{2}$；特征尺寸为夹层的厚度 δ；h 为竖直夹层的高度；C，m，n 为常数。表 6-8 给出了流体为气体时常见的几种当量导热系数准则关联式。

表 6-8 有限空间气体自然对流换热当量导热系数准则关联式

夹层位置	λ_e/λ 关联式	适用范围
竖直夹层	$\lambda_e/\lambda=0.197\ (Gr\cdot Pr)^{\frac{1}{4}}\left(\frac{\delta}{h}\right)^{\frac{1}{9}}$	$6000<Gr\cdot Pr<2\times10^5$
	$\lambda_e/\lambda=0.073\ (Gr\cdot Pr)^{\frac{1}{3}}\left(\frac{\delta}{h}\right)^{\frac{1}{9}}$	$2\times10^5<Gr\cdot Pr<1.1\times10^7$ $1700<Gr\cdot Pr<7000$
水平夹层（热面在下）	$\lambda_e/\lambda=0.059\ (Gr\cdot Pr)^{0.4}$	$1700<Gr\cdot Pr<7000$
	$\lambda_e/\lambda=0.212\ (Gr\cdot Pr)^{\frac{1}{4}}$	$7000<Gr\cdot Pr<3.2\times10^5$
	$\lambda_e/\lambda=0.061\ (Gr\cdot Pr)^{\frac{1}{3}}$	$Gr\cdot Pr>3.2\times10^5$
斜夹层（热面在下与水平夹角为 θ）	$\lambda_e/\lambda=1+1.446\left(1-\frac{1708}{Gr\cdot Pr\cos\theta}\right)$	$1708<Gr\cdot Pr\cdot\cos\theta<5900$
	$\lambda_e/\lambda=0.229\ (Gr\cdot Pr\cos\theta)^{0.252}$	$5900<Gr\cdot Pr\cdot\cos\theta<9.23\times10^4$
	$\lambda_e/\lambda=0.157\ (Gr\cdot Pr\cos\theta)^{0.285}$	$9.23\times10^4<Gr\cdot Pr\cdot\cos\theta<10^6$

对于竖直夹层，当 $\delta/h>0.33$ 时，可按大空间自然对流换热计算。当竖直夹层的 $Gr<2000$ 或水平夹层热面在上时，按导热过程处理，即 $\lambda_e=\lambda$。

【例 6-8】 冷、热两个竖直壁面之间夹层的厚度为 25 mm，高度为 500 mm，热壁

面的温度为 15 ℃，冷壁面的温度为−15 ℃。试求夹层之间空气单位面积的传热量。

【解】 （1）定性温度为

$$t_m=\frac{t_{w1}+t_{w2}}{2}=\frac{15+(-15)}{2}=0\ ℃$$

查得 0 ℃时空气的物性参数为

$$\rho=1.293\ \mathrm{kg/m^3},\quad \mu=17.2\times10^{-6}\ \mathrm{Pa\cdot s}$$
$$\lambda=2.44\times10^{-2}\ \mathrm{W/(m\cdot K)},\quad Pr=0.707$$

（2）空气的体积膨胀系数为

$$\alpha_V=\frac{1}{T_m}=\frac{1}{273}\ \mathrm{K^{-1}}$$

（3）
$$Gr\cdot Pr=\frac{g\alpha_V\Delta t\delta^3\rho^2}{\mu^2}Pr$$
$$=\frac{9.81\times\frac{1}{273}\times[15-(-15)]\times0.025^3\times1.293^2}{(17.2\times10^{-6})^2}\times0.707$$
$$=6.730\times10^4$$

根据 $Gr\cdot Pr$ 值，由表 6-8 查得

$$\lambda_e=0.197(Gr\cdot Pr)^{\frac{1}{4}}\left(\frac{\delta}{h}\right)^{\frac{1}{9}}\lambda$$
$$=0.197\times(6.730\times10^4)^{\frac{1}{4}}\left(\frac{0.025}{0.5}\right)^{\frac{1}{9}}\times2.44\times10^{-2}$$
$$=0.0555\ \mathrm{W/(m\cdot K)}$$

（4）单位面积的传热量为

$$q=\frac{\lambda_e}{\delta}(t_{w1}-t_{w2})=\frac{0.0555}{0.025}\times[15-(-15)]=66.6\ \mathrm{W/m^2}$$

6.2.6 沸腾换热与凝结换热

对流换热——沸腾与凝结换热

在热工设备中，经常会遇到蒸气遇冷凝结和液体受热沸腾的对流换热过程，如发电厂中的凝汽器，制冷装置中的冷凝器和蒸发器，热管式换热器等。有相变时的对流换热属于高强度换热，比无相变时的对流换热过程更为复杂。下面将对这两种有相变的对流换热分别进行介绍。

6.2.6.1 沸腾换热

当液体与高于其饱和温度的壁面接触时，液体被加热汽化产生大量气泡的现象称为沸腾。沸腾分为大空间沸腾（或称为池内沸腾（pool boiling））和强制对流沸腾（也称为管内沸腾（in-tube boiling）），又可分为过冷沸腾和饱和沸腾。当液体主体温度低于相应压力下的饱和温度，而加热面温度又高于饱和温度时，将产生过冷沸腾。此时，在加热面上产生的气泡将在液体主体重新凝结，热量的传递是通过这种汽化—凝结的过程实现的。当液体主体的温度达到其相应压力下的饱和温度时，离开加热面的气泡不再重新凝结，这种沸腾称为饱和沸腾。

（1）大容器饱和沸腾换热

液体在大容器内沸腾换热时，壁面温度 t_w 和饱和温度 t_s 之差称为沸腾温差 Δt，也称为过热度。沸腾温差对换热的影响很大。不同的沸腾温差会出现不同的沸腾类型。

图 6-10 是水在一个标准大气压下的饱和沸腾曲线，横坐标为沸腾温差 Δt，纵坐标为热流密度 q 或表面传热系数 α，随着 Δt 的不同出现了三种不同的沸腾类型。

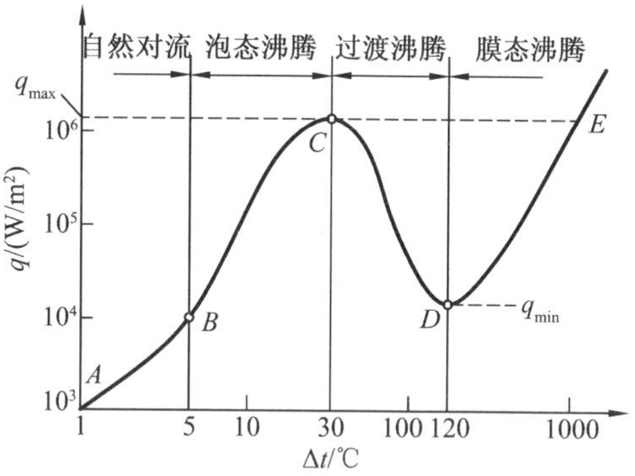

图 6-10　水在常压下的饱和沸腾曲线

① 对流沸腾

图 6-10 中的 AB 段，Δt 较小（≤4 ℃），加热面上产生的气泡不多，换热以近似单相流体自然流动的规律进行，称之为对流沸腾，α 随 Δt 变化曲线较平缓。

② 泡态沸腾

图 6-10 中的 BC 段，当 Δt 逐渐升高时（$\Delta t=5\sim25$ ℃），有大量气泡在壁面上不断生成、长大、跃离。由于气泡的迅速生长和激烈运动，强烈扰动周围液体，使 q 和 α 都显著增大，且 α 达到峰值。BC 段的沸腾换热主要取决于气泡的生成和运动，故称为泡态沸腾或核态沸腾。

③ 膜态沸腾

图 6-10 中的 C 点以后，继续提高 Δt，由于生成的气泡数太多，以致它们相互汇合，在加热面上形成一层不稳态的气膜，几乎把液体与加热面隔开。由于蒸气的导热性能差，气膜的附加热阻使得 q 和 α 都急剧下降，如图中的 CD 段所示。

由于在这个区域内，所形成的气膜不是稳态的，随时可能破裂成为大气泡离开壁面，所以该区域称为不稳态膜态沸腾区。当 Δt 增大到 D 点状态，相当于壁面全部被一层稳态的气膜所覆盖，这时汽化只能在膜的气液交界上进行，以后 α 随 Δt 的增加基本不变，而 q 又开始随 Δt 的增长而上升，这是由于加热壁面温度的升高，辐射传热的影响导致的，如图中的 DE 段所示。此段称为稳态膜态沸腾区。

需要指出的是，工程实际中一般总是设法控制在泡态沸腾区内操作，不允许在膜态沸腾区内操作。这是由于泡态沸腾区有较大的表面传热系数，而在膜态沸腾区内，虽然热流密度 q 也可能很大，但由于液体的液面压力一定，饱和温度一定，Δt 的增大，实际上只是加热壁面温度的不断上升。当壁面温度超过金属材料所能承受的温度时，金属壁会烧坏。因此，工程实际沸腾温差 Δt 要严格控制在临界点以下。

（2）管内沸腾换热

在管内沸腾时，液体一方面在加热面上沸腾，一方面又以一定的速度流过加热面，由于受到空间的限制，沸腾产生的气体和液体混合在一起，构成气液两相的混合物。因此，管内沸腾换热涉及管内的两相流动的问题。管内沸腾换热在工程应用中较为广泛，如水管锅炉和管式蒸发器等。管内沸腾又可分为竖直管和水平管两种。

① 竖直管内沸腾换热

图 6-11 是竖直管内液体的沸腾情况。若进入管内液体的温度低于饱和温度，这时

流体与管壁之间的换热是液体的对流换热。随后液体在壁面附近被加热到饱和温度 t_s，但此时管内中心温度仍低于 t_s，仅管壁有气泡产生，属于过冷沸腾。随后液体在整个截面上达到饱和温度，进入饱和泡态沸腾。这时流动状态先是泡状流，逐渐变成块状流，属于泡态沸腾。随着液体被加热和气泡的继续增多，在管中心形成气体芯，液体被压成环状，紧贴管壁呈薄膜流动，出现环状流。此时的汽化过程主要发生在液气交界面上，热量主要以对流方式通过液膜，属于液膜的对流沸腾。继而液体薄膜受热进一步汽化，中间气相的流速继续增加。由于气液界面的摩擦，气流能将液面吹离壁面，并携带于蒸气流中，这样液膜变成了小液珠分散在气流中，似于雾状，故称为雾状流。此时管壁接触的是蒸气，因此表面传热系数骤然下降，管壁温度升高。若雾状的小液珠再进一步汽化，就发展成单一的气相了，从而进入单相蒸气流的对流换热过程。

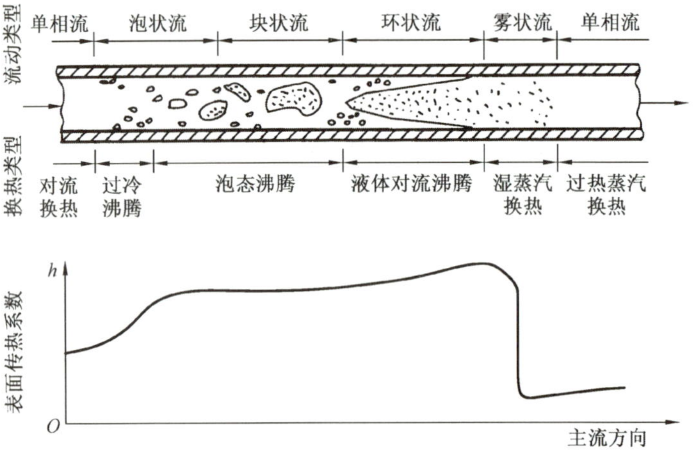

图 6-11　竖直管内的沸腾过程

② 水平管内沸腾换热

对于发生在水平管内的沸腾换热，如果流速较高时，管内的情形与竖直管基本相似。但在流速较低时，受重力的影响，气体和液体分别集中在管的上、下两半部分，如图 6-12 所示。进入环状流后，管道上半部容易过热而烧坏。

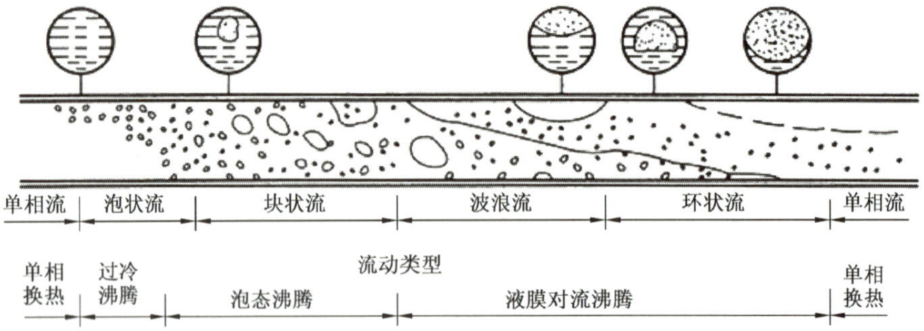

图 6-12　水平管内的沸腾过程

（3）影响沸腾换热的因素

沸腾表面传热系数除了与液体的物理性质参数有关外，还受到沸腾液体的润湿能力、导热性能及壁面材料、表面形状等因素的影响。

① 液体的性质

液体沸腾时，其内部的扰动程度，气液两相的导热能力，以及形成气泡的脱离与液体的导热系数、密度、黏度和表面张力有关，所以这些因素对沸腾换热有重要的影响。一般情况下，表面传热系数随着液体的导热系数和密度的增加而增大，随液体的黏度和表面张力的增大而减小。

② 不凝性气体

在制冷系统蒸发器管路内，不凝性气体如空气的存在会使蒸发器内的总压力升高，导致沸点升高，换热温差降低，严重影响蒸发器的吸热制冷。因此应严禁不凝性气体混入制冷系统内。

③ 液位高度

大容器沸腾中，当传热表面上的液位足够高时，沸腾表面传热系数与液位高度无关。但当液位降低到一定值时，沸腾表面传热系数会明显地随液位的降低而升高，这一特定的液位值称为临界液位。

④ 加热壁面的结构

加热壁面的材料不同、粗糙度不同，则形成气泡核心的条件不同，对沸腾换热将产生显著的影响。通常是新的或清洁的加热壁面表面传热系数的值较高，当加热壁面被油垢玷污后，表面传热系数急剧下降。壁面越粗糙，气泡核心越多，越有利于沸腾换热。

6.2.6.2 凝结换热

（1）凝结换热现象

蒸气和低于相应压力下饱和温度的冷壁面相接触时，就会放出汽化潜热，凝结成液体附着在壁面上，这种现象即为凝结换热。在制冷系统中冷凝器内制冷剂蒸气与管壁之间的换热、在发电厂中凝汽器内水蒸气与管壁之间的换热等都是凝结换热。

根据凝结液润湿壁面的性能不同，蒸气凝结分为膜状凝结（film condensation）和珠状凝结（dropwise condensation）两种。

如果凝结液能够很好地润湿壁面，就会在壁面上形成连续的液体膜，这种凝结形式称为膜状凝结，如图 6-13a、b 所示。随着凝结过程的进行，液体层在壁面上逐渐增厚，达到一定厚度以后，凝结液将沿着壁面流下或坠落，但在壁面上覆盖的液膜始终存在。在膜状凝结中，纯蒸气凝结时气相内不存在温度差，所以没有热阻。而蒸气凝结所放出的热量，必须以导热的方式通过液膜才能到达壁面，又由于液体的导热系数不大，所以液膜几乎集中了凝结换热的全部热阻。因此，液膜越厚，其热阻越大，表面传热系数也越小。膜状凝结的表面传热系数主要取决于凝结液的性质和液膜的厚度。

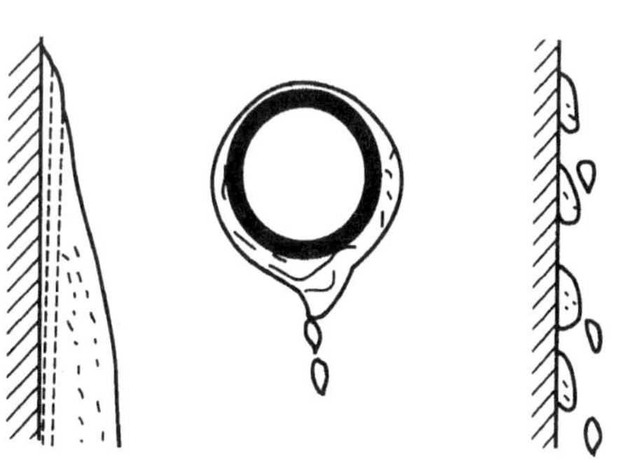

(a) 膜状凝结　(b) 膜状凝结　(c) 珠状凝结

图 6-13　蒸气的凝结方式

如果凝结液不能很好地润湿壁面，则因表面张力的作用将凝结液在壁面上集聚为许多小液珠，并随机地沿壁面落下，这种凝结称为珠状凝结，如图 6-13c 所示。随着凝结过程的进行，液珠逐渐增大，待液珠增大到一定程度后，则从壁面上落下，使得壁面重新露出，可供再次生成液珠。由于珠状凝结时蒸气不必通过液膜的附加热阻，而直接在传热面上凝结，故其表面传热系数远比膜状凝结时的大，有时大到几倍甚至几十倍。

工程实际采用的冷凝器中，大多数为膜状凝结，即使采取了产生珠状凝结的措施，也往往因为传热面上结垢或其他原因，难以持久地保持珠状凝结。所以，工业冷凝器的设计均以膜状凝结换热为计算依据。

（2）影响凝结换热的因素

① 蒸气的流速和流向

如果蒸气流动方向与液膜流动方向一致可加速液膜流动，使之变薄，表面传热系数增大。当流动方向相反时，会增加液膜厚度，表面传热系数减小。但如果蒸气流速较高时，将会把液膜吹离表面。不论流向如何，表面传热系数都将增大。

② 蒸气中含有不凝性气体

当蒸气中含有不凝性气体（如空气、氮气）时，即使含量极微，也会对凝结换热产生十分有害的影响。例如水蒸气中含有1%的空气能使凝结表面传热系数降低60%。因为不凝结气体层的存在，使蒸气在抵达液膜表面进行凝结之前，必须以扩散方式穿过不凝结气体层，使蒸气与壁面之间的热阻加大，削弱了热量的传递。因此，排除不凝结气体是保证制冷系统冷凝器正常运行的关键。

③ 表面情况的影响

若冷凝器凝结壁面粗糙、有锈层或有油膜时，液膜流动的阻力会增加，从而使液膜加厚，增大热阻，降低表面传热系数。因此，要注意保持冷凝器凝结壁面的光滑和清洁，注重冷凝器的排油操作。

④ 冷却面的排列方式

对于多排的横向管束，冷凝液体从上面流到下面，处于下面管排的液膜比上面管排的厚一些，凝结表面传热系数要小一些。因此将管子的排列旋转一定角度，会减薄下面管子液膜厚度，增强换热。

⑤ 凝结表面的形状

工程实际采用的冷凝器中，大多数为膜状凝结，强化换热的基本原则是尽量减小黏滞在壁面上液膜的厚度。减小液膜厚度有两种方法（见图 6-14）：a. 在凝结表面加工出尖锋，使凝结液膜拉薄。b. 在凝结表面加工出沟槽，使液膜分段排泄，以提高液膜的排泄速度。

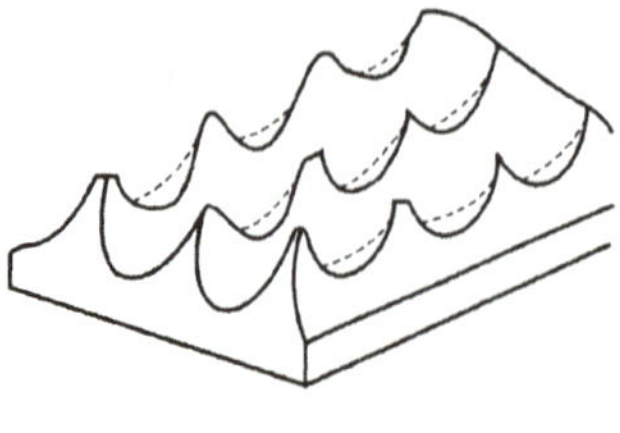

(a) 加工出尖峰

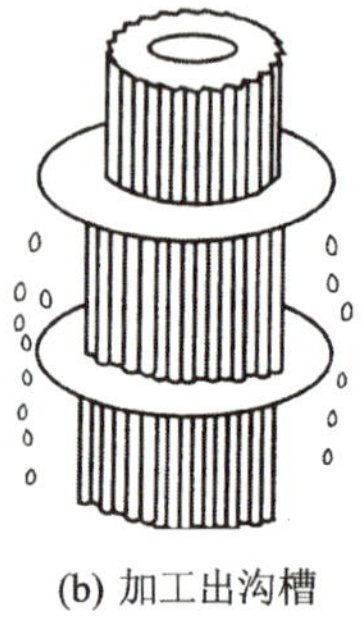

(b) 加工出沟槽

图 6-14　强化换热表面

6.2.6.3 热管

热管是 1964 年前后付诸实现的具有很高热传输性能的元件，它集沸腾与凝结于一身。一般热管是由管壳、管芯（起毛细管作用的多孔结构物）和工作液组成的一个封闭系统。

图 6-15 为热管原理示意图，其中：1 为热管的加热区（蒸发段）；2 为蒸气输送区（绝热段）；3 为散热区（凝结段）。

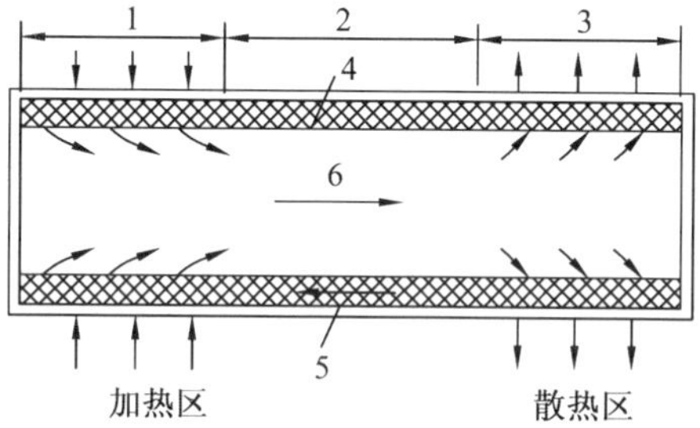

1—蒸发段；2—绝热段；3—凝结段；4—管芯；5—工作液；6—蒸气

图 6-15 热管工作原理

当加热蒸发段时，管内工质蒸发，蒸气从管中心通道流向凝结段散热区，放出其潜热；凝结后借助管芯的毛细力作用，液体重新返回蒸发段再蒸发，如是形成一个闭合的循环（使液体从凝结段返回蒸发段，还可采用重力，这样凝结段应处于蒸发段的上方）。用这种方法，把热从加热区传递到散热区。可见，热管的工作原理是沸腾与凝结两种相变过程的巧妙结合。因沸腾和凝结都在饱和温度下进行，且具有高表面传热系数，故热管有如下一些特点：① 靠蒸气流动传输热量，故传热能力很大，若把它作为导热元件看待，它的导热能力可达到同样形状和大小的铜、银制品的导热能力几倍到几千倍；② 由于沸腾和凝结是在同一根管内，两者间几乎没有压力差，故加热区和散热区的温度接近相等，整个热管趋于等温，减少了传热时的温差损失，例如直径 13 mm 的热管，长 0.6 m，在 100 ℃工作温度下输送 200 W 能量，只需 0.5 ℃的温差，若采用同样尺寸的实芯铜棒代替，则两端温差可达 70 ℃；③ 采用不同工作液，可使热管适应－200～2200 ℃的温度范围内工作；④ 在热量传递中，具有变换热流密度的性能，即加热区和散热区热管表面的热流密度可以不同；⑤ 结构简单，无运动部件，工作可靠，可根据使用对象做成直管、弯管、圆筒等。

热管所用的工质种类很多，如氨、甲醇、水、氟利昂、钠、钾等。对工质的要求是能润湿吸液芯，使用温度必须远低于工质的临界温度，工质不腐蚀管芯及管壳。常用的管芯材料有金属丝网、玻璃纤维、布、多孔金属层等；管壳则可选用铜、铝、钢及不锈钢等。

热管的特点决定了它可在很多场合下作为传递热能的元件，利用热管温差小的特点造成恒温环境，把不稳态热流变为常热流等。目前，热管已推广应用于工业设备的散热器或加热器，余热利用换热器，小型元器件的冷却等方面。

6.3 辐射换热

辐射换热的概念与分析

6.3.1 热辐射的基本概念

6.3.1.1 热辐射的概念

物质以电磁波的形式传递能量的过程称为辐射，被传递的能量称为辐射能。物体可由不同的原因产生辐射能，如由于自身温度或热运动的原因而激发产生的电磁波传播，就称为热辐射（thermal radiation）。辐射换热在辐射采暖、太阳能利用及日常生活中的加热、供暖等方面具有非常广泛的应用。

不同波长的电磁波投射到物体上，产生的效应大不相同。根据不同的效应，可将电磁波分成各种射线区，各种电磁波的波长范围如图 6-16 所示。热辐射产生的电磁波称为热射线，包括太阳辐射在内，热射线的波长主要位于 0.1～100 μm 之间。热射线包括部分紫外线（$\lambda<0.38$ μm）、全部可见光（$\lambda=0.38\sim0.76$ μm）和大部分红外线（$\lambda>0.76$ μm）。而在工程实际中所遇到的温度范围内，大部分的热射线波长位于红外线区段的 0.76～20 μm 范围内。对于太阳辐射，才考虑波长位于 0.1～0.2 μm 范围内的热辐射。因此，除了太阳能利用装置外，一般可将热辐射看成红外线辐射。

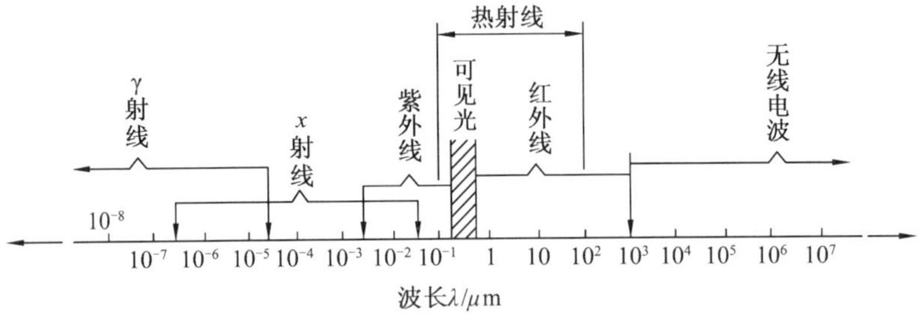

图 6-16 电磁波谱

6.3.1.2 热辐射的特点

由于热辐射的本质是电磁波，热辐射的原因是物体温度，因而热辐射具有如下特点。

（1）热辐射与导热和热对流不同，热辐射不需要冷、热物体直接接触，也不需要中间介质来传递热量，可以在真空中进行热量传播。

（2）热辐射过程中不仅有能量的转移，而且还伴随着能量形式的转换，即发射时由热能转变为辐射能，吸收时又由辐射能转换为热能。

（3）一切物体只要其温度 $T>0$ K，都可以不停地向外发射电磁波。当两物体间有温差时，高温物体辐射给低温物体的能量大于低温物体辐射给高温物体的能量，因此总的结果是高温物体将能量传给低温物体。即使两物体温度相同，辐射换热仍在不断进行，只是每一物体辐射出去的能量，等于吸收的能量，从而处于热平衡状态。

6.3.1.3 吸收、反射和透射

当外界的热射线投射到物体上时，遵循着可见光的规律，其中部分被物体吸收、部分被反射，其余则透过物体。如图 6-17 所示，假设投射到物体上的总辐射能为 Q，被吸收 Q_A、反射 Q_R、透射 Q_D，根据能量守恒定律可得

$$Q=Q_A+Q_R+Q_D \tag{6-41}$$

上式两端同除以 Q 得

$$A+R+D=1 \tag{6-42}$$

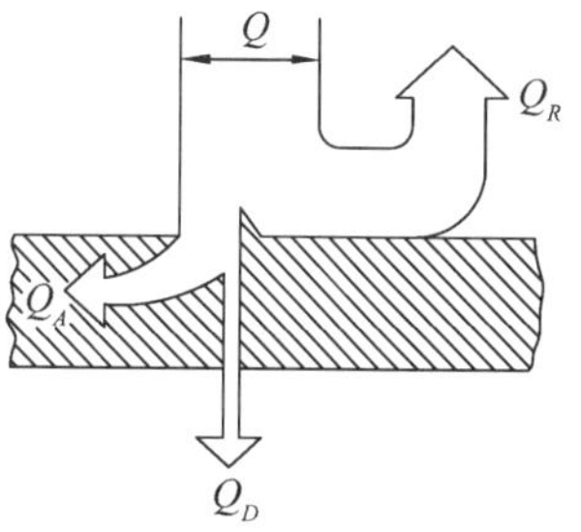

图 6-17 辐射能的吸收、反射和投射

式中：A——物体吸收辐射能的能力，称为吸收率（absorbtivity），$A=\frac{Q_A}{Q}$；

R——物体反射辐射能的能力，称为反射率（reflectivity），$R=\frac{Q_R}{Q}$；

D——物体透过辐射能的能力，称为透射率（transmissivity），$D=\frac{Q_D}{Q}$。

6.3.1.4 黑体、白体和透明体

如果物体能全部吸收外来射线，即 $A=1$，则这种物体被定义为黑体（black body）。

如果物体能全部反射外来射线，即 $R=1$，则称之为白体。

如果物体能被外来射线所全部透射，即 $D=1$，则称之为透明体。

自然界中并不存在绝对的黑体、白体与透明体，它们只是实际物体热辐射性能的理想模型。例如纯黑的煤接近于黑体，$A=0.97$；抛光的金属表面 $R=0.97$，可以近似为白体；绝对干燥的空气可近似为透明体。必须指出，这里的黑体、白体、透明体都是对全波长射线而言的，在一般温度条件下，由于可见光只占全波长射线中的小部分，所以物体对外来射线吸收能力的高低，不能凭物体的颜色来判断。例如，黑布和白布，它们虽然有着不同的颜色，但对红外线的吸收率却基本相同，只是在可见光的波长范围内，白布的吸收率比黑布小，在夏天穿白色衣服就是这个原因。

黑体是一个理想的吸收体，在辐射换热的分析中非常重要。通常我们可以将实际物体与黑体相比较，借助已知的黑体辐射和吸收的规律，以修正的方式解决实际物体的辐射和吸收问题。

6.3.1.5 灰体

工程中，为简化辐射换热计算，常引入灰体概念。将吸收率 $A<1$，且吸收率不随波长而改变的物体称为灰体。绝大多数的工程材料在热辐射范围内均可近似为灰体处理。

6.3.2 热辐射的基本定律

6.3.2.1 斯蒂芬-玻尔兹曼定律

物体单位表面积在单位时间内对外辐射的能量称为辐射力（emissive power），用符号 E 表示，单位为 W/m^2。

斯蒂芬-玻尔兹曼（Stefan-Boltzmann）定律表述了黑体的辐射能力与其温度之间的

关系。该定律指明：黑体辐射力 E_b 与黑体热力学温度的四次方成正比，又称为四次方定律，即

$$E_b=\sigma_b T^4 \tag{6-43}$$

式中：σ_b——黑体辐射常数，其值为 5.67×10^{-8} W/(m² · K⁴)；

T——黑体表面的热力学温度，K。

为了计算上的方便，把式（6-43）改写成

$$E_b=C_b\left(\frac{T}{100}\right)^4 \tag{6-44}$$

式中：C_b——黑体辐射系数，其值为 5.67 W/(m² · K⁴)。

【例 6-9】 试计算一黑体表面温度分别为 20 ℃及 500 ℃时辐射力的变化。

【解】 （1）黑体在 20 ℃时的辐射力为

$$E_{b1}=C_b\left(\frac{T}{100}\right)^4=5.67\times\left(\frac{273+20}{100}\right)^4=417.88\ \text{W/m}^2$$

（2）黑体在 300 ℃时的辐射力为

$$E_{b2}=C_b\left(\frac{T}{100}\right)^4=5.67\times\left(\frac{273+500}{100}\right)^4=20244.22\ \text{W/m}^2$$

$$\frac{E_{b2}}{E_{b1}}=\frac{20244.22}{417.88}=48.4$$

通过上述计算结果可以看出，同一黑体在摄氏温度增大 25 倍时，其辐射力 E_{b2} 为原辐射力 E_{b1} 的 48.4 倍。说明较低温度下辐射能力较弱，一般可以忽略，而在高温情况下热辐射则成为主要的传热方式。

工程上最重要的是确定实际物体（灰体）的辐射力。相同温度下，实际物体的辐射力 E 恒小于黑体的辐射力 E_b。把实际物体的辐射力与同温度下黑体的辐射力之比称为实际物体的黑度（也称为物体的发射率（emissivity）），用 ε 表示。即

$$\varepsilon=\frac{E}{E_b} \tag{6-45}$$

黑度的物理意义在于：它表明物体的辐射能力接近于黑体的程度（ε 恒小于 1）。物体的黑度是物体的一种性质，只与物体本身情况有关，与外界因素无关，常用工程材料的黑度由实验确定，可在附表 8 和有关手册中查出。表面粗糙的物体或氧化金属表面具有较大的黑度，磨光的金属表面黑度较小。绝大部分非金属材料的黑度在 0.85～0.95 之间，且与表面状况的关系不大。在缺乏资料的情况下可近似取作 0.9。

根据黑度的定义式，可得到实际物体的辐射力计算公式

$$E=\varepsilon E_b=\varepsilon C_b\left(\frac{T}{100}\right)^4 \tag{6-46}$$

6.3.2.2 基尔霍夫定律

基尔霍夫定律揭示了实际物体在热平衡状态下辐射力与吸收率之间的关系。如图 6-18 所示，设有两个距离很近的平行大平壁，一个为黑体，另一个为灰体，由于两个平行平壁相距很近，所以从一个平壁发射的辐射能全部落到另一个平壁上。

设平壁 1 为黑体，其表面辐射力、温度和吸收率分别为 E_{b1}，T_1 和 A_1（$A_1=1$）；

平壁2为灰体，其表面辐射力、温度和吸收率分别为 E_2、T_2 和 A_2。当灰体2表面本身发射出的辐射能 E_2 投射到黑体1表面上时，全部被黑体表面所吸收。而黑体1表面发射出的辐射能 E_{b1} 投射到灰体2表面上时，仅有部分能量 A_2E_{b1} 被灰体吸收，剩余部分的能量（$1-A_2$）E_{b1} 则被反射回黑体，并被黑体全部吸收。这样，灰体2表面发出的能量为 E_2，吸收的能量为 A_2E_{b1}，两者的差值即为平壁间辐射换热的热流密度 q，即

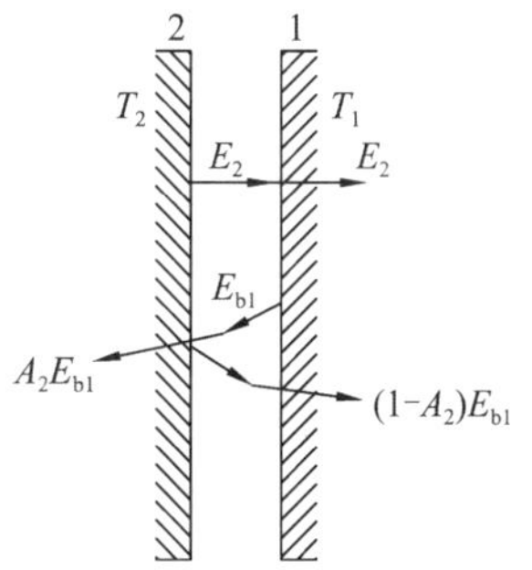

图6-18 平行平壁间的辐射换热

$$q=E_2-A_2E_{b1} \tag{6-47}$$

当 $T_1=T_2$ 时，两表面处于热辐射的平衡状态，即 $q=0$，于是式（6-47）变为

$$E_2=A_2E_{b1} \quad 或 \quad \frac{E_2}{A_2}=E_{b1} \tag{6-48}$$

把这种关系推广到任何物体时，可写出如下关系式

$$\frac{E_1}{A_1}=\frac{E_2}{A_2}=\cdots=\frac{E_n}{A_n}=\frac{E}{A}=E_b \tag{6-49}$$

这就是基尔霍夫定律的数学表达式，它说明：在热平衡条件下，任何物体的辐射力与吸收率的比值，恒等于同温度下黑体的辐射力，这个比值与物性无关，仅取决于温度。

由基尔霍夫定律可以得出如下结论：

（1）物体的辐射力越大，其吸收率也越大，善于发射的物体也善于吸收；

（2）实际物体的辐射力恒小于同温度下黑体的辐射力；

（3）由式（6-49）可得 $A=E/E_b$，而黑度的定义式为 $\varepsilon=E/E_b$，因此有

$$A=\varepsilon \tag{6-50}$$

式（6-50）即为基尔霍夫定律的另一个表达式，它说明物体的吸收率恒等于同温度下该物体的黑度。

但是必须注意，式（6-50）在太阳辐射吸收中并不适用，这是由于太阳辐射中可见光占了约46%的比例，物体颜色对可见光的吸收呈现强烈的选择性，而在常温下物体的红外线辐射一般又与物体的颜色无关，所以物体的吸收率和黑度不可能相等。例如夏天穿的白衣服，就兼有对太阳辐射的低吸收率和自身辐射高黑度的优点。

6.3.3 物体间辐射换热的计算

物体间的辐射换热是指若干物体之间相互辐射换热的总结果，实际物体吸收与反射能量的多少不仅与物体本身的情况有关，而且还与投射来的辐射能量、辐射物体间的相对位置与形状等有关。本节只讨论工程中经常遇到的两个物体之间几种比较简单的辐射换热。

6.3.3.1 空间热阻和表面热阻

在前面的导热和对流换热计算中，曾利用导热热阻、对流换热热阻的概念来分析解决问题。物体间的辐射换热同样也可以用辐射热阻的概念来分析。物体间的辐射换热热阻可归纳为空间热阻和表面热阻两个方面。

（1）空间热阻

空间热阻是指由于物体表面尺寸、形状和相对位置等的影响，使一物体所辐射的能量不能全部投落到另一物体上而相当的热阻，用 R_g 表示。

设有两个物体互相辐射，它们的表面积分别为 F_1 和 F_2，把表面 1 发出的辐射能落到表面 2 上的百分数称之为表面 1 对表面 2 的角系数（angle factor）$\varphi_{1,2}$，而把表面 2 对表面 1 的角系数记为 $\varphi_{2,1}$，则两物体间的空间热阻可按下式计算：

$$R_g=\frac{1}{\varphi_{1,2}\cdot F_1}=\frac{1}{\varphi_{2,1}\cdot F_2} \tag{6-51}$$

由此式可以看出 $\varphi_{1,2}\cdot F_1=\varphi_{2,1}\cdot F_2$，反映了两个表面在辐射换热时，角系数的相对性。只要已知 $\varphi_{1,2}$ 和 $\varphi_{2,1}$ 中的一个，另一个角系数也就可以通过式（6-51）求出。

角系数 φ 的大小只与两物体的相对位置、大小、形状等几何因素有关，即只要几何因素确定，角系数就可以通过有关的计算式或线算图、手册等求得。对于有些特别的情况，可以直接写出角系数的数值。例如，对于两无穷大平行平壁（或平行平壁相距很近的情况）来说，$\varphi_{1,2}=\varphi_{2,1}=1$；对于空腔内物体与空腔内壁来说（见图 6-19），$\varphi_{1,2}=1$，而 $\varphi_{2,1}=\varphi_{1,2}\times\frac{F_1}{F_2}$。

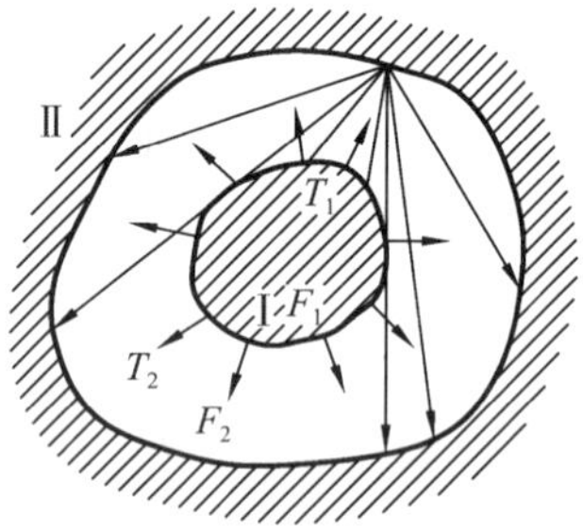

图 6-19 空腔与内包壁的辐射换热

（2）表面热阻

表面热阻是指由于物体表面不是黑体，以至于对投射来的辐射能不能全部吸收，或它的辐射力不如黑体那么大而相当的热阻，用 R_b 表示。

对于实际物体来说，其表面热阻可用下式计算：

$$R_b=\frac{1-\varepsilon}{\varepsilon\cdot F} \tag{6-52}$$

对于黑体，由于 $\varepsilon=1$，所以其 $R_b=0$。

6.3.3.2 任意两物体表面间的辐射换热计算

设两物体的面积分别为 A_1 和 A_2，成任意位置，温度分别为 T_1 和 T_2，辐射力分别为 E_1 和 E_2，黑度分别为 ε_1 和 ε_2，则这两物体表面间的辐射换热模拟电路图如图 6-20 所示。

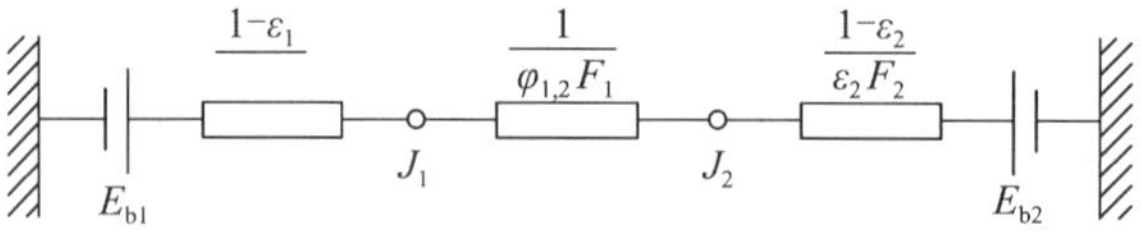

图 6-20 两物体表面间的辐射换热模拟电路

图中 E_{b1} 和 E_{b2} 分别是物体看作黑体时的辐射力，分别等于 $C_b\cdot\left(\frac{T_1}{100}\right)^4$ 和 $C_b\cdot\left(\frac{T_2}{100}\right)^4$，它们相当于电路电源的电位。$J_1$ 和 J_2 分别表示由于表面热阻的作用，实际物体表面的有效辐射电位。根据串联电路的计算方法，写出两物体表面间的辐射换热计算式为

$$Q_{1,2}=\frac{E_{b1}-E_{b2}}{\frac{1-\varepsilon_1}{\varepsilon_1 F_1}+\frac{1}{\varphi_{1,2}F_1}+\frac{1-\varepsilon_2}{\varepsilon_2 F_2}}$$

如用 A_1 作为计算表面积，则上式可写成

$$Q_{1,2}=\frac{F_1(E_{b1}-E_{b2})}{\left(\frac{1}{\varepsilon_1}-1\right)+\frac{1}{\varphi_{1,2}}+\frac{F_1}{F_2}\left(\frac{1}{\varepsilon_2}-1\right)} \tag{6-53}$$

6.3.3.3 特殊位置两物体间的辐射换热计算

(1) 两无限大平行平壁间的辐射换热

所谓两无限大平行平壁是指两块表面尺寸要比其相互之间的距离大很多的平行平壁。由于 $F_1=F_2=F$，且 $\varphi_{2,1}=\varphi_{1,2}=1$，式（6-53）可简化为

$$Q_{1,2}=\frac{F_1(E_{b1}-E_{b2})}{\frac{1}{\varepsilon_1}+\frac{1}{\varepsilon_2}-1}=\frac{C_bF}{\frac{1}{\varepsilon_1}+\frac{1}{\varepsilon_2}-1}\left[\left(\frac{T_1}{100}\right)^4-\left(\frac{T_2}{100}\right)^4\right]$$

$$=\varepsilon_{1,2}FC_b\left[\left(\frac{T_1}{100}\right)^4-\left(\frac{T_2}{100}\right)^4\right]$$

$$=C_{1,2}F\left[\left(\frac{T_1}{100}\right)^4-\left(\frac{T_2}{100}\right)^4\right] \tag{6-54}$$

式中：$\varepsilon_{1,2}=\frac{1}{\frac{1}{\varepsilon_1}+\frac{1}{\varepsilon_2}-1}$——无限大平行平壁的相当黑度；

$C_{1,2}=\varepsilon_{1,2}C_b$——无限大平行平壁的相当辐射系数。

(2) 空腔与内包壁之间的辐射换热

空腔与内包壁之间的辐射换热如图 6-19 所示。工程上用来计算热源（如加热炉、辐射采暖板等）外壁表面与车间内壁之间的辐射换热（见图 6-21），就属于这种情况。

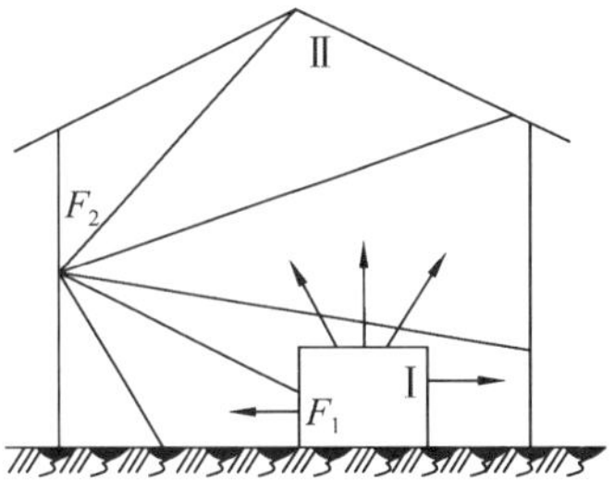

图 6-21 加热炉外表面与车间的辐射换热

设内包壁面Ⅰ系凸形表面，则 $\varphi_{1,2}=1$，式（6-51）可简化为

$$Q_{1,2}=\frac{F_1(E_{b1}-E_{b2})}{\frac{1}{\varepsilon_1}+\frac{F_1}{F_2}\left(\frac{1}{\varepsilon_2}-1\right)}=\frac{F_1C_b\left[\left(\frac{T_1}{100}\right)^4-\left(\frac{T_2}{100}\right)^4\right]}{\frac{1}{\varepsilon_1}+\frac{F_1}{F_2}\left(\frac{1}{\varepsilon_2}-1\right)}$$

$$=C'_{1,2}F_1\left[\left(\frac{T_1}{100}\right)^4-\left(\frac{T_2}{100}\right)^4\right] \tag{6-55}$$

式中：$C'_{1,2}=\frac{C_b}{\frac{1}{\varepsilon_1}+\frac{F_1}{F_2}\left(\frac{1}{\varepsilon_2}-1\right)}$——空腔与内包壁面的相当辐射系数。

当 $F_1\ll F_2$，且 ε_2 数值较大，接近于 1 时（如车间内的辐射采暖板与室内周围墙壁之间的辐射换热就属于这种情况），$\frac{F_1}{F_2}\left(\frac{1}{\varepsilon_2}-1\right)\ll\frac{1}{\varepsilon_1}$，可以忽略不计，这时式（6-53）

可简化为

$$Q_{1,2}=\varepsilon_1 F_1 C_b\left[\left(\frac{T_1}{100}\right)^4-\left(\frac{T_2}{100}\right)^4\right]$$

$$=F_1 C_1\left[\left(\frac{T_1}{100}\right)^4-\left(\frac{T_2}{100}\right)^4\right] \tag{6-56}$$

式中：$C_1=\varepsilon_1 C_b$——内包壁面Ⅰ的辐射系数。

（3）有遮热板的辐射换热

为了减少物体或人员受到外界高温热源辐射的影响，可在物体或人与热源之间使用固定的屏障，如在热辐射的方向放置遮热板、夏天太阳下戴草帽或打太阳伞等，都是十分有效的。下面从在两平行平面之间放置一块遮热板后的辐射换热热阻变化来说明。

如图 6-22 所示，设两平行平板的温度为 T_1 和 T_2，黑度为 ε_1 和 ε_2，放置一块面积与平行板相同的遮热板后，T_1 和 T_2 温度不变。遮热板两面的黑度相等，设为 ε_3；遮热板较薄，热阻不计，则其两边的温度相同为 T_3；并设这些平板的尺寸远大于它们之间的距离，则它们之间的热阻 R_f 为

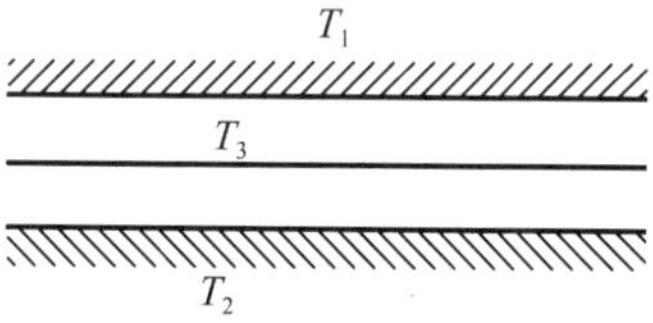

图 6-22　遮热板

$$R_f=\frac{1-\varepsilon_1}{F\varepsilon_1}+\frac{1}{F}+\frac{1-\varepsilon_3}{F\varepsilon_3}+\frac{1-\varepsilon_3}{F\varepsilon_3}+\frac{1}{F}+\frac{1-\varepsilon_2}{F\varepsilon_2}$$

换热量为

$$Q_{1,2}=\frac{E_{b1}-E_{b2}}{R_f}$$

未加遮热板的热阻 R_f' 为

$$R_f'=\frac{1-\varepsilon_1}{\varepsilon_1 F}+\frac{1}{F}+\frac{1-\varepsilon_2}{\varepsilon_2 F}$$

换热量为

$$Q_{1,2}'=\frac{E_{b1}-E_{b2}}{R_f'}。$$

设 $\varepsilon_1=\varepsilon_2=\varepsilon_3$，则 $R_f=2R_f'$，从而

$$Q_{1,2}=\frac{E_{b1}-E_{b2}}{2R_f'}=\frac{1}{2}Q_{1,2}'$$

由此得出结论，两平行平板加入遮热板后，在 $\varepsilon_1=\varepsilon_2=\varepsilon_3$ 的情况下，辐射换热量减少$\frac{1}{2}$；若所用遮热板的 $\varepsilon_3<\varepsilon_1$ 或 ε_2（如选反射率 R 较大的遮热板），则遮热的效果将更好；若两平行平板间加入 n 块与 ε_1 或 ε_2 相同黑度的遮热板，则换热量可减少到$\frac{1}{n+1}$。

【例 6-10】 某车间的辐射采暖板的尺寸为 1.5 m×1 m，辐射板面的黑度 $\varepsilon_1=0.94$，板面平均温度 $t_1=100$ ℃，车间周围壁温 $t_2=11$ ℃。如果不考虑辐射板背面及侧面的热作用，试求辐射板面与四周壁面的辐射换热量。

【解】 由于辐射板面积 F_1 比周围壁面 F_2 小得多，故由式（6-56）得辐射板与四周壁面的辐射换热量为

$$Q_{1,2}=\varepsilon_1 F_1 C_b\left[\left(\frac{T_1}{100}\right)^4-\left(\frac{T_2}{100}\right)^4\right]$$
$$=1.5\times1\times0.94\times5.67\times\left[\left(\frac{273+100}{100}\right)^4-\left(\frac{273+11}{100}\right)^4\right]$$
$$=1027.4\ \mathrm{W}$$

6.3.4 气体辐射

前面在讨论固体表面间的辐射换热时，由于表面温度不高，可以不考虑固体表面间的介质对辐射换热的影响，认为固体表面间的介质是透明体。即使在工业上常遇到的高温范围内，分子结构对称的双原子气体，如 O_2、N_2、H_2 等可视为是透明体。但对分子结构不对称的双原子气体及多原子气体，如 CO、CO_2、H_2O 和 CH_4 等却有显著的辐射力和吸收能力。工程上，烟气（或燃气）中的二氧化碳、水蒸气是主要的具有辐射能力的气体，其辐射和吸收特性对烟气的影响很大。

与固体辐射相比，气体辐射和吸收主要有以下三个特点。

(1) 气体的辐射和吸收对波长有很强的选择性

通常固体表面的辐射和吸收光谱是连续的，而气体只能辐射和吸收某一定波长范围内的能量，即气体的辐射和吸收具有很强的选择性。气体辐射和吸收的波长范围称为光带，对光带以外的热射线，气体就成为透明体。图 6-23 是黑体、灰体及气体的辐射光谱和吸收光谱的比较。图中有剖面线的，是气体的辐射和吸收光带。表 6-9 列出了二氧化碳和水蒸气的辐射和吸收的三个主要光带，从表中可以看出它们有部分光带是重叠的。

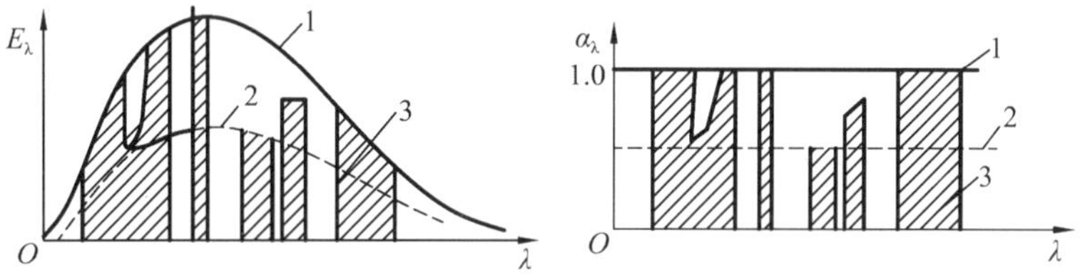

(a) 辐射光谱　　(b) 吸收光谱

图 6-23　黑体、灰体及气体的辐射光谱和吸收光谱的比较

表 6-9　二氧化碳和水蒸气的辐射和吸收光带

光带	CO_2		H_2O	
	波长自 $\lambda_1\sim\lambda_2/\mu m$	$\Delta\lambda/\mu m$	波长自 $\lambda_1\sim\lambda_2/\mu m$	$\Delta\lambda/\mu m$
第一光带	2.36～3.02	0.66	2.24～3.27	1.03
第二光带	4.01～4.8	0.79	4.8～8.5	3.7
第三光带	12.5～16.5	4.0	12～25	13

(2) 气体的辐射和吸收是在整个容积中进行的

固体的辐射和吸收是在表面进行的，而气体则是在整个容积中进行的。气体的辐射和吸收与气体的性质和体积有关。因为当热射线通过吸收性气层时沿途能量被气体吸收而逐渐减低，这种减弱的程度取决于中途所碰到的气体分子数，而分子数目又决定于热射线所经过的气体层厚度和气体的密度。

（3）气体的吸收率与气体的黑度不相等

因为气体选择性地吸收某些波长的辐射能，其吸收率不仅与本身状况有关，而且与外来辐射有关。

6.3.5 太阳辐射

太阳能是自然界中可供人们利用的一种巨大能源。太阳的巨大能量完全靠辐射方式送达地球表面。太阳射线在穿过大气层时，沿程被大气中的 O_3、O_2、H_2O、CO_2 及尘埃等吸收、散射和反射，强度逐渐减弱，减弱程度与太阳射线在大气中的行程长度、大气的成分及被污染的程度有关，而射线行程长度又取决于一年四季的日期，一天的时间及所在的地球纬度。即使在夏季理想的大气透明度条件下，在中纬度地区，中午前后能到达地面的太阳辐射只是大气外层的 70%～80%，在城市中由于大气污染，还将减弱 10%～20%。

大气层对太阳辐射的减弱有以下几方面的原因。

（1）大气层的吸收作用

大气层中的 O_3、O_2、H_2O、CO_2 等气体对太阳辐射的吸收具有明显的选择性。大气中臭氧（O_3）对紫外线有强烈吸收作用，$\lambda<0.3\ \mu m$ 的紫外线几乎全部被吸收，$0.4\ \mu m$ 以下的射线被大大衰减，所以大气中的臭氧层能保护人类免受紫外线的伤害。近些年来，如何保护臭氧层免遭破坏已成为全世界关注的环境保护热点问题之一。水蒸气和二氧化碳主要吸收红外区的能量。在可见光区域，氧和臭氧能吸收其中一部分。此外，大气中的尘埃和污染物也对各类射线有吸收作用。

（2）大气层的散射作用

太阳辐射在大气层中会发生两种散射现象。一种是由气体分子引起的几乎各个方向分布均匀的散射，称为分子散射。由于气体分子对短波辐射散射强烈，所以晴朗的天空看起来是蓝色的。另一种是大气中的灰尘和悬浮颗粒引起的主要向着原射线方向的散射，称为米氏散射。到达地球表面的太阳总辐射是直接辐射与散射辐射之和。在晴天，散射辐射约占太阳总辐射的 10%；而阴天时，到达地面的太阳辐射主要是散射辐射。

（3）大气层的反射作用

大气的云层和较大的尘埃，对太阳辐射有反射作用，把部分太阳辐射反射回宇宙空间，其中云层的反射作用最大。太阳辐射将热量传递给地球，地球也以热辐射的方式将热量散发到宇宙空间去，热平衡的结果使地球表面温度一年四季在 250～320 K 的范围内变化。地球表面的发射率接近于 1（水的发射率大约为 0.97），其热辐射主要是波长范围为4～40 μm 的红外辐射。近些年来，随着世界各国工业化的发展，大量的工业废气、汽车尾气排向空中，使大气中的 CO_2、SO_2 及氮氧化物等气体的含量增多。由于它们对地球表面红外辐射的强烈吸收作用，使地球向太空辐射的热量减少，这种所谓的大气层“温室效应”使地球表面的温度升高，从而带来气候的变化和一系列的自然灾害。因此，降低 CO_2 等有害气体的排放量，减少对大气的污染，也是世界环境保护的热点问题之一。

(4) 太阳辐射通过大气层的行程

中午时刻射线通过大气层的行程最小，早、晚则增大，故从太阳辐射获得的能量对垂直于射线方向的单位面积来说并不相等，中午获得的比早、晚要大。另外由于大气层的密度分布不均匀，下层大于上层，即使同样行程长度，位于下层时对太阳辐射的衰减作用要比在上层强。

地球周围的大气层也同样起着对地面的保温作用，大气层能让大部分太阳辐射透过到达地面，而地面辐射中95%以上的能量分布在$\lambda=3\sim50\ \mu m$，它们被大气层中的温室气体如二氧化碳、氟氯烃、甲烷等吸收，其中以二氧化碳为主。这就减少了地面向太空的辐射，其作用与玻璃温室是类似的，即不同波段辐射能量的透射特性导致大气层的温室效应。随着人类活动的日益频繁和工业快速发展，温室气体的排放越来越多，导致地球表面温度逐年升高，因此，世界各国逐步对温室气体的排放进行了严格限制。

投射到地面的太阳辐射可分为直接辐射和天空散射，在天空晴朗时两者之和称为太阳总辐射密度，或称为太阳总辐射照度。当天空多云时，总辐射就可能只有散射，具体可由专门的仪器测量。建筑物各不同朝向的墙面和屋面受到的太阳直接辐照不同，因而它们所受到的太阳总辐射照度也是不同的。

大气层外宇宙空间的温度接近绝对零度，是个理想冷源，但大气层阻碍了地面物体直接向太空辐射散热。然而，在$8\sim13\ \mu m$的波段内，大气中所含CO_2、H_2O吸收比很小，穿透比较大，且此波段正处于地面物体本身辐射远红外区，所以通常称此波段为大气的远红外窗口。地面物体通过这个窗口向宇宙空间辐射散热，达到一定冷却效果。窗口的透明度与天气和方向有关。天空有云层时，透明度降低，晴朗无云的夜晚易结霜就是这个道理。垂直于地面的方向上大气层最薄，透明度比其他方向高。为增强冷却效果，可在冷却物体表面涂上选择性涂料，使表面在$8\sim13\ \mu m$的波段内有很高的发射率，而降低其他波段的发射率，让物体的能量尽可能多地变成$8\sim13\ \mu m$的辐射能量，穿过大气窗口散失到宇宙空间去。

玻璃是太阳能利用中的一种重要材料。普通窗玻璃可以透过$2\ \mu m$以下的射线，所以可把投射在它上面的太阳辐射大部分透射进入室内，而普通窗玻璃对$2.5\ \mu m$以上的长波辐射基本上是不透过的，反射比亦不大，也就是说普通窗玻璃对长波辐射的吸收比较大。这样，来自室内外的长波辐射能大部分被其吸收，使玻璃温度升高，然后再通过向室内外的辐射和对流换热散发热量。因此，普通窗玻璃的传热系数较大。玻璃中Fe_2O_3含量对透光率有很大影响，含量增加则透光率下降。当Fe_2O_3含量超过0.5%时，可见光和近红外波段的透过率都有明显下降，这种玻璃呈天蓝色，又称吸热玻璃。据了解，国内3 mm普通平板玻璃的太阳辐射穿透比一般都在0.83以下，有的甚至低于0.76。根据国家标准规定，太阳能集热器的透明盖板的太阳辐射穿透比不低于0.78。发达国家的市场上已有专门用于太阳能集热器的低铁平板玻璃，其太阳辐射穿透比高达0.90～0.91。因此，我国有必要专门生产适用于太阳能集热器的低铁平板玻璃。

建筑能耗受社会各界关注，其中通过门窗散失的热量占建筑总能耗的40%以上。过去建筑选用的普通单层玻璃热阻很小，而且对远红外线辐射几乎完全吸收，传热系数高达 6.4 W/(m^2·K)，是砖墙的 3～4 倍。Low-E（低发射率）玻璃因其表面镀有一层金属或半导体薄膜而对远红外线辐射具有高的反射比，表现出低的表面发射率而得名。夏天，来自太阳能中的远红外线辐射和周围外界环境的长波辐射被 Low-E 玻璃反射，无法通过玻璃的吸热进入室内；冬季，室内的长波辐射也不会因为玻璃的吸热而泄漏到室外。因此，Low-E 玻璃是目前建筑节能的首选材料之一。

6.4 综合换热问题分析

前文已分别介绍了导热、对流传热和辐射换热的基本规律及工程计算方法。在实际工程问题中，许多场合是几种热量传递的机制共同起作用的。在学习传热学的基本知识的同时，应注意培养对实际传热问题的分析能力，逐步掌握在解决实际传热问题时提出问题、辨析过程、作出假设、建立模型并分析的整套办法。本节将以两个实际问题作为综合分析的例子。值得指出，作为一个工程问题处理时还要综合考虑其他因素，例如初投资、运行费用等，这些不在本节讨论范围内。

6.4.1 低温热水地板辐射供暖系统的热舒适性分析

人们都有这样的经历，对于相同的室温，夏天在该室温的房间内可能仍然觉得热，而冬天在这样的房间则还有冷的感觉。这其实是人体表面和室内环境对流与辐射复合换热量于冬夏之间的差别造成的。在冬季和夏季，房间的空气温度虽然都是相同的，但是需要注意到的是冬夏两季，房间的墙壁表面温度是不同的。下面通过一些简单的计算来观察在相同的室温环境下，冬夏两季人体表面和室内环境之间的换热量。

假设房间内的空气温度全年都维持在 20 ℃，而房间的壁面温度在冬天和夏天分别为 14 ℃和 27 ℃，如果人体暴露在表面和空气间的自然对流换热系数为 2 W/(m^2·K)，人体暴露表面的平均温度为 32 ℃，人的发射率为 0.9。试通过计算说明冬天和夏天的热损失。

人体的散热量的大小决定人对环境感觉到冷、热的程度，而人体表面的散热包括自然对流散热和辐射散热，因此，在冬天和夏天人体的热舒适水平要同时考虑自然对流散热损失和辐射散热损失。在冬天和夏天，人体的自然对流换热流密度都可按下式进行计算：

$$q_{\text{conv}}=h(t-t_{\infty})=2\times(32-20)=24\ \text{W/m}^2$$

人体的辐射散热损失是人体和周围的墙体之间的净辐射换热量，它在数量上等于墙体的辐射得热量。人在房间内，墙体和人体表面可近似看作是一个封闭空腔和其中的小物体，它们之间的净辐射换热量为

$$q_{\text{rad}}=\varepsilon\sigma(T^4-T_{\text{wall}}^4)$$

式中：人体温度 $T=273+32=305$ K；墙体的表面温度 $T_{\text{wall}}=273+27=300$ K（夏天）和 $T_{\text{wall}}=273+14=287$ K（冬天）。

因此，在冬天和夏天，人体表面和墙体的净辐射换热量分别为

夏天 $q_{rad}=\varepsilon\sigma(T^4-T_{wall}^4)=0.9\times5.67\times10^{-8}\times(305^4-300^4)=28.3\ W/m^2$

冬天 $q_{rad}=\varepsilon\sigma(T^4-T_{wall}^4)=0.9\times5.67\times10^{-8}\times(305^4-287^4)=95.4\ W/m^2$

从结果看到，在冬天和夏天，人体和空气的自然对流换热散热量是一样的，而冬天人体和墙之间的净辐射换热量却比夏天多很多。因此，虽然室内空气温度相同，但人体的感觉不同。

通过上面的计算可以发现，冬天和夏天在同样的室内温度下，由于冬季墙壁的温度更低，导致人体辐射散热量更多，所以冬天人体会感觉更冷一些。

明白了这一点，其实也就能知道低温热水地板辐射供暖系统为何比散热器供暖系统更舒适一些。散热器供暖是多年来建筑内常见的一种供暖方式，散热器供暖系统的热量主要通过对流的方式散入房间，提高的是房间内的空气温度，而低温热水地板辐射供暖系统则是通过提高地板的温度，大部分热量通过辐射散热的方式传递给房间的墙壁，提高房间墙壁的温度，这样人体通过辐射传给墙壁的热量相较于散热器供暖系统更少一些，自然人体会感觉更舒服一些。另外中医认为“热从头生，寒从足入”，低温热水地板辐射供暖系统的地板温度相较于散热器供暖系统更高，让人脚底更暖和，人的感觉也就更舒服。

6.4.2 遮热罩抽气式热电偶能减少气体温度测量误差的原因

温度是工程技术测量中的一个最常见的测量参数，常用玻璃温度计、热电偶等来测量气体或者液体温度。一般来说，这些测温元件（玻璃温度计的水银泡、热电偶的热接点）的温度并不等于所接触的流体温度。

现以图 6-24a 中所示情形为例进行分析。一支热电偶被置于高温气流的通道中，热接点的温度为 t_1，气流温度为 t_f，流道内壁温度为 t_w，热接点与气流间的对流传热表面系数为 h，其表面发射率为 ε_1。此时热接点的热量传递的三种方式同时起作用：一般来说，流道的表面温度总低于气流温度，因此热接点与流道表面有辐射传热；热接点从高温气流通过对流获得热量（假设气流本身没有辐射与吸收能力）；热接点还有通过连线的导热。在这三种热量传递中，连线的导热相对甚小（因为连线很长、导线很细、测高温的热电偶材料的导热系数相对较小，可以忽略）。

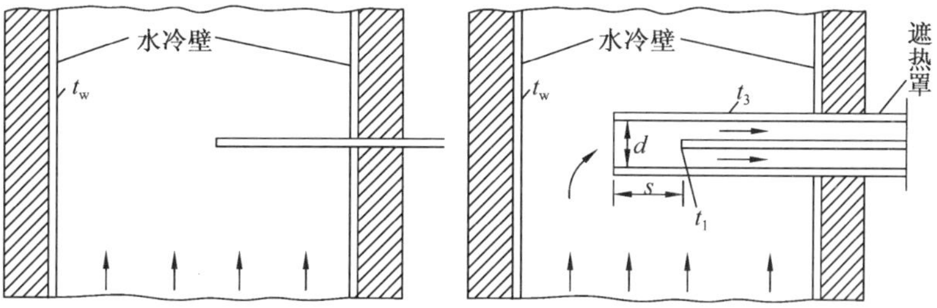

(a) 裸露热电偶测温　　(b) 抽气遮热罩热电偶测温

图 6-24 热电偶测温误差分析图示

这样到热电偶读数稳定以后，热接点单位面积与流道的辐射传热应等于高温气体对它的对流传热。热接点与流道的辐射传热属于 6.3.3 节中 $A_1/A_2\to0$ 的情形，因此对单

位面积有

$$\varepsilon_1(E_{b1}-E_{bw})=h(t_f-t_1)$$

由此可以得出气流温度为

$$t_f=t_1+\frac{\varepsilon C_b}{h}\left[\left(\frac{T_1}{100}\right)^4-\left(\frac{T_2}{100}\right)^4\right]$$

这说明，热电偶所显示的温度与实际气流温度间存在由辐射引起的误差，大小为上式右端第二项的测温误差。取 $t_1=792$ ℃，$t_w=600$ ℃，$h=58.2$ W/(m^2·K)，$\varepsilon_1=0.3$，代入上式进行计算，得出 $t_f=998.2$ ℃。绝对误差为 206.2 ℃，相对误差为 20%。这样大的误差是不允许的。从上面的计算公式中可以看出，为了减少辐射测温误差，可以采用减小热接点的发射率（即增加辐射的表面热阻），增加气流的对流传热表面传热系数来实现。在热电偶外围增加一层遮热罩是很好的一项补救措施。工程上，通常采用抽气遮热罩来减少这一测量误差。

为了分析方便，加遮热罩的情形如图 6-24b 所示。根据 6.3.3 节中内容可知，遮热板可以减少两个辐射物体间的辐射换热量，另外由于从遮热罩中抽取气体，增加了流经热接点的气流的速度，增加了表面传热系数，减少了对流换热热阻，从而使测量误差减少。通过计算，增加遮热罩后，测量相对误差减小到 5%以下，已经在可接受的范围内。为了进一步提高测温精准度，可增加遮热罩的数目，但一般不超过 4 层。

思考题与习题

6-1　什么是导热？什么是稳态导热？

6-2　影响导热系数的因素有哪些？

6-3　影响表面传热系数的因素有哪些？

6-4　为什么暖气片一般都放在窗户的下面？

6-5　为什么对同一种流体沸腾时的表面传热系数要比无相变时大很多？

6-6　什么是辐射换热？热辐射区别于导热和热对流的特点是什么？

6-7　什么是黑体、灰体、黑度？

6-8　保温瓶的夹层玻璃表面为什么要镀一层反射率很高的材料？

6-9　有一冷库墙由三层组成。内层为硬泡沫塑料层，厚度 $\delta_1=100$ mm，导热系数 $\lambda_1=0.04$ W/(m·K)；中间层为红砖层，厚度 $\delta_2=40$ mm，导热系数 $\lambda_2=0.6$ W/(m·K)；最外层为灰泥层，厚度 $\delta_3=15$ mm，导热系数 $\lambda_3=0.5$ W/(m·K)。已知冷库墙壁内外的表面温度分别为−10 ℃和 30 ℃，试求通过冷库墙壁的导热热流密度及各接触面的温度。

6-10　有一蒸汽钢管道，内、外径各为 150 mm 和 160 mm，管壁的导热系数 $\lambda_1=52$ W/(m·K)。为了减少散热损失，在管外包有三层隔热材料：内层 $\lambda_2=0.11$ W/(m·K)，$\delta_2=5$ mm；中间层 $\lambda_3=0.1$ W/(m·K)，$\delta_3=80$ mm；外层 $\lambda_4=0.14$ W/(m·℃)，$\delta_4=$

5 mm。管的内表面和保温层外表面温度分别为 170 ℃和 30 ℃。求该蒸汽管道的散热量及各层间的温度。

6-11　户式中央空调的吸气管路，主要由两层构成：制冷剂管道为紫铜管，其外径为 20 mm，壁厚 1.2 mm，导热系数 $\lambda_1=46.5$ W/(m·K)；紫铜管外为保温套，其厚度为 10 mm，导热系数 $\lambda_2=0.046$ W/(m·K)。若管的内壁温度为 15 ℃，保温套的外表面温度为 25 ℃，试求每米管长的冷量损失。

6-12　有一根水平放置的高压蒸汽管道，外壁温度为 35 ℃，隔热层外径 $d=500$ mm，周围空气温度 20 ℃，计算每米蒸汽管道上的自然对流散热量。

6-13　为减少屋顶的散热量，在屋顶上设置一水平夹层，夹层厚 150 mm，长 6 m，宽 4 m。已知室内温度 18 ℃，室外温度 −10 ℃，试求夹层的散热量。

6-14　某建筑物墙壁内的空气夹层厚 0.15 m，空气夹层将两侧的红砖块与灰泥墙隔开。砖和灰泥表面分别是温度为 −5 ℃和 18 ℃的空气。已知墙高 3 m，宽 6 m，试求该墙面的辐射热损失。若空气间隔改为导热系数为 1.2 W/(m·K) 的砖墙，求其热损失。

6-15　长 0.45 m、内径 0.15 m 的圆筒形保温瓶内装有热水，热水温度 65 ℃。保温瓶内外表面镀水银，黑度 $\varepsilon=0.3$。已知环境温度 25 ℃，试求热水的辐射热损失。

6-16　两个同心圆管，内管外径 $d_1=50$ mm，$t_1=40$ ℃，$\varepsilon_1=0.8$；外管内径 $d_2=200$ mm，$t_2=95$ ℃，$\varepsilon_2=0.9$。试计算单位长度管内外表面的辐射换热量。

7

稳定传热

知识点

传热过程，传热系数，平壁及圆筒壁的传热，传热的增强与削弱。

能力目标

◉ 掌握：传热过程、传热系数、传热热阻的基本概念。
◉ 理解：稳定传热过程的特点。
◉ 熟悉：实际工程中常遇到的传热的增强与削弱的方法。
◉ 应用：应用相关概念和公式进行平壁及圆筒壁的热量传递分析和计算。

7.1 传热过程及特点

7.1.1 传热过程

导热、对流换热和辐射换热是热量传递的三种基本方式，但在实际情况下，并不是单一方式的传热过程，而往往是三种基本热量传递方式某种形式的组合。如采暖系统中散热器的散热过程、保温管道的热损失、夏季空调房间的外墙热损失等。以冬季采暖房间的外墙为例，分析其传热方式为：首先室内空气通过对流和辐射的方式将热量传递给外墙的内表面，使其温度升高；热量以导热方式穿过墙体传递到外墙的外表面；外墙外表面通过对流与辐射的方式最终把热量传递给室外空气。

这种热流体通过壁面将热量传给冷流体的过程称为传热过程，简称为传热。根据固体壁面的形状，传热可分为通过平壁、通过圆筒壁和通过肋壁等的传热。

7.1.2 传热过程的特点

传热过程主要有以下三个特点。

(1) 传热过程至少由三个热量传递的环节串联组合而成。

(2) 根据能量守恒的原则，稳态传热过程中每一个环节传递的热流量相等。

(3) 传热过程至少由两种热量传递的基本方式组合而成。最常见的是固体本身的导热及流体与固体表面的对流换热。

以供暖系统中管内走热水的散热器为例，散热器与室内空气间的传热过程共涉及 3 个热量传递环节。① 由热水到散热器管道内壁，热量传递方式是对流换热（强制对流）；② 由散热器片内壁至外壁，热传递方式为导热；③ 由散热器片外壁至室内环境和空气，热量传递方式有辐射换热和对流换热。

通过平壁的传热计算

7.2 通过平壁、圆筒壁的传热

7.2.1 通过平壁的传热

7.2.1.1 通过单层平壁的传热

设有一单层平壁，厚度为 δ，热导率为 λ，平壁两侧的流体温度为 t_{l1}，t_{l2}，平壁内外表面的表面传热系数分别为 α_1 和 α_2，平壁两侧的表面温度为 t_{b1} 和 t_{b2}，平壁两侧的表面积均为 A，如图 7-1 所示。

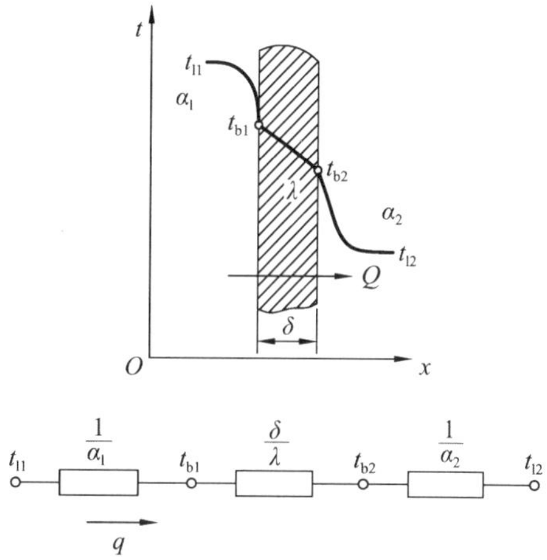

图 7-1 单层平壁的传热

该传热过程可分为三个串联环节：按热流方向依次有热流体与壁面 1 间的对流换热，通过平壁的导热，以及壁面 2 与冷流体间的对流换热。在稳定状态下，通过各环节的热流量均相等。

热流体传递给壁面 1 的热量

$$Q=\alpha_1 A(t_{l1}-t_{b1})$$

通过平壁的导热量

$$Q=\frac{\lambda}{\delta}A(t_{b1}-t_{b2})$$

壁面 2 传递给冷流体的热量

$$Q=\alpha_2 A(t_{b2}-t_{l2})$$

以上三式解得

$$Q=\frac{t_{l1}-t_{l2}}{\dfrac{1}{\alpha_1 A}+\dfrac{\delta}{\lambda_1 A}+\dfrac{1}{\alpha_2 A}}=\frac{(t_{l1}-t_{l2})A}{\dfrac{1}{\alpha_1}+\dfrac{\delta}{\lambda}+\dfrac{1}{\alpha_2}} \tag{7-1}$$

单位面积的传热量

$$q=\frac{Q}{A}=\frac{t_{l1}-t_{l2}}{\dfrac{1}{\alpha_1}+\dfrac{\delta}{\lambda}+\dfrac{1}{\alpha_2}} \tag{7-2}$$

令 $K=\dfrac{1}{\dfrac{1}{\alpha_1}+\dfrac{\delta}{\lambda}+\dfrac{1}{\alpha_2}}$，称为传热系数（heat-transfer coefficient），单位为 $W/(m^2\cdot K)$。传热系数 K 的物理意义为：当冷热流体温差为 1 ℃时，在单位时间内通过单位面积所传递的热量。它是一个表示传热过程强弱程度的物理量。传热系数的倒数称为传热热阻，即

$$R=\frac{1}{\alpha_1}+\frac{\delta}{\lambda}+\frac{1}{\alpha_2}$$

于是传热量计算公式就可以表示为

$$Q=\frac{(t_{l1}-t_{l2})A}{R}=KA\Delta t \tag{7-3}$$

$$q=\frac{(t_{l1}-t_{l2})}{R}=K\Delta t \tag{7-4}$$

平壁两侧的表面温度分别为

$$t_{b1}=t_{l1}-\frac{Q}{\alpha_1 A}=t_{l1}-\frac{q}{\alpha_1} \tag{7-5}$$

$$t_{b2}=t_{l2}+\frac{Q}{\alpha_2 A}=t_{l2}+\frac{q}{\alpha_2} \tag{7-6}$$

7.2.1.2 通过多层平壁的传热

对于多层平壁的传热，其传热的总热阻仍等于各部分热阻之和。图 7-2 所示的三层平壁的传热阻为

$$R=\frac{1}{\alpha_1}+\frac{\delta_1}{\lambda_1}+\frac{\delta_2}{\lambda_2}+\frac{\delta_3}{\lambda_3}+\frac{1}{\alpha_2}$$

当平壁为 n 层时，热阻为

$$R=\frac{1}{\alpha_1}+\sum_{i=1}^{n}\frac{\delta_i}{\lambda_i}+\frac{1}{\alpha_2} \tag{7-7}$$

多层平壁的热流量为

$$q=\frac{t_{l1}-t_{l2}}{R}=\frac{t_{l1}-t_{l2}}{\dfrac{1}{\alpha_1}+\sum\limits_{i=1}^{n}\dfrac{\delta_i}{\lambda_i}+\dfrac{1}{\alpha_2}} \tag{7-8}$$

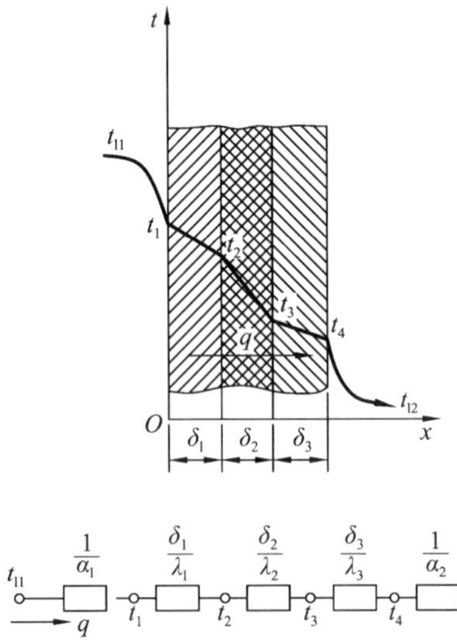

图 7-2 通过多层平壁的传热

【例 7-1】 有一面砖砌的外墙，厚 $\delta_1=370$ mm，导热系数 $\lambda_1=0.87$ W/(m·K)；墙内表面有厚 $\delta_2=$

15 mm的白灰粉刷层，导热系数 $\lambda_2=0.7\ \mathrm{W/(m\cdot K)}$；外表面水泥抹灰厚 $\delta_3=15$ mm，导热系数 $\lambda_3=0.87\ \mathrm{W/(m\cdot K)}$。墙内外表面的换热系数分别为 $\alpha_1=8.14\ \mathrm{W/(m^2\cdot K)}$，$\alpha_2=23.26\ \mathrm{W/(m^2\cdot K)}$，室内外空气温度分别为 $t_{l1}=18$ ℃，$t_{l2}=-20$ ℃。计算通过该平壁单位面积的热流量。

【解】 例题中的平壁由三层不同的材料构成，利用多层平壁计算式（7-8）即可求得

$$q=\frac{t_{l1}-t_{l2}}{\dfrac{1}{\alpha_1}+\sum_{i=1}^{n}\dfrac{\delta_i}{\lambda_i}+\dfrac{1}{\alpha_2}}=\frac{18+20}{\dfrac{1}{8.14}+\dfrac{0.015}{0.7}+\dfrac{0.015}{0.87}+\dfrac{1}{23.26}}=60.3\ \mathrm{W/m^2}$$

7.2.2 通过圆筒壁的传热

7.2.2.1 通过单层圆筒壁的传热

设有一圆筒壁，如图 7-3 所示，假定流体温度和壁内温度只沿径向发生变化，在稳定状态时，热流体传给壁筒内表面的热量，通过管壁传递的热量，以及壁筒外表面传给冷流体的热量均相等。

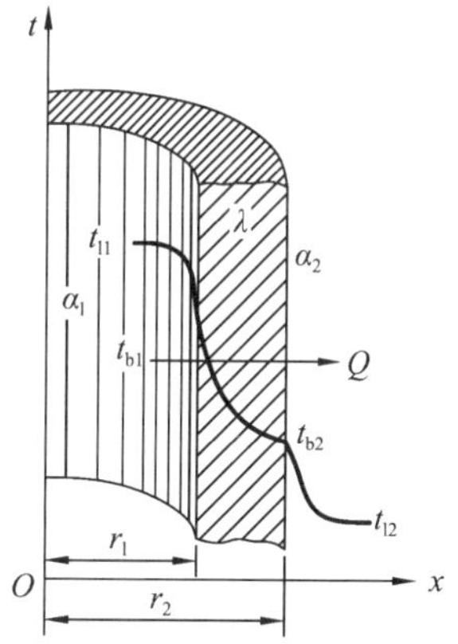

图 7-3 通过圆筒壁的传热

热流体与圆筒内表面间的传热量

$$\frac{Q}{l}=q_l=\frac{t_{l1}-t_{b1}}{\dfrac{1}{\alpha_1\pi d_1}}$$

通过圆筒壁的导热量

$$q_l=\frac{t_{b1}-t_{b2}}{\dfrac{1}{2\pi\lambda}\dfrac{\ln d_2}{\ln d_1}}$$

圆筒壁外表面传递给冷流体的热量

$$q_l=\frac{t_{b2}-t_{l2}}{\dfrac{1}{\alpha_2\pi d_2}}$$

以上三式解得单位长度圆筒壁的传热量为

$$q_l=\frac{t_{l1}-t_{l2}}{\dfrac{1}{\alpha_1\pi d_1}+\dfrac{1}{2\pi\lambda}\ln\dfrac{d_2}{d_1}+\dfrac{1}{\alpha_2\pi d_2}}=\frac{t_{l1}-t_{l2}}{R_l}=K_l(t_{l1}-t_{l2})\tag{7-9}$$

式中：R_l——每米长圆筒壁的总传热阻，单位为 $\mathrm{(m\cdot K)/W}$；

$K_l=\dfrac{1}{R_l}$——每米长圆筒壁的传热系数，它表示冷热流体温差为 1 ℃时，在单位时间内通过单位长度圆筒壁传递的热量。

7.2.2.2 通过多层圆筒壁的传热

工程中遇到的圆筒壁通常是由若干层材料组成的多层圆筒壁，多层圆筒壁的总热阻等于各部分热阻之和。用传热模拟电网络图的概念，可以得到多层圆筒壁的总传热阻为

$$R_l=\frac{1}{\alpha_1\pi d_1}+\sum_{i=1}^{n}\frac{1}{2\pi\lambda_i}\ln\frac{d_{i+1}}{d_i}+\frac{1}{\alpha_2\pi d_{n+1}}$$

每米管长的圆筒壁的传热量为

$$q_l=\frac{t_{l1}-t_{l2}}{\dfrac{1}{\alpha_1\pi d_1}+\sum_{i=1}^{n}\dfrac{1}{2\pi\lambda_i}\ln\dfrac{d_{i+1}}{d_i}+\dfrac{1}{\alpha_2\pi d_{n+1}}}\tag{7-10}$$

上述计算公式中因为存在对数运算，在工程应用中很不方便。为使计算得到简化，实际应用时当圆筒壁不太厚时，即$\frac{d_2}{d_1}<2$或计算精度要求不高时，可将圆筒壁当平壁处理，使用如下近似公式计算

$$q_l=\frac{t_{l1}-t_{l2}}{\dfrac{1}{\alpha_1\pi d_1}+\sum_{i=1}^{n}\dfrac{\delta_i}{\pi\lambda_i d_{mi}}+\dfrac{1}{\alpha_2\pi d_{n+1}}}\tag{7-11}$$

式中：δ_i——圆筒壁的各层厚度，$\delta_i=(d_{i+1}-d_i)/2$；

d_{mi}——圆筒壁的各层平均直径，$d_{mi}=(d_{i+1}+d_i)/2$。

【例 7-2】 直径为 200/216 的蒸汽管道，外包有厚度为 60 mm 的岩棉保温层。已知管材导热系数 $\lambda_1=45$ W/(m·K)，保温岩棉的导热系数 $\lambda_2=0.04$ W/(m·K)；管内蒸汽的温度为 $t_{l1}=220$ ℃，蒸汽与管道壁面之间的换热系数为 $\alpha_1=1000$ W/(m^2·K)；管外空气温度 $t_{l2}=20$ ℃，空气与保温层外表面的换热系数为 $\alpha_2=10$ W/(m^2·K)。试求单位管长的热损失及保温层外表面的温度。

【解】 根据题意，管内径 $d_1=0.2$ m，外径 $d_2=0.216$ m，保温层外径 $d_3=0.216+2\times0.06=0.336$ m，$\alpha_1=1000$ W/(m^2·K)，$\alpha_2=10$ W/(m^2·K)。由式 (7-10) 知每米长保温管道的传热损失为

$$q_l=\frac{t_{l1}-t_{l2}}{\dfrac{1}{\alpha_1\pi d_1}+\sum_{i=1}^{2}\dfrac{1}{2\pi\lambda_i}\ln\dfrac{d_{i+1}}{d_i}+\dfrac{1}{\alpha_2\pi d_3}}$$

$$q_l=\frac{220-20}{\dfrac{1}{1000\pi\times0.2}+\dfrac{1}{2\pi\times45}\ln\left(\dfrac{0.216}{0.2}\right)+\dfrac{1}{2\pi\times0.04}\ln\left(\dfrac{0.336}{0.216}\right)+\dfrac{1}{10\pi\times0.336}}$$

$$=107.8\ \text{W/m}$$

保温层外表面的温度为

$$t_{b2}=t_{l2}+\frac{q_l}{\alpha_2\pi d_3}$$

代入数值后得

$$t_{b2}=20+\frac{107.8}{10\times3.14\times0.336}=30.22\ ℃$$

7.3 传热的增强与削弱

传热的增强与削弱

7.3.1 传热的增强

工程上常常会遇到需要强化传热和削弱传热的问题。所谓强化传热是指采取措施提高换热设备单位面积的传热量，使换热设备达到体积小、重量轻的目的。而削弱传热则是采取措施减少换热设备外表面的传热损失，以满足生产的要求。

由传热的基本公式 $Q=KA\Delta t$ 可以看出，传热量 Q 与传热系数、传热面积和传热温差成正比，因此增强传热的基本途径有：提高传热系数；增大传热面积；加大传热温差。

7.3.1.1 提高传热系数

提高传热系数，就是降低总的传热阻，也即减小各项分热阻之和。例如减小壁厚和选用导热系数较大的材料，可以减小导热热阻，增强传热效果；增加流体流速或采用螺纹管、波纹管等增加流体的扰动性，可以增强流体侧的表面传热系数；尽量采用软化水，并定期清除污垢，达到减小热阻，增大传热系数的目的。

在换热设备中，换热面一般都是由金属材料制成，其 λ 值较大。又由于壁面很薄，所以热阻 $\frac{\delta}{\lambda}$ 很小，通常可以忽略不计。在这种情况下，传热系数公式可写成如下形式

$$K=\frac{1}{\frac{1}{\alpha_1}+\frac{1}{\alpha_2}}=\frac{\alpha_1\alpha_2}{\alpha_1+\alpha_2} \tag{7-12}$$

由式（7-12）可以看出，传热系数 K 永远小于换热系数 α_1 和 α_2 中最小的一个。所以要想增大传热系数，必须把换热系数中最小的一项增大才能最有效地增大 K 值。例如，空气加热器空气侧换热系数 $\alpha_1=40$，蒸汽侧换热系数为 $\alpha_2=5000$，按式（7-12）可求得传热系数为 $K=\frac{40\times5000}{40+5000}=39.7\ \text{W/(m}^2\cdot\text{K)}$。

如果使 α_2 增加一倍即 $\alpha_2=10000$，则

$$K=\frac{40\times10000}{40+10000}=39.8\ \text{W/(m}^2\cdot\text{K)}$$

可见 K 值增加甚小。但如果使 α_1 增加一倍，即 $\alpha_1=80$，则

$$K=\frac{80\times5000}{80+5000}=78.7\ \text{W/(m}^2\cdot\text{K)}$$

此时的 K 值几乎增加一倍。由此可见，只有减小换热热阻值最大的一项热阻的数值，并使固体壁面两侧的换热热阻的差值减小，才能最有效地增强传热。

7.3.1.2 增大传热面积

增大传热面积不能单纯理解为增加设备台数或增大设备体积，而是合理地提高单位体积的传热面积。工程上常采用肋壁来增强传热。例如采暖散热器、空气加热器、家用空调的蒸发器和冷凝器等，都是采用肋壁来增加换热面积，减小换热壁面两侧的换热热阻的差值，以达到增强传热的目的。

设有一平壁厚度为 δ，导热系数为 λ，在平壁的一面有同样材料制成的肋，这种壁称为肋壁，如图 7-4 所示。假设平壁一侧壁面的表面积为 F_1，表面温度为 t_{b1}，换热系数为 α_1；有肋的一面的表面积为 F_2，表面温度为 t_{b2}，换热系数为 α_2，且 $\alpha_2<\alpha_1$。在稳态传热的情况下（$t_{f1}>t_{f2}$），传热量 Q 可分别用下列三个公式表示

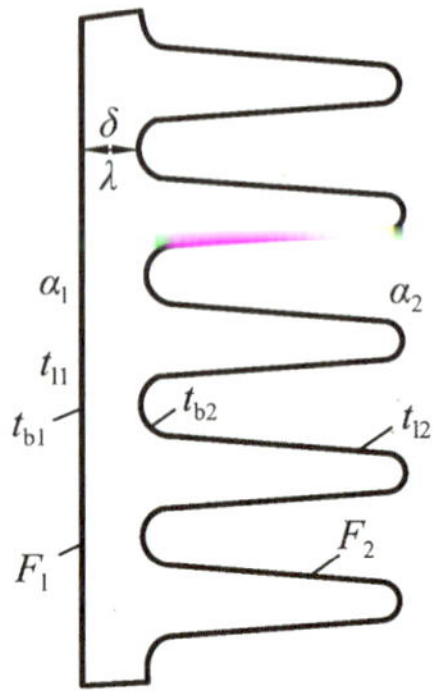

图 7-4　通过肋壁的传热

光壁面吸热

$$Q=\alpha_1 F_1(t_{f1}-t_{b1})$$

通过壁的导热

$$Q=\frac{\lambda}{\delta}F_1(t_{b1}-t_{b2})$$

肋壁面散热

$$Q=\alpha_2 F_2(t_{b2}-t_{f2})$$

以上三式解得通过肋壁的传热量为

$$Q=\frac{t_{f1}-t_{f2}}{\dfrac{1}{\alpha_1 F_1}+\dfrac{\delta}{\lambda F_1}+\dfrac{1}{\alpha_2 F_2}}=K_F(t_{f1}-t_{f2}) \tag{7-13}$$

若两侧皆为平壁，$F_1=F_2$，此时式（7-13）应为

$$Q'=\frac{t_{f1}-t_{f2}}{\dfrac{1}{\alpha_1 F_1}+\dfrac{\delta}{\lambda F_1}+\dfrac{1}{\alpha_2 F_1}} \tag{7-14}$$

比较式（7-13）与式（7-14），由于肋壁表面 F_2 大于平壁表面 F_1，即 $F_2>F_1$，则在两式分母中第一、第二两项均相等，只有第三项 $\dfrac{1}{\alpha_2 F_2}<\dfrac{1}{\alpha_2 F_1}$，故 $Q>Q'$，这说明将平壁改成肋壁后，使传热增强。这种做法的实质是用肋壁来减小换热面两边换热热阻的差值。因此应在换热系数 α_1 和 α_2 相差悬殊的情况下，在 α_2 小的一面采用肋壁才能增强传热效果。例如，对于通风空调工程中的空气加热器，一般用蒸汽或热水来加热空气，两侧流体的换热系数相差悬殊，可选择在空气侧加肋片。

肋面的面积 F_2 和光面的面积 F_1 的比值 F_2/F_1，称为肋化系数，用 β 表示。理论上肋化系数 β 应取很大的数值。但是，由于受工艺及其他因素的限制，以免肋片间流体温度升高，降低了传热的温差，目前一般采用的肋化系数 $\beta=10\sim30$。

7.3.1.3 增大传热温差

增大传热温差的方法有两种：一是提高热流体的温度或降低冷流体的温度。在采暖工程中，可采用提高热媒流体的温度来增强采暖的效果。例如，提高热水采暖系统的供

水温度和提高辐射采暖的蒸汽压力等。在冷却工程中，增加传热可采用降低冷流体的温度来提高冷却的效果。例如，夏天，冷凝器中冷却水用温度较低的地下水来代替自来水，空气冷却器中降低冷冻水的温度，都能增大传热温差。另一种方法是通过传热面的布置来增大传热温差。例如，冷热流体同向流动时平均温差最小，而逆向流动时平均温差最大，所以，为了增加换热器的换热效果应尽可能采用逆流的流动方式。

7.3.2 传热的削弱

削弱传热与强化传热正好相反，可以通过减小传热温差和增大传热过程的总热阻来削弱传热。

7.3.2.1 热绝缘

在工程上大多数是利用在壁面上增加一层保温层（热绝缘层）来达到增加热阻的目的。保温材料通常是指导热系数不大于 0.2 W/(m·K) 的材料。例如，目前常用的材料有岩棉、泡沫塑料、微孔硅酸钙、珍珠岩等，它们的导热系数均在 0.03～0.05 W/(m·K)。敷设保温层的目的不尽相同，有的是为了节约能源，减少管道和设备的热损失；有的是为了创造合乎卫生条件的劳动环境。

保温材料的表面铝层（铝板、铝箔）的高反射率可降低表面的辐射黑度，减少散热；铝层的防水作用能使保温材料保持良好的保温性能。

保冷技术（介质温度低于环境温度）与保温技术原则上相似，但有其特殊性。由于隔热材料温度低于环境温度，易结露或结冰。一方面可采用真空密封材料，另一方面可将隔热材料厚度适当增大，以弥补结露和结冰造成的隔热效果的降低。

热绝缘层是用来减小热损失的辅助层。从理论角度分析，热绝缘材料越厚，导热热阻就越大。当热绝缘材料的厚度趋于无穷大时管道和设备的热损失趋于零。但从经济角度考虑就意味着更大的经济投资，这显然是不现实的。因此，不仅要考虑不同热绝缘层厚度时的热损失减少带来的经济效益（见图 7-5 曲线 2），同时还应考虑对应于这种不同热绝缘层厚度的投资、维护管理带来的年度经济损失（费用的增加，见图 7-5 曲线 1），才能取得图 7-5 所示的不同热绝缘层厚度时两种费用的总和曲线 3 最低点的横坐标所对应的绝缘层厚度，即为最经济的绝缘层厚度，用 $\delta_{经济}$ 表示。

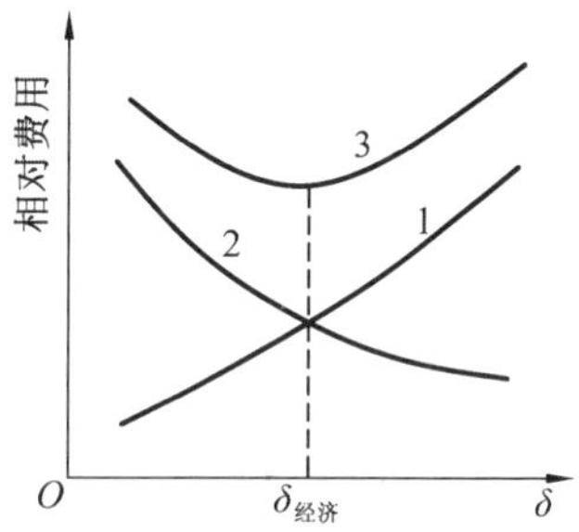

图 7-5 确定最经济绝热层厚的图解法

7.3.2.2 改变表面状况

改变表面状况的方式有：改变换热面的辐射特性，如在太阳能平板集热器表面涂上氧化铜、镍黑，使其具有较低发射率；附加抑流元件，如在太阳能平板集热器的玻璃盖板与吸热板间加装蜂窝状结构，也可削弱这一空间的空气对流。

思考题与习题

7-1　什么是传热过程？有何特点？

7-2　什么是传热系数和传热热阻？两者之间有什么关系？

7-3　简述提高传热系数的方法和途径。

7-4　对于热水采暖系统的散热器，不改变水温，只增加流速，能不能增加散热量？

7-5　已知锅炉平壁一侧烟气的温度是 950 ℃，另一侧水温是 180 ℃，壁厚 20 mm，导热系数为 244 W/(m·K)，烟气侧的表面传热系数是 2300 W/(m^2·K)，水侧的表面传热系数为 4800 W/(m^2·K)，试求通过每平方米壁面的传热量。

7-6　有一平面肋壁的厚度是 6 mm，导热系数是 80 W/(m^2·K)；肋壁表面的温度是 40 ℃，表面换热系教是 40 W/(m^2·K)；光面温度是 70 ℃，表面传热系数是 320 W/(m^2·K)；肋化系数为 13。试求通过每平方米壁面的传热量。

7-7　锅炉炉墙由三层组成，内层为耐火砖，厚度是 0.25 m，导热系数 1.28 W/(m·K)；中间层为石棉隔热层，厚度是 0.05 m，导热系数为 0.095 W/(m·K)；外层为红砖，厚度是 0.24 m，导热系数为 0.6 W/(m·K)；炉墙内侧烟气温度是 800 ℃，烟气侧表面的传热系数是 350 W/m（m^2·K)；炉墙外侧空气温度是 20 ℃，空气侧表面的传热系数是 15 W/(m^2·K)。试求通过该炉墙的热损失。

7-8　一加热面由钢板组成，厚度为 8 mm，钢板的导热系数是 47 W/(m·K)，壁的一侧流动着的热水温度是 120 ℃，表面换热系数为 2300 W/(m^2·K)；壁面另一侧的热水温度为 60 ℃，表面的换热系数是 1500 W/(m^2·K)；钢板两面均有 1 mm 厚水垢，导热系数是 0.6 W/(m·K)。求其传热系数和热流密度。

7-9　一蒸汽管道的外径为 60 mm，厚度为 2 mm，导热系数为 50 W/(m·K)；管外的保温层厚度是 30 mm，保温材料的导热系数是 0.11 W/(m·K)；管内蒸汽温度是 145 ℃，与管壁之间的平均传热系数是 240 W/(m^2·K)；保温层表面与空气之间的平均传热系数是 10 W/(m^2·K)，空气的温度是 20 ℃。试求每米管长的热损失。

7-10　过热蒸汽管路内径 $d_1=320$ mm，外径 $d_2=350$ mm，石棉硅藻土保温层的厚度为 100 mm，导热系数为 0.12 W/(m·K)。蒸汽与管道内壁的换热系数为 300 W/(m^2·K)，保温层外表面与空气之间的换热系数为 20 W/(m^2·K)，蒸汽的温度为 $t_1=300$ ℃，空气的温度为 $t_2=20$ ℃。试求通过单位管长的热损失。如果再加一层厚度为 40 mm，导热系数为 0.08 W/(m·K) 的软木作保温层，热损失又是多少？

8 传热学基础的应用

知识点

换热器的类型及特点，换热器选型计算，太阳能集热器，围护结构最小传热阻。

能力目标

◉ 掌握：换热器的类型及特点；围护结构最小传热阻的概念。

◉ 理解：太阳能集热器的工作原理。

◉ 熟悉：换热器热力计算公式及计算方法；围护结构最小传热阻计算公式及计算方法。

◉ 应用：使用换热器热力计算公式进行选型计算和校核计算；正确选择换热器；围护结构最小传热阻的校核和计算。

8.1 换热器选型及计算

换热器的类型介绍

换热器是实现两种或两种以上温度不同的流体相互换热的设备。按工作原理可分为三类。

（1）间壁式换热器

工程上，很多情况下要求将热流体的热量传给冷流体，而不允许两种流体混合，冷热流体被一壁面隔开，如暖风机、冷凝器、蒸发器等。

（2）混合式换热器

冷热流体直接接触，彼此混合进行换热，能同时进行热交换和质交换，如空调工程中的喷淋室、蒸气喷射泵等。

（3）回热式换热器

回热式换热器的换热面交替地吸收和放出热量，热流体流过换热面时温度升高，换热面吸收并储蓄热量，然后冷流体流过换热面，换热面放出热量加热冷流体，如锅炉中回热式空气预热器、全热回收式空气调节器等。

8.1.1 间壁式换热器的类型及特点

间壁式换热器，也叫表面式换热器，在工程上应用最广泛。它从构造上主要可分为：管壳式、肋片管式、板式、板翘式、螺旋板式、浮动盘管式等，其中前两种使用最广泛。

8.1.1.1 管壳式换热器

图 8-1 为管壳式换热器示意图。流体Ⅰ在管外流动，管外各管间常设置一些圆缺形的挡板，其作用是提高管外流体的流速（挡板数增加，流速提高），使流体能充分流经全部管面，改善流体对管子的冲刷角度，从而提高壳侧的换热系数。此外，挡板还可以起支承管束、保持管间距离等作用。

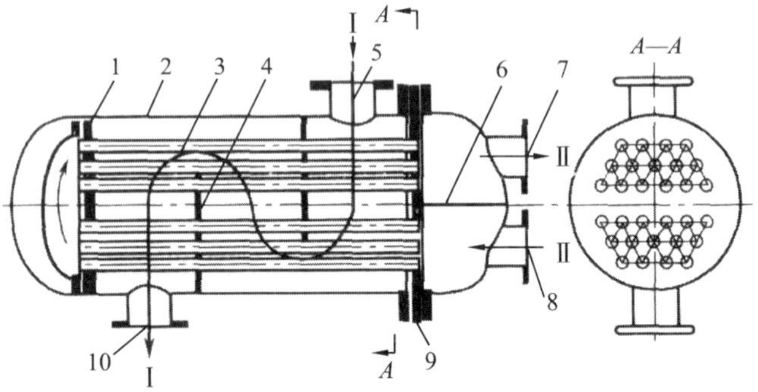

1，9—管板；2—外壳；3—换热管；4—折流挡板；5—壳程流体进口；6—管程隔板；7—管程流体出口；8—管程流体进口；10—壳程流体出口

图 8-1 管壳式换热器

流体Ⅱ在管内流动。流体Ⅱ从管的一端流到另一端称为一个管程，当管子总数及流体流量一定时，管程数分得越多，管内流速越高。图 8-1 为单壳程双管程的换热器。图 8-2a 为 2 壳程 4 管程，图 8-2b 为 3 壳程 6 管程。

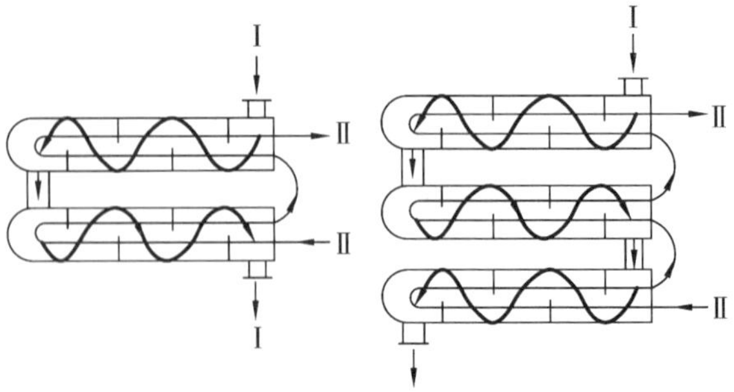

(a) 2壳程4管程　　(b) 3壳程6管程

图 8-2 多壳程与多管程换热器示意图

管壳式热交换器结构坚固，易于制造，适应性强，处理能力大，换热表面清洗较方便。这一类型换热设备是工业上用得最多，历史最久的一种，占据主导地位。其缺点是材料消耗大，不紧凑。

8.1.1.2 肋片管式换热器

肋片管亦称翘片管。图 8-3 为肋片管式换热器结构示意图。在管子外壁加肋片，肋化系数可达 25 左右，大大增加了空气侧的换热面积，强化了传热。与光管相比，传热系数可提高 1～2 倍。这类换热器结构较紧凑，对于换热面的两侧流体表面传热系数相差较大的场合非常合适。

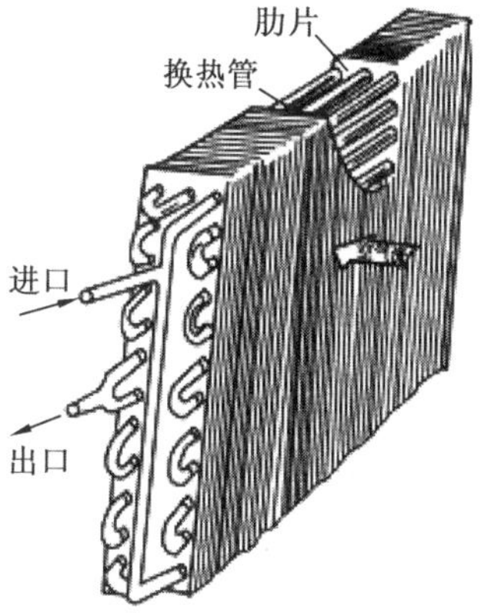

图 8-3 肋片管式换热器

8.1.1.3 板式换热器

板式换热器是由一组已冲压出凹凸波纹的长方形薄金属板（型板）平行排列，并以密封垫片及夹紧装置组装而成，如图 8-4 所示。板片间的密封垫片，既可用来防漏，又可用以控制两板间的距离。冷热两流体分别由板的上、下角孔进入换热器，并相间流过奇数及偶数流道，然后从下、上角孔流出。型板压制成为各种波纹形状，既增加了板的强度和实际传热面积，又可使得流体分布均匀，增加了湍流强度。

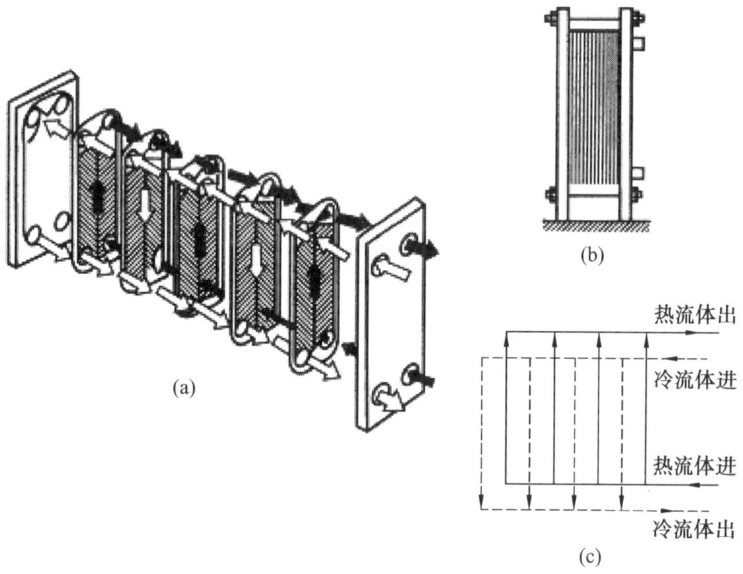

图 8-4 板式换热器结构原理图

板式换热器具有传热系数高、结构紧凑、金属消耗量低、拆装清洗方便等优点，已广泛应用于供热系统及食品、医药、化工等部门。

8.1.1.4 板翅式换热器

板翅式换热器结构形式很多，但都是由若干层基本换热元件组成的。如图 8-5a 所示，在两块平隔板 1 中夹着一块波纹形导热翅片 3，两端用侧条 2 密封，形成一层基本换热元件，许多这样的元件交错叠合（使相邻两流道流动方向交错）焊接起来构成板式换热器。图 8-5b 是一种叠合方式。波纹板可做成多种形式，以增加流体的扰动，增强换热。板翅式换热器由于两侧都有翅片，作为气-气换热器时，传热系数对空气可达 350 W/(m^2·K)。板翅换热器结构紧凑，每立方米换热体积中容纳的传热面积可达 4300 m^2，承压可达 10 MPa。但它容易堵塞，清洗困难，不易检修，因此适用于清洁和无腐蚀的流体换热。板翅式换热器近年来在制冷空调技术领域得到了广泛的应用。

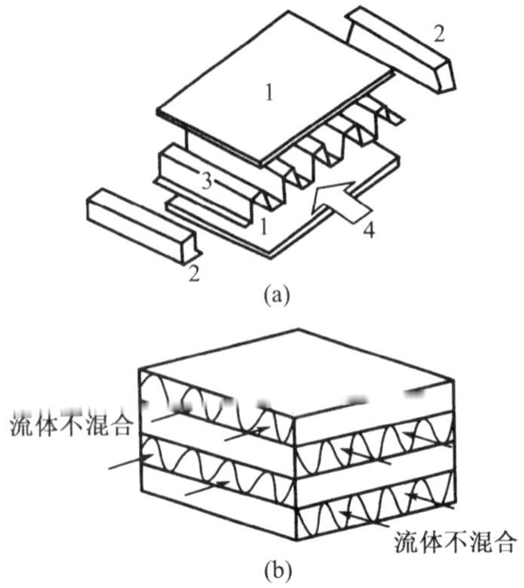

1—平隔板；2—侧条；3—翅片；4—流体

图 8-5　板翅式换热器结构原理图

8.1.1.5　螺旋板式换热器

螺旋板式换热器结构原理如图 8-6 所示。它是由两块平行的金属板卷制起来，构成两个螺旋通道，再加上下盖及连接管即成换热器。冷热两种流体分别在两个螺旋通道中流动，图中所示为逆流式，流体Ⅰ从中心进入，螺旋流动到周边流出；流体Ⅱ则由周边进入，螺旋流动到中心流出。螺旋流道有利于提高传热系数。水与水换热时的传热系数可达 2200 W/(m^2·K)。螺旋流道的冲刷效果好，污垢形成速度慢，仅为管壳式的 1/10。此外，结构比管壳式紧凑，单位体积的传热面积约为管壳式的 3 倍。而且由于使用板材制造，比管材价廉。但缺点是不易清洗，检修困难，承压能力低，目前最高的操作压力不超过 2 MPa。

8.1.1.6　浮动盘管式换热器

浮动盘管式换热器（见图 8-7）是 20 世纪 80 年代从国外引进的一种新型半即热式

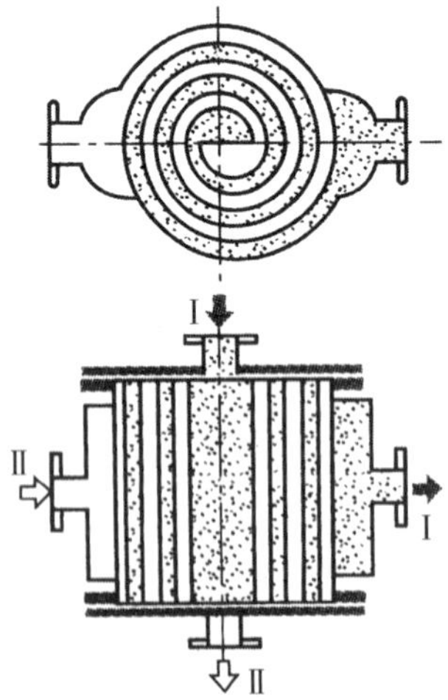

图 8-6　螺旋板式换热器

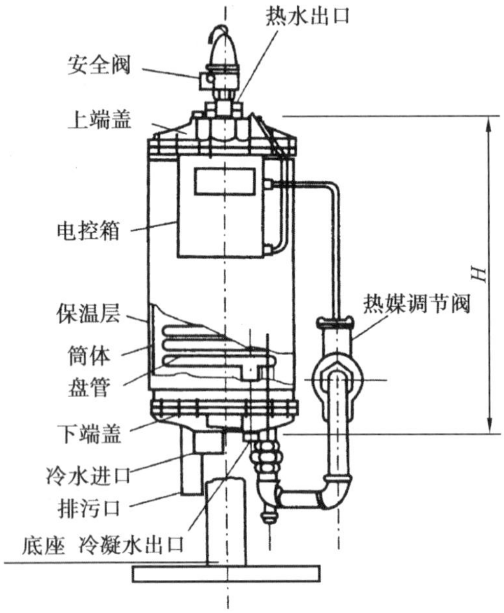

图 8-7　浮动盘管式换热器的结构和附件

换热器，它由上下两个端盖、外筒、热介质导入管、冷凝水（回水）导出管及垂直浮动盘管组成。垂直浮动盘管是由紫铜管经多次成形加工而成，各部分之间均采用螺栓连接，为设备的检修提供了可靠的条件。这种换热器具有换热效率高、结构紧凑、自动化程度高、便于清垢、热媒温度调节方便等优点。

8.1.2 换热器选型计算

换热器的选型计算

换热器的计算分为两种情况：一种是设计计算，计算的目的是根据已知与传热有关的物理量，计算满足冷、热流体进行热交换所必需的传热面积；另一种是校核计算，即已知换热器的传热面积，冷、热流体的质量流量和进口温度，计算该换热器的传热量及两种流体的出口温度能否达到要求。

8.1.2.1 传热计算的基本公式

换热器传热的基本计算公式分为传热方程式和热平衡方程式

$$Q=KA\Delta t_{\mathrm{m}} \tag{8-1}$$

$$Q=M_1c_1(t_1'-t_2')=M_2c_2(t_2''-t_2') \tag{8-2}$$

式中：Δt_{m}——流体的平均传热温差，℃；

M——质量流量，kg/s；

c——流体的比热容，kJ/（kg·K）。

公式中各项的角标意义如下：“1”是指热流体；“2”是指冷流体；“′”是指进口端温度；“″”是指出口端温度。

8.1.2.2 平均温差

在前述传热基本计算公式中，传热温差都应该取平均温差。这是因为冷、热流体沿传热面进行换热时，其温度沿流向不断地发生变化，故温差也在不断地变化。

换热器内冷、热流体的相对流向大致分为 4 种方式，如图 8-8 所示。

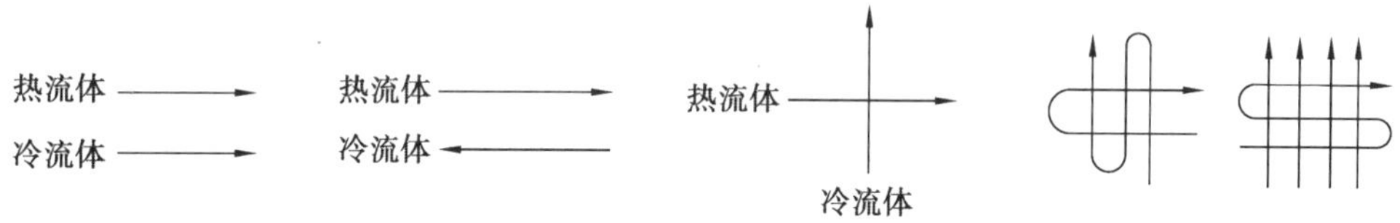

(a) 顺流　(b) 逆流　(c) 错流　(d) 混合流

图 8-8　换热器内冷、热流体的流动方式

计算平均温差的方法一般有算术平均温差和对数平均温差两种。

（1）算术平均温差

以顺流为例，流体沿传热面的温度变化曲线如图 8-9 所示，以 $\Delta t'=t_1'-t_2'$ 表示换热器进口处冷、热流体的温度差，$\Delta t''=t_1''-t_2''$ 表示换热器出口处冷、热流体的温度差，则算术平均温差为

$$\Delta t_{\mathrm{m}}=\frac{\Delta t'+\Delta t''}{2} \tag{8-3}$$

若冷热流体的流动为逆流，如图 8-10 所示，则以传热温差较大一侧的温差为进口

温差，按式（8-3）计算。

算术平均温差计算方法简便，但它误差较大，不能准确地反映温度变化的实际情况，只有当 $\Delta t'/\Delta t''<2$ 时，误差才比较小（小于 4%），因此只有在冷、热流体间的温差不大时，才能近似采用算术平均温差，否则就应采用对数平均温差。

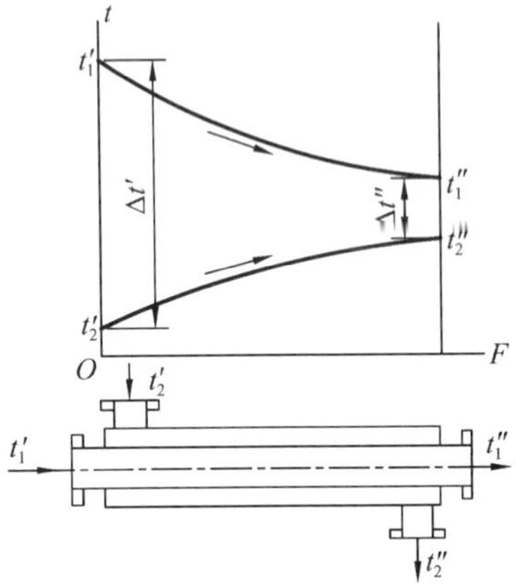

图 8-9　顺流时流体温度的变化

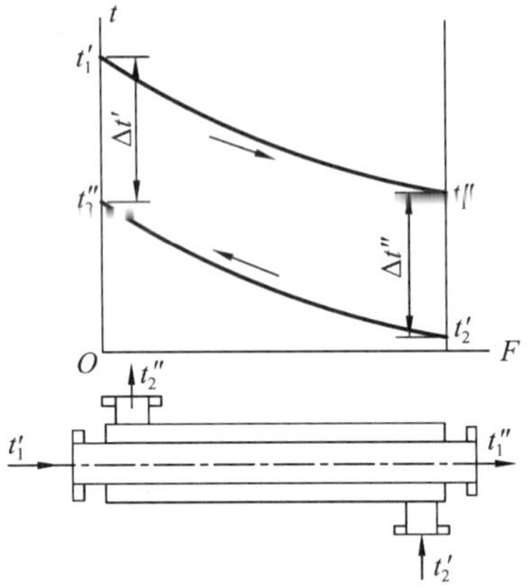

图 8-10　逆流时流体温度的变化

（2）对数平均温差

顺流时

$$\Delta t_{m}=\frac{\Delta t'-\Delta t''}{\ln \dfrac{\Delta t'}{\Delta t''}} \tag{8-4}$$

逆流时

$$\Delta t_{m}=\frac{\Delta t_{max}-\Delta t_{min}}{\ln \dfrac{\Delta t_{max}}{\Delta t_{min}}} \tag{8-5}$$

式中：Δt_{max}——换热器一侧较大的温差；

Δt_{min}——换热器一侧较小的温差。

对于错流、混合流动等其他流动方式的换热器，对数平均温差的计算公式为

$$\Delta t_{m}=\varepsilon_{\Delta t}\frac{\Delta t_{max}-\Delta t_{min}}{\ln \dfrac{\Delta t_{max}}{\Delta t_{min}}} \tag{8-6}$$

式中：$\varepsilon_{\Delta t}$——温差修正系数，它的取值可以参照图 8-11～图 8-13 进行查取。

图 8-11 为一次交叉流，一种流体本身混合，另一种不混合；图 8-12 为两侧换热的流体各自都不混合；图 8-13 为单壳程及具有 2，4，6 管程的管壳式换热器。暖风机中流体流动换热情况就属于一次交叉流的一种实例。其中，热流体在各管内流动不混合，而空气在管外各管之间可以混合（设为光管）。当流体本身不混合时，则在平行和垂直于流动方向上都有温度变化；而当流体不隔开时，流体的混合会使垂直于流动方向上温度平衡的趋势加强，故流体的混合或不混合也会影响平均温差的数值。

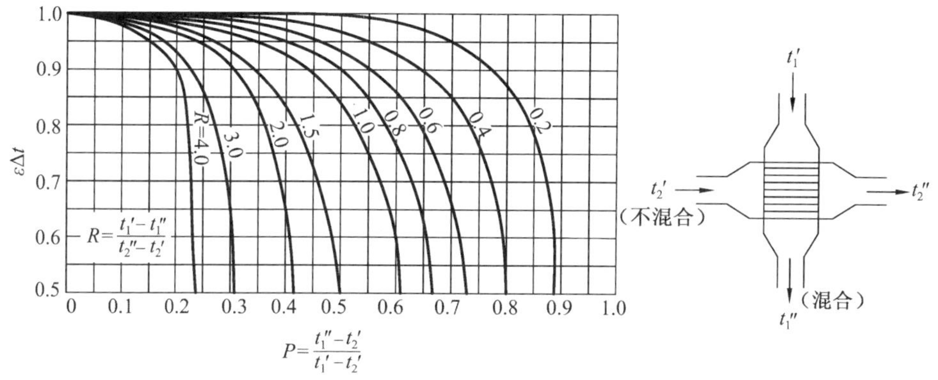

图 8-11　一侧流体混合，一侧流体不混合

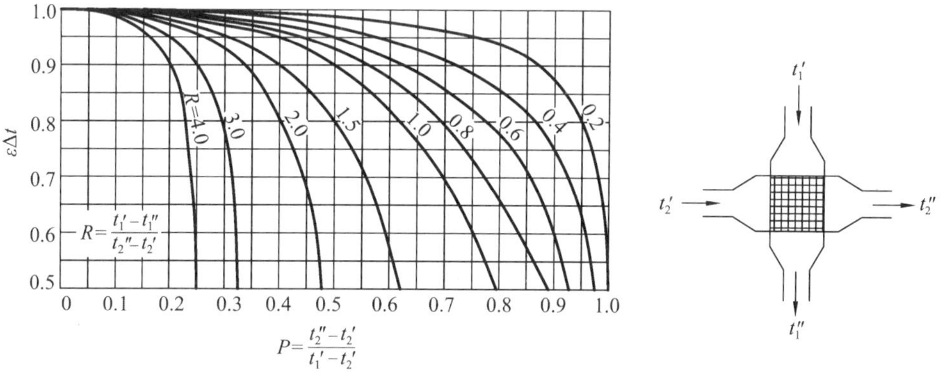

图 8-12　两侧换热的流体都不混合

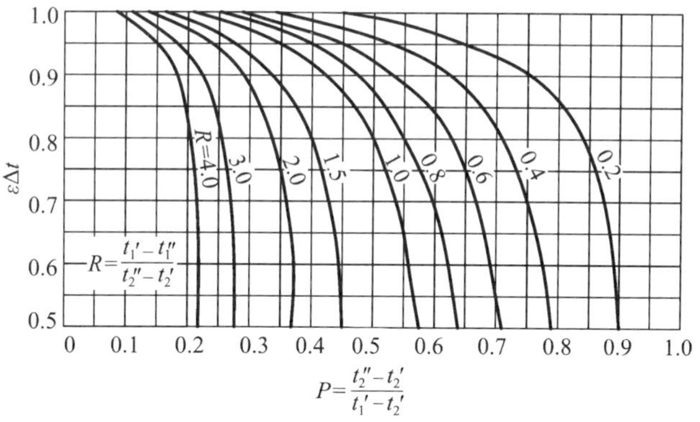

图 8-13　单壳程 2，4，6 管程

8.1.3 换热器的设计计算

采用平均温差法进行换热器设计计算的步骤如下：

（1）根据要求先确定换热器的形式，由给定的换热量和冷、热流体进出口温度中的三个温度值，按平衡方程求出冷流体或热流体的出口温度，再求出对数平均温差 Δt_m。

（2）由传热公式求出所需换热面积 A，并确定换热器的结构尺寸和参数。

在工程中一般选用系列产品，可以参考产品样本或查手册，查取相关参数进行计算。如果计算出的传热面积与该结构面积不相符，需重新计算，直到两者基本符合。

【例 8-1】 某空气预热器利用锅炉产生的烟气加热进入锅炉的空气，空气入口温度为 15 ℃，出口温度为 230 ℃；烟气入口温度为 430 ℃，出口温度为 245 ℃。试求顺流与逆流时的对数平均温差。

【解】 顺流时：参见图 8-9，$t_1'=430$ ℃，$t_2'=15$ ℃，$t_1''=245$ ℃，$t_2''=230$ ℃。

$$\Delta t'=t_1'-t_2'=430-15=415\ ℃$$

$$\Delta t''=t_1''-t_2''=245-230=15\ ℃$$

$$\Delta t_{\mathrm{m}}=\frac{\Delta t'-\Delta t''}{\ln\frac{\Delta t'}{\Delta t''}}=\frac{415-15}{\ln\frac{415}{15}}=120.5\ ℃$$

逆流时：参见图 8-10。

$$\Delta t_{\max}=t_1''-t_2'=245-15=230\ ℃$$

$$\Delta t_{\min}=t_1'-t_2''=430-230=200\ ℃$$

$$\Delta t_{\mathrm{m}}=\frac{\Delta t_{\max}-\Delta t_{\min}}{\ln\frac{\Delta t_{\max}}{\Delta t_{\min}}}=\frac{230-200}{\ln\frac{230}{200}}=214.7\ ℃$$

可见逆流平均温差比顺流平均温差大，因此，工程上换热器一般尽可能地布置成逆流。

【例 8-2】 已知某供暖系统，需要的热负荷为 4500 kW，热源使用板式换热器。换热器入口为 120 ℃的饱和蒸汽，被加热水的进口温度为 70 ℃，出口温度为 95 ℃。换热器的传热系数为 4500 W/(m^2 · K)。试求换热器的换热面积和热水的流量。

【解】 (1) 确定换热器的换热面积

对数平均温差为

$$\Delta t'=t_1'-t_2'=120-70=50\ ℃$$

$$\Delta t''=t_1''-t_2''=120-95=25\ ℃$$

$$\Delta t_{\mathrm{m}}=\frac{\Delta t'-\Delta t''}{\ln\frac{\Delta t'}{\Delta t''}}=\frac{50-25}{\ln\frac{50}{25}}=36.1\ ℃$$

由传热公式 $Q=KA\Delta t_{\mathrm{m}}$ 可得换热器的换热面积为

$$A=\frac{Q}{K\Delta t_{\mathrm{m}}}=\frac{4500}{4500\times10^{-3}\times36.1}=27.7\ \mathrm{m}^2$$

(2) 计算热水的流量

由热平衡方程 $Q=M_1c_1(t_1'-t_2')=M_2c_2(t_2''-t_2')$ 可得热水的流量 M_2 为

$$M_2=\frac{Q}{c_2(t_2''-t_2')}=\frac{4500}{4.2\times(95-70)}=42.86\ \mathrm{kg/s}$$

换热器在运行一段时间后，换热面上常会积起水垢、污泥、油污、烟灰之类的覆盖物垢层，以及由于换热面与流体的相互作用发生腐蚀而引起的覆盖物垢层。所有这些垢层都表现为附加的热阻，使传热系数减小，换热器性能下降。

在进行换热的热设计时必须考虑这种情况。但是实际运行中垢层的厚度及其导热系数难于确定，通常不是通过计算垢层的导热热阻，而是用它所表现出来的一个当量的热阻值来考虑。这种热阻称为污垢热阻，记为 R_f。对一台实际的换热器，经过一定运行周期后的污垢热阻可以通过测定两个传热系数来确定：

$$R_f=\frac{1}{K}-\frac{1}{K_0} \tag{8-7}$$

式中：K_0——洁净时换热面的传热系数，$W/(m^2 \cdot K)$；

K——有污垢时换热面的传热系数，$W/(m^2 \cdot K)$。

K_0，K 的测定应当在冷、热流体相同的进出口条件下进行，以保证传热系数的变化是由于污垢热阻所致，并非因流动及换热条件的变化而引起。污垢的产生增加换热器设备的冗余面积，对使用中的换热器则增加了其运行费用。据估计全世界每年因换热器的污垢而引起的经济损失高达数百亿美元，因此污垢的抑制、监测及清除的问题一直是传热学界和工业界所关心的问题。由于污垢产生的机理复杂，目前尚未找出在换热设备中消除污垢良策。工程界的一种实用做法是，一方面在设计时适当考虑污垢热阻，同时对运行中的换热器实行定期清洗，以保证污垢热阻不超过设计时的选定值。污垢热阻的值只能通过实验测定，由水引起的污垢热阻值可参考表 8-1。

表 8-1　水的污垢热阻　　$10^{-4}\,m^2 \cdot K/W$

加热介质的温度	<115 ℃		115～205 ℃	
水的温度	52 ℃或<52 ℃		>52 ℃	
水的类型	水的流速/(m/s)		水的流速/(m/s)	
	1 或<1	>1	1 或<1	>1
海水	0.88	0.88	1.76	1.76
含盐的水	3.52	1.76	5.28	3.52
冷却塔和人造喷水池净化水	1.76	1.76	3.52	3.52
冷却塔和人造喷水池未净化水	5.28	5.28	8.8	7.04
自来水和井水	1.76	1.76	3.52	3.52
蒸馏水和封闭循环	0.88	0.88	0.88	0.88
冷凝液	1.76	0.88	1.76	1.76
净化的锅炉给水	1.76	0.88	1.76	1.76
锅炉排水	3.52	3.52	3.52	3.52

8.2 太阳能的利用

太阳辐射是一种无污染的清洁能源，太阳能的开发利用越来越受到人类的重视。太阳能热水器、太阳灶、太阳能电池等已经是比较成熟并得到推广的太阳能利用设备。小型的太阳能发电设备在航天领域得到了广泛的利用，大、中型的太阳能发电、空调、制冷、海水淡化等技术也正处在开发、完善和实用化阶段。

8.2.1 太阳能集热器

随着能源的供需矛盾和气候变暖问题日益加剧，太阳能技术近年来得到长足发展。最简单的集热器就是一根特殊的玻璃管（见图 8-14），在长约 1 米的玻璃管外壳里面装一个涂了黑色涂料的吸收管，在管壳和吸收管之间抽成真空后密封。使用时，吸收管中灌入凉水并塞上塞子，将玻璃管放在阳光下照射。阳光通过玻璃外壳照射在黑色吸收管上，由于黑色能吸收全部波长的阳光，转换成热能后直接传递给管中的水，水吸收后温度升高。又由于吸热管与玻璃外壳之间是真空，抑制了热传递中对流的发生，热量传不出去，吸热管中没有热量损失。太阳光不断地照射，吸热管不断地将光能转换为热能传递给管中的水。水中热能不断积累，温度就不断升高，最终管中的水会被“烧”开。这种玻璃管就称为太阳能集热管。

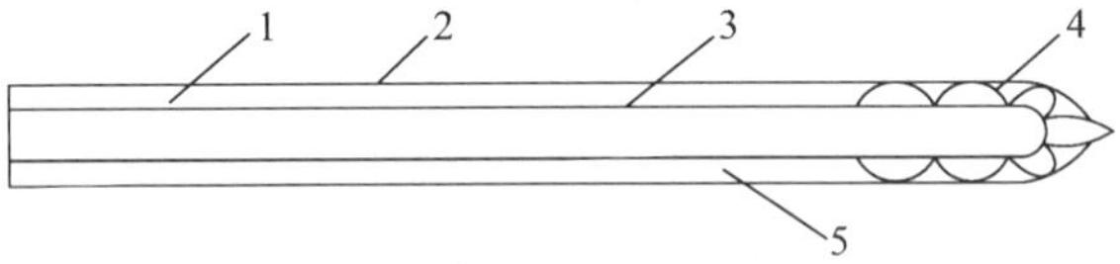

1—吸热管；2—罩管；3—吸热涂层；4—支承弹簧；5—真空层

图 8-14　太阳能真空集热管

平板式太阳能集热器是太阳能转换成热能的一种常用装置，如图 8-15 所示。它主要由五个部分组成，吸热体是一块带有传热流体流动通道的金属薄板，板上涂有吸收涂层；壳体由金属薄板、塑料或玻璃钢等材料制成，用来封装和保护吸热体，并与透明盖层和隔热材料一起形成密封的扁盒；隔热材料在吸热体的背部和侧面，以减少吸热体对周围环境的导热损失；管道与吸热体紧密接触，将吸热体的热量传给管内流动的流体，液体被加热。

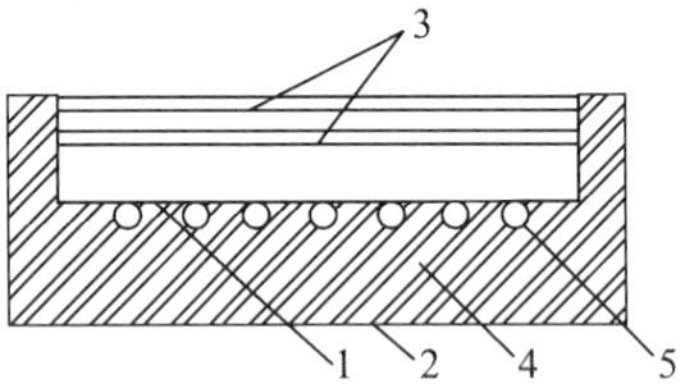

1—吸热体；2—壳体；3—透明盖板；4—隔热材料；5—管道

图 8-15　平板式太阳能集热器

8.2.2 太阳能热水系统

太阳能热水系统不仅能提供各种生活用水、工业生产用水，还可作为低温热动力装置的热源。图 8-16 是一种普遍使用的太阳能热水系统。集热器吸收太阳辐射能使其中的水被加热，吸热后的水由于密度变小而上升进入上循环管，再进入储水箱的上部。储水箱下部温度较低的水进入下循环管，补充到集热器中，并被加热，这样靠温差形成自然循环。储水箱中

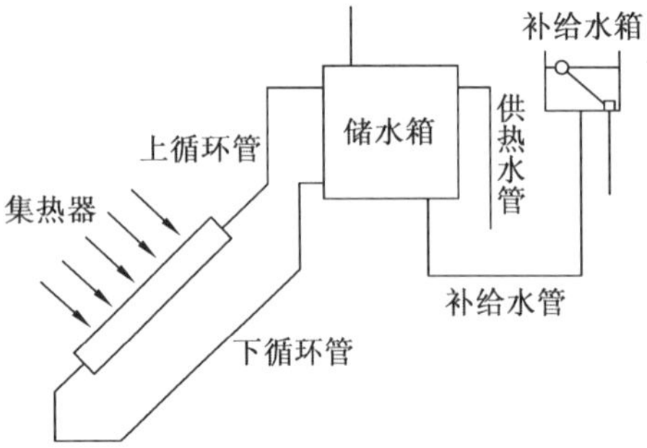

图 8-16　太阳能热水系统

的水被加热到所需的温度后，可由供热水管提供热量。

8.2.3 太阳能在供暖、空调、热水供应系统中的应用

太阳能资源是一种清洁能源，加大太阳能资源的利用，更有利于我国能源消费结构的转变。太阳能供暖和热水供应系统的形式很多，现介绍两种典型的系统形式。

图 8-17 为太阳能供暖与热水供应系统形式之一。系统可为一套单户住宅服务，由三部分组成：太阳能收集系统、热水供应系统和采暖系统。太阳能收集由集热器、蓄热水箱、集热器水泵组成。一般集热器朝南倾斜于住宅屋顶上，在长江以北、黄河以南一带地区，一幢 120 m^2 的住宅大约需要 16～24 m^2 的平板集热器。因为平衡集热器收集的能量与用热量存在不均衡性，需设蓄热水箱。集热器水泵根据集热器出口水温与蓄热器底部水温之差来控制启停。通常当温差大于 5～7 ℃时启动，温差在 −0.5～2 ℃时关闭。热水供应系统的流程是：自来水在热水箱（具有加热和蓄水作用）中用太阳能收集系统中的热水加热，然后送到浴室使用；当温度低于设定温度时，可由燃气锅炉补充加热。热水供应系统水泵的启停根据盘管进出口温差进行控制。采暖系统直接利用蓄热水箱的热水作热媒，由采暖循环水泵将热水送到各个房间的散热器或其他的末端设备，然后返回蓄热水箱。当温度低于设定值时，可由燃气锅炉补充加热。燃气锅炉是双回路的，即有两套加热水的回路，以同时满足采暖和热水供应补充加热之用。补充加热也可采用其他热源（如电热）。

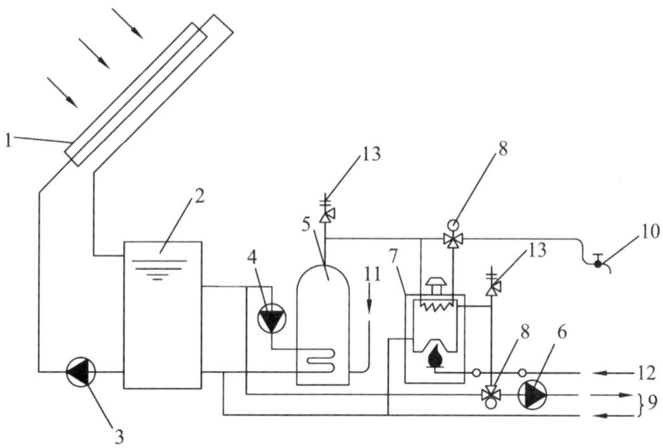

1—集热器；2—蓄热水箱；3—集热器水泵；4—热水供应水泵；5—热水箱；
6—采暖循环泵；7—燃气锅炉；8—三通调节阀；9—接采暖设备；10—热水供应；
11—自来水；12—燃气或石油气；13—安全阀

图 8-17 太阳能采暖与热水供应系统

图 8-18 为太阳能热泵采暖、热水供应系统，其太阳能收集系统与图 8-17 相同，但蓄热水箱内装有热水供应的蓄水容器，它也是换热器。该蓄热水箱夏季是用于蓄温度较高的水，而冬季则用于蓄温度较低的水，因为这时热泵取热后温度被降低了。水/水热泵机组在冬季按热泵运行，它从太阳能收集系统的蓄热水箱中取热，制出的热水储存于蓄热/蓄冷水箱中，该蓄热/蓄冷水箱中也装有热水供应的蓄水容器。蓄热/蓄冷水箱中

的热水经水泵升压后供到房间中的空调末端设备（如风机盘管），向房间供热。在夏季时，热泵按制冷运行（由四通阀换向），冷凝器放出的热量蓄存于蓄热水箱中，当温度高于一定值后，通过冷却塔将热量排到室外。制出的冷冻水储存于蓄热/蓄冷水箱中，再由水泵供到房间中的末端设备。燃气锅炉的作用及工作方式与图 8-17 系统一样，热水供应系统的热水，夏季在蓄热水箱（图 8-18 中 2）中加热，冬季在蓄热/蓄冷水箱（图 8-18 中 4）中加热。如果夏季不供冷，可以将冷却塔取消。系统中的热水供应系统、冷却塔水系统等都有转换阀门（图中均未表示）。

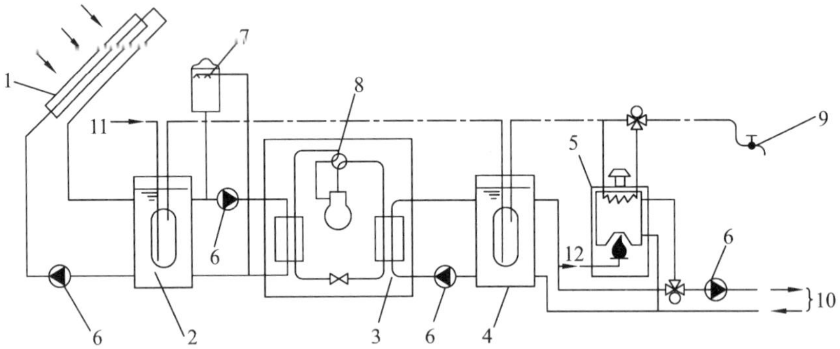

1—集热器；2—蓄热水箱；3—水/水热泵机组；4—蓄热/蓄冷水箱；5—燃气锅炉；6—水泵；7—冷却塔；8—四通换向阀；9—热水供应；10—接房间末端装置；11—自来水；12—燃气

图 8-18　太阳能热泵采暖、热水供应系统

图 8-19 为太阳能供冷与热水供应系统。该系统与图 8-18 的供冷方式不同点是，图 8-18 所示的系统采用了蒸气压缩式制冷机，消耗电能获得冷量；而该系统采用了以太阳能热量作动力的制冷机，即采用了溴化锂吸收式制冷机。冷凝器和吸收器释放出的热量由冷却塔排到室外；蓄热水箱的热水作为吸收式制冷机发生器的热源。由蒸发器制出的冷水储存于蓄冷水箱（图 8-19 中 6）中，其他部分与图 8-18 类似。如果该系统冬季需要采暖，这时将蓄热水箱中的热水直接供到风机盘管中即可。

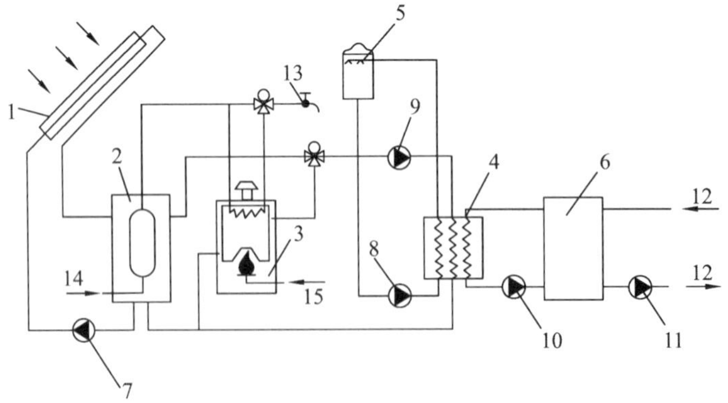

1—集热器；2—蓄热水箱；3—燃气锅炉；4—吸收式制冷机；5—冷却塔；6—蓄冷水箱；7—集热器泵；8—冷却塔泵；9—发生器泵；10—蒸发器泵；11—冷冻水循环泵；12—接风机盘管；13—热水供应；14—自来水；15—燃气

图 8-19　太阳能供冷与热水供应系统

8.3 围护结构热工计算

8.3.1 围护结构的最小传热阻

围护结构的
热工计算

现代建筑设计中，对于建筑的节能设计非常重视，并作为强制性的条文写入规范，对建筑围护结构的传热系数和热阻提出了明确的要求。现结合传热学的知识，对规范中围护结构的最小传热阻的计算作一介绍。

在设置集中供暖的建筑中要求围护结构具有一定的保温性能，这就要求围护结构的热阻足够大，以使围护结构内表面的温度满足使用要求和卫生要求。围护结构内表面的温度应能保证内表面不结露；且室内空气温度与围护结构内表面温度的差值不能过大，这是因为内表面温度过低，温差过大时，人体辐射过多会产生寒冷不舒适的感觉。

设置集中采暖系统的建筑，其围护结构的传热阻应根据技术经济比较确定，且应符合有关节能标准的要求，其最小传热阻应按式（8-8）计算确定：

$$R_{0,\min}=\frac{t_i-t_e}{[\Delta t]}R_i \tag{8-8}$$

式中：$R_{0,\min}$——围护结构最小传热阻，$(m^2\cdot K)/W$，$R_{0,\min}=\frac{1}{\alpha_i}+\sum_{i=1}^{n}\frac{\delta_i}{\lambda_i}+\frac{1}{\alpha_e}$；

t_i——冬季室内计算温度，一般居住建筑，取 18 ℃；高级居住建筑，医疗、托幼建筑，取 20 ℃；

t_e——围护结构冬季室外计算温度，根据围护结构的热惰性指标 D 确定，见表 8-2；

n——温差修正系数，见表 8-3；

R_i——围护结构内表面传热热阻，$(m^2\cdot K)/W$，$R_i=\frac{1}{\alpha_i}$，见表 8-4；

$[\Delta t]$——室内空气与围护结构内表面之间的允许温差，见表 8-5。

表 8-2　围护结构冬季室外计算温度 t_e　　℃

类型	热惰性指标 D 值	t_e 的取值
Ⅰ	>6.0	$t_e=t_w$
Ⅱ	4.1～6.0	$t_e=0.6t_w+0.4t_{e\cdot\min}$
Ⅲ	1.6～4.0	$t_e=0.3t_w+0.7t_{e\cdot\min}$
Ⅳ	≤1.5	$t_e=t_{e\cdot\min}$

注：1. t_w 和 $t_{e\cdot\min}$ 分别为采暖室外计算温度和累年最低一个日平均温度。

2. 全国主要城市四种类型围护结构冬季室外计算温度值 t_e，可按《民用建筑热工设计规范》选取。

表 8-3　温差修正系数 n 值表

围护结构及其所处情况	温差修正系数 n 值
外墙、平屋顶及与室外空气直接接触的楼板等	1.00
带通风间层的平屋顶、坡屋顶顶棚及与室外空气相通的不采暖地下室上面的楼板等	0.90
与有外门窗的不采暖楼梯间相邻的隔墙： 1～6 层建筑 7～30 层建筑	 0.60 0.50
不采暖地下室上面的楼板等： 外窗上有窗户时 外墙上无窗户且位于室外地坪以上时 外墙上无窗户且位于室外地坪以下时	 0.75 0.60 0.40
与有外门窗的不采暖房间相邻的隔墙 与无外门窗的不采暖房间相邻的隔墙	0.70 0.40
伸缩缝、沉降缝墙 抗震缝墙	0.30 0.70

表 8-4　内表面传热系数 α_i 及内表面传热热阻 R_i 值

适用季节	表面特征	$\alpha_i/[W/(m^2 \cdot K)]$	$R_i/[(m^2 \cdot K)/W]$
冬季和夏季	墙面、地面、表面平整或有肋状突出物的顶棚（当 $h/s \leqslant 0.3$ 时）	8.7	0.11
	有肋状突出物的顶棚（当 $h/s > 0.3$ 时）	7.6	0.13

表 8-5　室内空气与围护结构内表面之间的允许温差［Δt］　℃

建筑物和房间类型	外墙	平屋顶和坡屋顶顶棚
居住建筑、医院和幼儿园等	6.0	4.0
办公楼、学校和门诊部等	6.0	4.5
礼堂、食堂和体育馆等	7.0	5.5
室内空气潮湿的公共建筑： 不允许外墙和顶棚内表面结露时 允许外墙内表面结露，但不允许顶棚内表面结露时	 $t_i - t_d$ 7.0	 $0.8(t_i - t_d)$ $0.9(t_i - t_d)$

注：t_i 和 t_d 分别为室内空气温度和露点温度。

提高围护结构热阻值可采取下列措施：

（1）采用轻质高效保温材料与砖、混凝土或钢筋混凝土等材料组成的复合结构。

（2）采用密度为 500～800 kg/m³ 的轻混凝土和密度为 800～1200 kg/m³ 的轻骨料混凝土作为单一材料的墙体。

（3）采用多孔黏土空心砖或多排轻骨料混凝土空心砌块墙体。

（4）采用封闭空气间层或带有铝箔的空气间层。

8.3.2 围护结构热工计算实例

下面就结合例题对围护结构最小传热阻的应用进行讲解。

【例 8-3】 大同某医院外墙为 370 mm 红砖，内表面水泥砂浆抹面厚 20 mm，室内计算温度 $t_i=20$ ℃，试计算该墙体的传热系数，并校核其最小传热阻能否满足节能要求。已知红砖的导热系数为 0.81 W/(m·K)；水泥砂浆的导热系数为 0.87 W/(m·K)；外表面传热系数为 $\alpha_e=23.0$ W/(m^2·K)。

【解】 (1) 确定外墙的传热系数

查表 8-4，外墙内表面的传热系数为 $\alpha_i=8.7$ W/(m^2·K)。

外墙的传热系数为

$$K=\frac{1}{\dfrac{1}{\alpha_i}+\sum_{i=1}^{2}\dfrac{\delta_i}{\lambda_i}+\dfrac{1}{\alpha_e}}=\frac{1}{\dfrac{1}{8.7}+\dfrac{0.37}{0.81}+\dfrac{0.02}{0.87}+\dfrac{1}{23.0}}=1.567\ \text{W/(m}^2\cdot\text{K)}$$

该墙体的传热热阻为

$$R_0=\frac{1}{K}=\frac{1}{1.567}=0.64(\text{m}^2\cdot\text{K})/\text{W}$$

(2) 确定外墙的最小传热阻 $R_{0,\min}$

首先确定冬季围护结构室外计算温度 t_e。冬季围护结构的室外计算温度 t_e 应根据围护结构的热惰性指标 D 确定。热惰性指标为 $D=\sum_{i=1}^{n}R_iS_i$，其中 R_i 是围护结构的导热热阻，S_i 是围护结构材料的蓄热系数。已知水泥砂浆的蓄热系数为 10.79 W/(m^2·K)，红砖的蓄热系数为 10.53 W/(m^2·K)。该围护结构的热惰性指标为

$$D=\sum_{i=1}^{n}R_iS_i=\frac{0.37}{0.81}\times 10.53+\frac{0.02}{0.87}\times 10.97=5.06$$

查表 8-2 可知，该外墙属于Ⅱ类围护结构，围护结构的冬季室外计算温度可查《民用建筑热工设计规范》(GB 50176—2016) 得到大同市冬季围护结构的室外计算温度为 −18 ℃。

查表 8-5，取 $[\Delta t]=6$ ℃；查表 8-3，取 $n=1$。将上述数值代入式 (8-8) 中，得到最小传热阻为

$$R_{0,\min}=\frac{(t_i-t_e)n}{[\Delta t]}R_i=\frac{(20+18)\times 1}{6}\times 0.11=0.70(\text{m}^2\cdot\text{K})/\text{W}$$

围护结构的热阻为 0.63 (m^2·K)/W，而计算得到的围护结构最小传热阻为 0.70(m^2·K)/W。围护结构的热阻小于规范规定的围护结构最小传热阻，该墙体不符合建筑的节能要求，因此必须对围护结构采取相应的节能措施。

按照规范中的节能措施，采用轻质高效保温材料与上述红砖组成复合的围护结构。选择的保温层材料为聚苯乙烯泡沫塑料，厚度为 20 mm，计算该种复合围护结构的最小传热阻能否满足节能要求。已知聚苯乙烯泡沫塑料的导热系数为 0.042 W/(m·K)，蓄热系数为 0.36 W/(m^2·K)。

(3) 确定保温后外墙的传热系数

$$K=\frac{1}{\frac{1}{\alpha_i}+\sum_1^3\frac{\delta_i}{\lambda_i}+\frac{1}{\alpha_e}}=\frac{1}{\frac{1}{8.7}+\frac{0.37}{0.81}+\frac{0.02}{0.87}+\frac{0.02}{0.042}+\frac{1}{23.0}}=0.897\ \mathrm{W/(m^2\cdot K)}$$

该墙体的传热热阻

$$R_0=\frac{1}{K}=\frac{1}{0.897}=1.115(\mathrm{m^2\cdot K})/\mathrm{W}。$$

(4) 确定保温外墙的最小传热阻 $R_{0,\min}$

该围护结构的热惰性指标为

$$D=\sum_{i=1}^{3}R_iS_i$$

$$=\frac{0.37}{0.81}\times10.53+\frac{0.02}{0.87}\times10.97+\frac{0.02}{0.042}\times0.36=5.23$$

查表 8-2 可知，该外墙属于Ⅱ类围护结构；查表 8-5，取 $[\Delta t]=6$ ℃；查表 8-3，取 $n=1$。将上述数值代入式（8-8）中，得到最小传热阻为

$$R_{0,\min}=\frac{(t_i-t_e)n}{[\Delta t]}R_i=\frac{(20+18)\times1}{6}\times0.11=0.70(\mathrm{m^2\cdot K})/\mathrm{W}$$

围护结构的热阻为 1.115 $(\mathrm{m^2\cdot K})/\mathrm{W}$，计算得到的围护结构最小传热阻为 0.70 $(\mathrm{m^2\cdot K})/\mathrm{W}$。围护结构的热阻大于最小传热阻，符合建筑的节能要求。

由上述例题可以看出，对外墙采取保温措施后满足了节能要求。这种方法在工程实践中得到了较为广泛的应用，尤其是对旧有建筑的改造，具有投资小，效果显著的优点。

思考题与习题

8-1 工程中常用的换热器类型有哪些？各自应用于何种情况？

8-2 换热器的传热计算所依据的基本方程有哪些？

8-3 为什么换热器中的冷、热流体的流动，按逆流方式布置比按顺流方式布置好？

8-4 什么是太阳能集热管？平板式太阳能集热器的组成有哪些？

8-5 围护结构最小传热阻的含义及确定方法？

8-6 空气预热器中空气从 20 ℃被加热到 180 ℃，烟气则从 400 ℃被冷却到 280 ℃，按顺流和逆流两种换热方式计算对数平均温差。

8-7 已知一换热器的换热面积为 2 $\mathrm{m^2}$，传热系数是 2000 $\mathrm{W/(m^2\cdot K)}$。热流体的进出口温度分别为 120 ℃和 60 ℃；冷流体的进出口温度分别为 20 ℃和 40 ℃。试分别计算该换热器在顺流和逆流时的换热量。

8-8 一冷凝器中，蒸汽压力为 0.08 MPa，蒸汽流量为 0.015 kg/s，冷却水进口温度为 10 ℃，出口温度为 60 ℃，冷凝器的传热系数为 2000 $\mathrm{W/(m^2\cdot K)}$，试求冷凝器的换热面积和冷却水量（设蒸汽冷却后变成同压下的饱和水输出）。

附录

附表 1　几种气体在理想状态下的平均比定压热容 $c_{pm}\Big|_0^t$ 的数值

温度/℃	气体						
	O_2	N_2	CO	CO_2	H_2O	SO_2	空气
0	0.915	1.039	1.040	0.815	1.859	0.607	1.004
100	0.923	1.040	1.042	0.866	1.873	0.636	1.006
200	0.935	1.043	1.046	0.910	1.894	0.662	1.012
300	0.950	1.049	1.054	0.949	1.919	0.687	1.019
400	0.965	1.057	1.063	0.983	1.948	0.708	1.208
500	0.979	1.066	1.075	1.013	1.978	0.724	1.039
600	0.993	1.076	1.086	1.040	2.009	0.737	1.050
700	1.005	1.087	1.098	1.064	2.042	0.754	1.061
800	1.016	1.097	1.109	1.085	2.075	0.762	1.071
900	1.026	1.108	1.120	1.104	2.110	0.775	1.081
1000	1.035	1.118	1.130	1.122	2.144	0.783	1.091
1100	1.043	1.127	1.140	1.138	2.177	0.791	1.100
1200	1.051	1.136	1.149	1.153	2.211	0.795	1.108
1300	1.058	1.145	1.158	1.166	2.243	—	1.117
1400	1.065	1.153	1.166	1.178	2.274	—	1.124
1500	1.071	1.160	1.173	1.189	2.305	—	1.131
1600	1.077	1.167	1.180	1.200	2.335	—	1.138
1700	1.083	1.174	1.187	1.209	2.363	—	1.144
1800	1.089	1.180	1.192	1.218	2.391	—	1.150
1900	1.094	1.186	1.198	1.266	2.417	—	1.156
2000	1.099	1.191	1.203	1.233	2.442	—	1.161
2100	1.104	1.197	1.208	1.241	2.466	—	1.166
2200	1.109	1.201	1.213	1.247	2.489	—	1.171
2300	1.114	1.206	1.218	1.253	2.512	—	1.176
2400	1.118	1.210	1.222	1.259	2.533	—	1.180
2500	1.123	1.214	1.266	1.264	2.554	—	1.184

附表2 饱和水与饱和蒸汽性质表(按温度排列)

t	p	v'	v''	ρ'	ρ''	h'	h''	γ	s'	s''
℃	MPa	m^3/kg	m^3/kg	kg/m^3	kg/m^3	kJ/kg	kJ/kg	kJ/kg	kJ/(kg·K)	kJ/(kg·K)
0.01	0.0006108	0.0010002	206.3	999.80	0.004847	0.00	2501	2501	0.0000	9.1544
1	0.0006566	0.0010001	192.6	999.90	0.005192	4.22	2502	2498	0.0154	9.1281
5	0.0008719	0.0010001	147.2	999.90	0.006793	21.05	2510	2489	0.0762	9.0241
10	0.0012277	0.0010004	106.42	999.60	0.009398	42.04	2519	2477	0.1510	8.8994
15	0.0017041	0.0010010	77.97	999.00	0.01282	62.97	2528	2465	0.2244	8.7806
20	0.002337	0.0010018	57.84	998.20	0.01729	83.80	2537	2454	0.2964	8.6665
25	0.003166	0.0010030	43.40	997.01	0.02304	104.81	2547	2442	0.3672	8.5570
30	0.004241	0.0010044	32.92	995.67	0.03037	125.71	2556	2430	0.4366	8.4530
35	0.005622	0.0010061	25.24	993.94	0.03962	146.60	2565	2418	0.5049	8.3519
40	0.007375	0.0010079	19.55	992.16	0.05115	167.50	2574	2406	0.5723	8.2559
45	0.009584	0.0010099	15.28	990.20	0.06544	188.40	2582	2394	0.6384	8.1638
50	0.012335	0.0010121	12.04	988.04	0.08306	209.3	2592	2383	0.7038	8.0753
60	0.019917	0.0010171	7.678	983.19	0.1302	251.1	2609	2358	0.8311	7.9084
70	0.03117	0.0010228	5.045	977.71	0.1982	293.0	2626	2333	0.9549	7.7544
80	0.04736	0.0010290	3.408	971.82	0.2934	334.9	2643	2308	1.0753	7.6116
90	0.07011	0.0010359	2.361	965.34	0.4235	377.0	2659	2282	1.1925	7.4787
100	0.10131	0.0010435	1.673	958.31	0.5977	419.1	2676	2257	1.3071	7.3547
110	0.14326	0.0010515	1.210	951.02	0.8264	461.3	2691	2230	1.4184	7.2387
120	0.19854	0.0010603	0.8917	943.13	1.121	503.7	2706	2202	1.5277	7.1298
130	0.27011	0.0010697	0.6683	934.84	1.496	546.3	2721	2174	1.6345	7.0272
140	0.3614	0.0010798	0.5087	926.10	1.966	589.0	2734	2145	1.7392	6.9304
150	0.4760	0.0010906	0.3926	916.93	2.547	632.2	2746	2114	1.8414	6.8383
160	0.6180	0.0011021	0.3068	907.36	3.258	675.6	2758	2082	1.9427	6.7508
170	0.7920	0.0011144	0.2426	897.34	4.122	719.2	2769	2050	2.0417	6.6666
180	1.0027	0.0011275	0.1939	886.92	5.157	763.1	2778	2015	2.1395	6.5858
190	1.2553	0.0011415	0.1564	876.04	6.394	807.5	2786	1979	2.2357	6.5074
200	1.5551	0.0011565	0.1272	864.68	7.862	852.4	2793	1941	2.3308	6.4318
210	1.9080	0.0011726	0.1043	852.81	9.588	897.7	2798	1900	2.4246	6.3577
220	2.3201	0.0011900	0.08606	840.34	11.62	943.7	2802	1858	2.5179	6.2849
230	2.7979	0.0012087	0.07147	827.34	13.99	990.4	2803	1813	2.6101	6.2133
240	3.3480	0.0012291	0.05967	813.60	16.76	1037.5	2803	1766	2.7021	6.1425
250	3.9776	0.0012512	0.05006	799.23	19.98	1085.7	2801	1715	2.7934	6.0721
260	4.694	0.0012755	0.04215	784.01	23.72	1135.1	2796	1661	2.8851	6.0013
270	5.505	0.0013023	0.03560	767.87	28.09	1185.3	2790	1605	2.9764	5.9297
280	6.419	0.0013321	0.03013	750.69	33.19	1236.9	2780	1542.9	3.0681	5.8573
290	7.445	0.0013655	0.02554	732.33	39.15	1290.0	2766	1476.3	3.1611	5.7827
300	8.592	0.0014036	0.02164	712.45	46.21	1344.9	2749	1404.2	3.2548	5.7049
310	9.870	0.001447	0.01832	691.09	54.58	1402.1	2727	1325.2	3.3508	5.6233
320	11.290	0.001499	0.01545	667.11	64.72	1462.1	2700	1237.8	3.4495	5.5353
330	12.865	0.001562	0.01297	640.20	77.10	1526.1	2666	1139.6	3.5522	5.4412
340	14.608	0.001639	0.01078	610.13	92.76	1594.7	2622	1027.0	3.6605	5.3361
350	16.537	0.001741	0.008803	574.38	113.6	1671	2565	898.5	3.7786	5.2117
360	18.674	0.001894	0.006943	527.98	144.0	1762	2481	719.3	3.9162	5.0530
370	21.053	0.00222	0.00493	450.45	203	1893	2331	438.4	4.1137	4.7951
374	22.087	0.00280	0.00347	357.14	288	2032	2147	114.7	4.3258	4.5029

附表 3 饱和水与饱和蒸汽性质表(按压力排列)

压力 p	温度 t	比容		焓		汽化潜热 γ	熵	
		液体 v'	蒸汽 v''	液体 h'	蒸汽 h''		液体 s'	蒸汽 s''
MPa	℃	m^3/kg	m^3/kg	kJ/kg	kJ/kg	kJ/kg	kJ/(kg·K)	kJ/(kg·K)
0.001	6.982	0.0010001	129.208	29.33	2513.8	2484.5	0.1060	8.9756
0.002	17.511	0.0010012	67.006	73.45	2533.2	2459.8	0.2606	8.7236
0.003	24.098	0.0010027	45.668	101.00	2545.2	2444.2	0.3543	8.5776
0.004	28.981	0.0010040	34.803	121.41	2554.1	2432.7	0.4224	8.4747
0.005	32.90	0.0010052	28.196	137.77	2561.2	2423.4	0.4762	8.3952
0.006	36.18	0.0010064	23.742	151.50	2567.1	2415.6	0.5209	8.3305
0.007	39.02	0.0010074	20.532	163.38	2572.2	2408.8	0.5591	8.2760
0.008	41.53	0.0010084	18.106	173.87	2576.7	2402.8	0.5926	8.2289
0.009	43.79	0.0010094	16.266	183.28	2580.8	2397.5	0.6224	8.1875
0.01	45.83	0.0010102	14.676	191.84	2584.4	2392.6	0.6493	8.1505
0.015	54.00	0.0010140	10.025	225.98	2598.9	2372.9	0.7549	8.0089
0.02	60.09	0.0010172	7.6515	251.46	2609.6	2358.1	0.8321	7.9092
0.025	64.99	0.0010199	6.2060	271.99	2618.1	2346.1	0.8932	7.8321
0.03	69.12	0.0010223	5.2308	289.31	2625.3	2336.0	0.9441	7.7695
0.04	75.89	0.0010265	3.9949	317.65	2636.8	2319.2	1.0261	7.6711
0.05	81.35	0.0010301	3.2415	340.57	2646.0	2305.4	1.0912	7.5951
0.06	85.95	0.0010333	2.7329	359.93	2653.6	2203.7	1.1454	7.5332
0.07	89.96	0.0010361	2.3658	376.77	2660.2	2283.4	1.1921	7.4811
0.08	93.51	0.0010387	2.0879	391.72	2666.0	2274.3	1.2330	7.4360
0.09	96.71	0.0010412	1.8701	405.21	2671.1	2265.9	1.2696	7.3963
0.1	99.63	0.0010434	1.6946	417.51	2675.7	2258.2	1.3027	7.3608
0.12	104.81	0.0010476	1.4289	439.36	2683.8	2244.4	1.3609	7.2996
0.14	109.32	0.0010513	1.2370	458.42	2690.8	2232.4	1.4109	7.2480
0.16	113.32	0.0010547	1.0917	475.38	2696.8	2221.4	1.4550	7.2032
0.18	116.93	0.0010579	0.97775	490.70	2702.1	2211.4	1.4944	7.1638
0.2	120.23	0.0010608	0.88592	504.7	2706.9	2202.2	1.5301	7.1286
0.25	127.43	0.0010675	0.71881	535.4	2717.2	2181.8	1.6072	7.0540
0.3	133.54	0.0010735	0.60586	561.4	2725.5	2164.1	1.6717	6.9930
0.35	138.88	0.0010789	0.52425	584.3	2732.5	2148.2	1.7273	6.9414
0.4	143.62	0.0010839	0.46242	604.7	2738.5	2133.8	1.7764	6.8966
0.45	147.92	0.0010885	0.41892	623.2	2743.8	2120.6	1.8204	6.8570
0.5	151.85	0.0010928	0.37481	640.1	2748.5	2108.4	1.8604	6.8215
0.6	158.84	0.0011009	0.31556	670.4	2756.4	2086.0	1.9308	6.7598
0.7	164.96	0.0011082	0.27274	697.1	2762.9	2065.8	1.9918	6.7074
0.8	170.42	0.0011150	0.24030	720.9	2768.4	2047.5	2.0457	6.6618
0.9	175.36	0.0011213	0.21484	742.6	2773.0	2030.4	2.0941	6.6212

续表

压力 p	温度 t	比容		焓		汽化潜热 γ	熵	
		液体 v'	蒸汽 v''	液体 h'	蒸汽 h''		液体 s'	蒸汽 s''
MPa	℃	m^3/kg	m^3/kg	kJ/kg	kJ/kg	kJ/kg	kJ/(kg·K)	kJ/(kg·K)
1	179.88	0.0011274	0.19430	762.6	2777.0	2014.4	2.1382	6.5847
1.1	184.06	0.0011331	0.17739	781.1	2780.4	1999.3	2.1786	6.5515
1.2	187.96	0.0011386	0.16320	798.4	2783.4	1985.0	2.2160	6.5210
1.3	191.60	0.0011438	0.15112	814.7	2786.0	1971.3	2.2509	6.4927
1.4	195.04	0.0011489	0.14072	830.1	2788.4	1958.3	2.2836	6.4665
1.5	198.28	0.0011538	0.13165	844.7	2790.4	1945.7	2.3144	6.4418
1.6	201.37	0.0011586	0.12368	858.6	2792.2	1933.6	2.3436	6.4187
1.7	204.30	0.0011633	0.11661	871.8	2793.8	1922.0	2.3712	6.3967
1.8	207.10	0.0011678	0.11031	884.6	2795.1	1910.5	2.3976	6.3759
1.9	209.79	0.0011722	0.10464	896.8	2796.4	1899.6	2.4227	6.3561
2	212.37	0.0011766	0.09953	908.6	2797.4	1888.8	2.4468	6.3373
2.2	217.24	0.0011850	0.09064	930.9	2799.1	1868.2	2.4922	6.3018
2.4	221.78	0.0011932	0.08319	951.9	2800.4	1848.5	2.5343	6.2691
2.6	226.03	0.0012011	0.07685	971.7	2801.2	1829.5	2.5736	6.2386
2.8	230.04	0.0012088	0.07138	990.5	2801.7	1811.2	2.6106	6.2101
3	233.84	0.0012163	0.06662	1008.4	2801.9	1793.5	2.6455	6.1832
3.5	242.54	0.0012345	0.05702	1049.8	2801.3	1751.5	2.7253	6.1218
4	250.33	0.0012521	0.04974	1087.5	2799.4	1711.9	2.7967	6.0670
5	263.92	0.0012858	0.03941	1154.6	2792.8	1638.2	2.9209	5.9712
6	275.56	0.0013187	0.03241	1213.9	2783.3	1569.4	3.0277	5.8878
7	285.80	0.0013514	0.02734	1267.7	2771.4	1503.7	3.1225	5.8126
8	294.98	0.0013843	0.02349	1317.5	2757.5	1440.0	3.2083	5.7430
9	303.31	0.0014179	0.02046	1364.2	2741.8	1377.6	3.2875	5.6773
10	310.96	0.0014526	0.01800	1408.6	2724.4	1315.8	3.3616	5.6143
11	318.04	0.0014887	0.01597	1451.2	2705.4	1254.2	3.4316	5.5531
12	324.64	0.0015267	0.01425	1492.6	2684.8	1192.2	3.4986	5.4930
13	330.81	0.0015670	0.01277	1533.0	2662.4	1129.4	3.5633	5.4333
14	336.63	0.0016104	0.01149	1572.8	2638.3	1065.5	3.6262	5.3737
15	342.12	0.0016580	0.01035	1612.2	2611.6	999.4	3.6877	5.3122
16	347.32	0.0017101	0.009330	1651.5	2582.7	931.2	3.7486	5.2496
17	352.26	0.0017690	0.008401	1691.6	2550.8	859.2	3.8103	5.1841
18	356.96	0.0018380	0.007534	1733.4	2514.4	781.0	3.8739	5.1135
19	361.44	0.0019231	0.006700	1778.2	2470.1	691.9	3.9417	5.0321
20	365.71	0.002038	0.005873	1828.8	2413.8	585.0	4.0181	4.9338
21	369.79	0.002218	0.005006	1892.2	2340.2	448.0	4.1137	4.8106
22	373.68	0.002675	0.003757	2007.7	2192.5	184.8	4.2891	4.5748

附表 4　未饱和水与过热蒸汽性质表(按压力排列)

p/MPa	0.001			0.005		
	t_s=6.982 v'=0.0010001　v''=129.208 h'=29.33　h''=2513.8 s'=0.1060　s''=8.9756			t_s=32.90 v'=0.0010052　v''=28.196 h'=137.77　h''=2561.2 s'=0.4762　s''=8.3952		
t	v	h	s	v	h	s
℃	m^3/kg	kJ/kg	kJ/(kg·K)	m^3/kg	kJ/kg	kJ/(kg·K)
0	0.0010002	0.0	−0.0001	0.0010002	0.0	−0.0001
10	130.60	2519.5	8.9956	0.0010002	42.0	0.1510
20	135.23	2538.1	9.0604	0.0010017	83.90	0.2963
40	144.47	2575.5	9.1837	28.86	2574.6	8.4385
60	153.71	2613.0	9.2997	30.71	2612.3	8.5552
80	162.95	2650.6	9.4093	32.57	2650.0	8.6652
100	172.19	2688.3	9.5132	34.42	2687.9	8.7695
120	181.42	2726.2	9.6122	36.27	2725.9	8.8687
140	190.66	2764.3	9.7066	38.12	2764.0	8.9633
160	199.89	2802.6	9.7971	39.97	2802.3	9.0539
180	209.12	2841.0	9.8839	41.81	2840.8	9.1408
200	218.35	2879.7	9.9674	43.66	2879.5	9.2244
220	227.58	2918.6	10.0480	45.51	2918.5	9.3049
240	236.82	2957.7	10.1257	47.36	2957.6	9.3828
260	246.05	2997.1	10.2010	49.20	2997.0	9.4580
280	255.28	3036.7	10.2739	51.05	3036.6	9.5310
300	264.51	3076.5	10.3446	52.90	3076.4	9.6017
350	287.58	3177.2	10.5130	57.51	3177.1	9.7702
400	310.66	3279.5	10.6709	62.13	3279.4	9.9280
450	333.74	3383.4	10.820	66.74	3383.3	10.077
500	356.81	3489.0	10.961	71.36	3489.0	10.218
550	379.89	3596.3	11.095	75.98	3596.2	10.352
600	402.96	3705.3	11.224	80.59	3705.3	10.481

续表

p/MPa	0.01			0.05		
	t_s=45.83 v'=0.0010102 v''=14.676 h'=191.84 h''=2584.4 s'=0.6493 s''=8.1505			t_s=81.35 v'=0.0010301 v''=3.2415 h'=340.57 h''=2646.0 s'=1.0912 s''=7.5951		
t	v	h	s	v	h	s
℃	m^3/kg	kJ/kg	kJ/(kg·K)	m^3/kg	kJ/kg	kJ/(kg·K)
0	0.0010002	0.0	−0.0001	0.0010002	0.0	−0.0001
10	0.0010002	42.0	0.1510	0.0010002	42.0	0.1510
20	0.0010017	83.9	0.2963	0.0010017	83.9	0.2963
40	0.0010078	167.4	0.5721	0.0010078	167.5	0.5721
60	15.34	2611.3	8.2331	0.0010171	251.1	0.8310
80	16.27	2649.3	8.3437	0.0010292	334.9	1.0752
100	17.20	2687.3	8.4484	3.419	2682.6	7.6958
120	18.12	2725.4	8.5479	3.608	2721.7	7.7977
140	19.05	2763.6	8.6427	3.796	2760.6	7.8942
160	19.98	2802.0	8.7334	3.983	2799.5	7.9862
180	20.90	2840.6	8.8204	4.170	2838.4	8.0741
200	21.82	2879.3	8.9041	4.356	2877.5	8.1584
220	22.75	2918.3	8.9848	4.542	2916.7	8.2396
240	23.67	2957.4	9.0626	4.728	2956.1	8.3178
260	24.60	2996.8	9.1379	4.913	2995.6	8.3934
280	25.52	3036.5	9.2109	5.099	3035.4	8.4667
300	26.44	3076.3	9.2817	5.284	3075.3	8.5376
350	28.75	3177.0	9.4502	5.747	3176.3	8.7065
400	31.06	3279.4	9.6081	6.209	3278.7	8.8646
450	33.37	3383.3	9.7570	6.671	3382.8	9.0137
500	35.68	3488.9	9.8982	7.134	3488.5	9.1550
550	37.99	3596.2	10.033	7.595	3595.8	9.2896
600	40.29	3705.2	10.161	8.057	3704.9	9.4182

续表

p/MPa	0.1			0.2		
	t_s=99.63 v'=0.0010434 v''=1.6956 h'=417.51 h''=2675.7 s'=1.3027 s''=7.3608			t_s=120.23 v'=0.0010608 v''=0.88592 h'=504.7 h''=2706.9 s'=1.5301 s''=7.1286		
t	v	h	s	v	h	s
℃	m^3/kg	kJ/kg	kJ/(kg·K)	m^3/kg	kJ/kg	kJ/(kg·K)
0	0.0010002	0.1	−0.0001	0.0010001	0.2	−0.0001
10	0.0010002	42.1	0.1510	0.0010002	42.2	0.1510
20	0.0010017	84.0	0.2963	0.0010016	84.0	0.2963
40	0.0010078	167.5	0.5721	0.0010077	167.6	0.5720
60	0.0010171	251.2	0.8309	0.0010171	251.2	0.8309
80	0.0010292	335.0	1.0752	0.0010291	335.0	1.0752
100	1.696	2676.5	7.3628	0.0010437	419.1	1.3068
120	1.793	2716.8	7.4681	0.0010606	503.7	1.5276
140	1.889	2756.6	7.5669	0.9353	2748.4	7.2314
160	1.984	2796.2	7.6605	0.9842	2789.5	7.3286
180	2.078	2835.7	7.7496	1.0326	2830.1	7.4203
200	2.172	2875.2	7.8348	1.080	2870.5	7.5073
220	2.266	2914.7	7.9166	1.128	2910.6	7.5905
240	2.359	2954.3	7.9954	1.175	2950.8	7.6704
260	2.453	2994.1	8.0714	1.222	2991.0	7.7472
280	2.546	3034.0	8.1449	1.269	3031.3	7.8214
300	2.639	3074.1	8.2162	1.316	3071.7	7.8931
350	2.871	3175.3	8.3854	1.433	3173.4	8.0633
400	3.103	3278.0	8.5439	1.549	3276.5	8.2223
450	3.334	3382.2	8.6932	1.665	3380.9	8.3720
500	3.565	3487.9	8.8346	1.781	3486.9	8.5137
550	3.797	3595.4	8.9693	1.897	3594.5	8.6485
600	4.028	3704.5	9.0979	2.013	3703.7	8.7774

续表

p/MPa	0.5			1		
	t_s=151.85 v'=0.0010928 v''=0.37481 h'=640.1 h''=2748.5 s'=1.8604 s''=6.8215			t_s=179.88 v'=0.0011274 v''=0.19430 h'=762.6 h''=2777.0 s'=2.1382 s''=6.5847		
t	v	h	s	v	h	s
℃	m³/kg	kJ/kg	kJ/(kg·K)	m³/kg	kJ/kg	kJ/(kg·K)
0	0.0010000	0.5	−0.0001	0.0009997	1.0	−0.0001
10	0.0010000	42.5	0.1509	0.0009998	43.0	0.1509
20	0.0010015	84.3	0.2962	0.0010013	84.8	0.2961
40	0.0010076	167.9	0.5719	0.0010074	168.3	0.5717
60	0.0010169	251.5	0.8307	0.0010167	251.9	0.8305
80	0.0010290	335.3	1.0750	0.0010287	335.7	1.0746
100	0.0010435	419.4	1.3066	0.0010432	419.7	1.3062
120	0.0010605	503.9	1.5273	0.0010602	504.3	1.5269
140	0.0010800	589.2	1.7388	0.0010796	589.5	1.7383
160	0.3836	2767.3	6.8654	0.0011019	675.7	1.9420
180	0.4046	2812.1	6.9665	0.1944	2777.3	6.5854
200	0.4250	2855.5	7.0602	0.2059	2827.5	6.6940
220	0.4450	2898.0	7.1481	0.2169	2874.9	6.7921
240	0.4646	2939.9	7.2315	0.2275	2920.5	6.8826
260	0.4841	2981.5	7.3110	0.2378	2964.8	6.9674
280	0.5034	3022.9	7.3872	0.2480	3008.3	7.0475
300	0.5226	3064.2	7.4606	0.2580	3051.3	7.1234
350	0.5701	3167.6	7.6335	0.2825	3157.7	7.3018
400	0.6172	3271.8	7.7944	0.3066	3264.0	7.4606
420	0.6360	3313.8	7.8558	0.3161	3306.6	7.5283
440	0.6548	3355.9	7.9158	0.3256	3349.3	7.5890
450	0.6641	3377.1	7.9452	0.3304	3370.7	7.6188
460	0.6735	3398.3	7.9743	0.3351	3392.1	7.6482
480	0.6922	3440.9	8.0316	0.3446	3435.1	7.7061
500	0.7109	3483.7	8.0877	0.3540	3478.3	7.7627
550	0.7575	3591.7	8.2232	0.3776	3587.2	7.8991
600	0.8040	3701.4	8.3525	0.4010	3697.4	8.0292

续表

p/MPa	2			3		
	t_s=212.37 v'=0.0011766 v''=0.09953 h'=908.6 h''=2797.4 s'=2.4468 s''=6.3373			t_s=233.84 v'=0.0012163 v''=0.06662 h'=1008.4 h''=2801.9 s'=2.6455 s''=6.1832		
t	v	h	s	v	h	s
℃	m^3/kg	kJ/kg	kJ/(kg·K)	m^3/kg	kJ/kg	kJ/(kg·K)
0	0.0009992	2.0	0.0000	0.0009987	3.0	0.0001
10	0.0009993	43.9	0.1508	0.0009988	44.9	0.1507
20	0.0010008	85.7	0.2959	0.0010004	86.7	0.2957
40	0.0010069	169.2	0.5713	0.0010065	170.1	0.5709
60	0.0010162	252.7	0.8299	0.0010158	253.6	0.8294
80	0.0010282	336.5	1.0740	0.0010278	337.3	1.0733
100	0.0010427	420.5	1.3054	0.0010422	421.2	1.3046
120	0.0010596	505.0	1.5260	0.0010590	505.7	1.5250
140	0.0010790	590.2	1.7373	0.0010783	590.8	1.7362
160	0.0011012	676.3	1.9408	0.0011005	676.9	1.9396
180	0.0011266	763.6	2.1379	0.0011258	764.1	2.1366
200	0.0011560	852.6	2.3300	0.0011550	853.0	2.3284
220	0.10211	2820.4	6.3842	0.0011891	943.9	2.5166
240	0.1084	2876.3	6.4953	0.06818	2823.0	6.2245
260	0.1144	2927.9	6.5941	0.07286	2885.5	6.3440
280	0.1200	2976.9	6.6842	0.07714	2941.8	6.4477
300	0.1255	3024.0	6.7679	0.08116	2994.2	6.5408
350	0.1386	3137.2	6.9574	0.09053	3115.7	6.7443
400	0.1512	3248.1	7.1285	0.09933	3231.6	6.9231
420	0.1561	3291.9	7.1927	0.10276	3276.9	6.9894
440	0.1610	3335.7	7.2550	0.1061	3321.9	7.0535
450	0.1635	3357.7	7.2855	0.1078	3344.4	7.0847
460	0.1659	3379.6	7.3156	0.1095	3366.8	7.1155
480	0.1708	3423.5	7.3747	0.1128	3411.6	7.1758
500	0.1756	3467.4	7.4323	0.1161	3456.4	7.2345
550	0.1876	3578.0	7.5708	0.1243	3568.6	7.3752
600	0.1995	3689.5	7.7024	0.1324	3681.5	7.5084

续表

p/MPa	4			5		
	$t_s=250.33$ $v'=0.0012521$ $v''=0.04974$ $h'=1087.5$ $h''=2799.4$ $s'=2.7967$ $s''=6.0670$			$t_s=263.92$ $v'=0.0012858$ $v''=0.03941$ $h'=1154.6$ $h''=2792.8$ $s'=2.9209$ $s''=5.9712$		
t	v	h	s	v	h	s
℃	m^3/kg	kJ/kg	kJ/(kg·K)	m^3/kg	kJ/kg	kJ/(kg·K)
0	0.0009982	4.0	0.0002	0.0009977	5.1	0.0002
10	0.0009984	45.9	0.1506	0.0009979	46.9	0.1505
20	0.0009999	87.6	0.2955	0.0009995	88.6	0.2952
40	0.0010060	171.0	0.5706	0.0010056	171.9	0.5702
60	0.0010153	254.4	0.8288	0.0010149	255.3	0.8283
80	0.0010273	338.1	1.0726	0.0010268	338.8	1.0720
100	0.0010417	422.0	1.3038	0.0010412	422.7	1.3030
120	0.0010584	506.4	1.5242	0.0010579	507.1	1.5232
140	0.0010777	591.5	1.7352	0.0010771	592.1	1.7342
160	0.0010997	677.5	1.9385	0.0010990	678.0	1.9373
180	0.0011249	764.6	2.1352	0.0011241	765.2	2.1339
200	0.0011540	853.4	2.3268	0.0011530	853.8	2.3253
220	0.0011878	944.2	2.5147	0.0011866	944.4	2.5129
240	0.0012280	1037.7	2.7007	0.0012264	1037.8	2.6985
260	0.05174	2835.6	6.1355	0.0012750	1135.0	2.8842
280	0.05547	2902.2	6.2581	0.04224	2857.0	6.0889
300	0.05885	2961.5	6.3634	0.04532	2925.4	6.2104
350	0.06645	3093.1	6.5838	0.05194	3069.2	6.4513
400	0.07339	3214.5	6.7713	0.05780	3196.9	6.6486
420	0.07606	3261.4	6.8399	0.06002	3245.4	6.7196
440	0.07869	3307.7	6.9058	0.06220	3293.2	6.7875
450	0.07999	3330.7	6.9379	0.06327	3316.8	6.8204
460	0.08128	3353.7	6.9694	0.06434	3340.4	6.8528
480	0.08384	3399.5	7.0310	0.06644	3387.2	6.9158
500	0.08638	3445.2	7.0909	0.06853	3433.8	6.9768
550	0.09264	3559.2	7.2338	0.07383	3549.6	7.1221
600	0.09879	3673.4	7.3686	0.07864	3665.4	7.2580

续表

p/MPa	6			7		
	t_s=275.56 v'=0.0013187　v''=0.03241 h'=1213.9　h''=2783.3 s'=3.0277　s''=5.8878			t_s=285.80 v'=0.0013514　v''=0.02734 h'=1267.7　h''=2771.4 s'=3.1225　s''=5.8126		
t	v	h	s	v	h	s
℃	m^3/kg	kJ/kg	kJ/(kg·K)	m^3/kg	kJ/kg	kJ/(kg·K)
0	0.0009972	6.1	0.0003	0.0009967	7.1	0.0004
10	0.0009974	47.8	0.1505	0.0009970	48.8	0.1504
20	0.0009990	89.5	0.2951	0.0009986	90.4	0.2948
40	0.0010051	172.7	0.5698	0.0010047	173.6	0.5694
60	0.0010144	256.1	0.8278	0.0010140	256.9	0.8273
80	0.0010263	339.6	1.0713	0.0010259	340.4	1.0707
100	0.0010406	423.5	1.3023	0.0010401	424.2	1.3015
120	0.0010573	507.8	1.5224	0.0010567	508.5	1.5215
140	0.0010764	592.8	1.7332	0.0010758	593.4	1.7321
160	0.0010983	678.6	1.9361	0.0010976	679.2	1.9350
180	0.0011232	765.7	2.1325	0.0011224	766.2	2.1312
200	0.0011519	854.2	2.3237	0.0011510	854.6	2.3222
220	0.0011853	944.7	2.5111	0.0011841	945.0	2.5093
240	0.0012249	1037.9	2.6963	0.0012233	1038.0	2.6941
260	0.0012729	1134.8	2.8815	0.0012708	1134.7	2.8789
280	0.03317	2804.0	5.9253	0.0013307	1236.7	3.0667
300	0.03616	2885.0	6.0693	0.02946	2839.2	5.9322
350	0.04223	3043.9	6.3356	0.03524	3017.0	6.2306
400	0.04738	3178.6	6.5438	0.03992	3159.7	6.4511
450	0.05212	3302.6	6.7214	0.04414	3288.0	6.6350
500	0.05662	3422.2	6.8814	0.04810	3410.5	6.7988
520	0.05837	3469.5	6.9417	0.04964	3458.6	6.8602
540	0.06010	3516.5	7.0003	0.05116	3506.4	6.9198
550	0.06096	3540.0	7.0291	0.05191	3530.2	6.9490
560	0.06182	3563.5	7.0575	0.05266	3554.1	6.9778
580	0.06352	3610.4	7.1131	0.05414	3601.6	7.0342
600	0.06521	3657.2	7.1673	0.05561	3649.0	7.0890

注：粗水平线之上为未饱和水，粗水平线之下为过热蒸汽。

附表 5　0.1 MPa 时的饱和空气状态参数

干球温度 t/℃	水蒸气压力 p_{bh}/(10^2 Pa)	含湿量 d_{bh}/(g/kg)	饱和焓 h_{bh}/(kJ/kg)	密度 ρ/(kg/m^3)	汽化热 γ/(kJ/kg)
−20	1.03	0.64	−18.5	1.38	2839
−19	1.13	0.71	−17.4	1.37	2839
−18	1.25	0.78	−16.4	1.36	2839
−17	1.37	0.85	−15.0	1.36	2838
−16	1.50	0.94	−13.8	1.35	2838
−15	1.65	1.03	−12.5	1.35	2838
−14	1.81	1.13	−11.3	1.34	2838
−13	1.98	1.23	−10.0	1.34	2838
−12	2.17	1.35	−8.7	1.33	2837
−11	2.37	1.48	−7.4	1.33	2837
−10	2.59	1.62	−6.0	1.32	2837
−9	2.83	1.77	−4.6	1.32	2836
−8	3.09	1.93	−3.2	1.31	2836
−7	3.38	2.11	−1.8	1.31	2836
−6	3.68	2.30	−0.3	1.30	2836
−5	4.01	2.50	1.2	1.30	2835
−4	4.37	2.73	2.8	1.29	2835
−3	4.75	2.97	4.4	1.29	2835
−2	5.17	3.23	6.0	1.28	2834
−1	5.62	3.52	7.8	1.28	2834
0	6.11	3.82	9.5	1.27	2500
1	6.56	4.11	11.3	1.27	2489
2	7.05	4.42	13.1	1.26	2496
3	7.57	4.75	14.9	1.26	2493
4	8.13	5.10	16.8	1.25	2491
5	8.72	5.47	18.7	1.25	2498
6	9.35	5.87	20.7	1.24	2486
7	10.01	6.29	22.8	1.24	2484
8	10.72	6.74	25.0	1.23	2481
9	11.47	7.22	27.2	1.23	2479
10	12.27	7.73	29.5	1.22	2477

续表

干球温度 t/℃	水蒸气压力 p_{bh}/(10^2 Pa)	含湿量 d_{bh}/(g/kg)	饱和焓 h_{bh}/(kJ/kg)	密度 ρ/(kg/m^3)	汽化热 γ/(kJ/kg)
11	13.12	8.27	31.9	1.22	2475
12	14.01	8.84	34.4	1.21	2472
13	15.00	9.45	37.0	1.21	2470
14	15.97	10.10	39.5	1.21	2468
15	17.04	10.78	42.3	1.20	2465
16	18.17	11.51	45.2	1.20	2463
17	19.36	12.28	48.2	1.19	2460
18	20.62	13.10	51.3	1.19	2458
19	21.96	13.97	54.5	1.18	2456
20	23.37	14.88	57.9	1.18	2453
21	24.85	15.85	61.4	1.17	2451
22	26.42	16.88	65.0	1.17	2448
23	28.08	17.97	68.8	1.16	2446
24	29.82	19.12	72.8	1.16	2444
25	31.67	20.34	76.9	1.15	2441
26	33.60	21.63	81.3	1.15	2439
27	35.64	22.99	85.8	1.14	2437
28	37.78	24.42	90.5	1.14	2434
29	40.04	25.94	95.4	1.14	2432
30	42.41	27.52	100.5	1.13	2430
31	44.91	29.25	106.0	1.13	2427
32	47.53	31.07	111.7	1.12	2425
33	50.29	32.94	117.6	1.12	2422
34	53.18	34.94	123.7	1.11	2420
35	56.22	37.05	130.2	1.11	2418
36	59.40	39.28	137.0	1.10	2415
37	62.74	41.64	144.2	1.10	2413
38	66.24	44.12	151.6	1.09	2411
39	69.91	46.75	159.5	1.08	2408
40	73.75	49.52	167.7	1.08	2406
41	77.77	52.45	176.4	1.08	2403

续表

干球温度 t/℃	水蒸气压力 p_{bh}/(10^2 Pa)	含湿量 d_{bh}/(g/kg)	饱和焓 h_{bh}/(kJ/kg)	密度 ρ/(kg/m^3)	汽化热 γ/(kJ/kg)
42	81.98	55.54	185.5	1.07	2401
43	86.39	58.82	195.0	1.07	2398
44	91.00	62.26	205.0	1.06	2396
45	95.82	65.92	218.6	1.05	2394
46	100.85	69.76	226.7	1.05	2391
47	100.12	73.84	238.4	1.04	2389
48	111.62	78.15	250.7	1.04	2386
49	117.36	82.70	263.6	1.03	2384
50	123.35	87.52	277.3	1.03	2382
51	128.60	92.62	291.7	1.02	2379
52	136.13	98.01	306.8	1.02	2377
53	142.93	103.72	322.9	1.01	2375
54	150.02	109.80	339.8	1.00	2372
55	157.41	116.19	357.7	1.00	2370
56	165.09	123.00	376.7	0.99	2367
57	173.12	130.23	396.8	0.99	2365
58	181.46	137.89	418.0	0.98	2363
59	190.15	146.04	440.6	0.97	2360
60	199.17	154.72	464.5	0.97	2358
65	250.10	207.44	609.2	0.93	2345
70	311.60	281.54	811.1	0.90	2333
75	385.50	390.20	1105.7	0.85	2320
80	473.60	559.61	1563.0	0.81	2309
85	578.00	851.90	2351.0	0.76	2295
90	701.10	1459.00	3983.0	0.70	2282
95	845.20	3396.00	9190.0	0.64	2269
100	1013.00			0.60	2257

附表 6　饱和水的热物理性质

t/℃	$p\times10^{-5}$/Pa	ρ/(kg/m³)	h'/(kJ/kg)	c_p/[kJ/(kg·℃)]	$\lambda\times10^2$/[W/(m·℃)]	$\alpha\times10^8$/(m²/s)	$\mu\times10^6$/[kg/(m·s)]	$\nu\times10^6$/(m²/s)	$\beta\times10^4$/K^{-1}	$\sigma\times10^4$/(N/m)	Pr
0	0.00611	999.9	0	4.212	55.1	13.1	1788	1.789	−0.81	756.4	13.67
10	0.012270	999.7	42.04	4.191	57.4	13.7	1306	1.306	0.87	741.6	9.52
20	0.02338	998.2	83.91	4.183	59.9	14.3	1004	1.006	2.09	726.9	7.02
30	0.04241	995.7	125.7	4.174	61.8	14.9	801.5	0.805	3.05	712.2	5.42
40	0.07375	992.2	167.5	4.174	63.5	15.3	653.3	0.659	3.86	696.5	4.31
50	0.12335	988.1	209.3	4.174	64.8	15.7	549.4	0.556	4.57	676.9	3.54
60	0.19920	983.1	251.1	4.179	65.9	16.0	469.9	0.478	5.22	662.2	2.99
70	0.3116	977.8	293.0	4.187	66.8	16.3	406.1	0.415	5.83	643.5	2.55
80	0.4736	971.8	355.0	4.195	67.4	16.6	355.1	0.365	6.40	625.9	2.21
90	0.7011	965.3	377.0	4.208	68.0	16.8	314.9	0.326	6.96	607.2	1.95
100	1.013	958.4	419.1	4.220	68.3	16.9	282.5	0.295	7.50	588.6	1.75
110	1.43	951.0	461.4	4.233	68.5	17.0	259.0	0.272	8.04	569.0	1.60
120	1.98	943.1	503.7	4.250	68.6	17.1	237.4	0.252	8.58	548.4	1.47
130	2.70	934.8	546.4	4.266	68.6	17.2	217.8	0.233	9.12	528.8	1.36
140	3.61	926.1	589.1	4.287	68.5	17.2	201.1	0.217	9.68	507.2	1.26
150	4.76	917.0	632.2	4.313	68.4	17.3	186.4	0.203	10.26	486.6	1.17
160	6.18	907.0	675.4	4.346	68.3	17.3	173.6	0.191	10.87	466.0	1.10
170	7.92	897.3	719.3	4.880	67.9	17.3	162.8	0.181	11.52	443.4	1.05
180	10.03	886.9	763.3	4.417	67.4	17.2	153.0	0.173	12.21	422.8	1.00

续表

t/ ℃	$p\times10^{-5}$/ Pa	ρ/ (kg/m^3)	h'/ (kJ/kg)	c_p/ [kJ/(kg·℃)]	$\lambda\times10^2$/ [W/(m·℃)]	$\alpha\times10^8$/ (m^2/s)	$\mu\times10^6$/ [kg/(m·s)]	$\nu\times10^6$/ (m^2/s)	$\beta\times10^4$/ K^{-1}	$\sigma\times10^4$/ (N/m)	Pr
190	12.55	876.0	807.8	4.459	67.0	17.1	144.2	0.165	12.96	400.2	0.96
200	15.55	863.0	852.8	4.505	66.3	17.0	136.4	0.158	13.77	376.7	0.93
210	19.08	852.3	897.7	4.555	65.5	16.9	130.5	0.153	14.67	354.1	0.91
220	23.20	840.3	943.7	4.614	64.5	16.6	124.6	0.148	15.67	331.6	0.89
230	27.98	827.3	990.2	4.681	63.7	16.4	119.7	0.145	16.80	310.0	0.88
240	33.48	813.6	1037.5	4.756	62.8	16.2	114.8	0.141	18.08	285.5	0.87
250	39.78	799.0	1085.7	4.844	61.8	15.9	109.9	0.137	19.55	261.9	0.86
260	46.94	784.0	1135.7	4.949	60.5	15.6	105.9	0.135	21.27	237.4	0.87
270	55.05	767.9	1185.7	5.070	59.0	15.1	102.0	0.133	23.31	214.8	0.88
280	64.19	750.7	1236.8	5.230	57.4	14.6	98.1	0.131	25.79	191.3	0.90
290	74.45	732.3	1290.0	5.485	55.8	13.9	94.2	0.129	28.84	168.7	0.93
300	85.92	712.5	1344.9	5.736	54.0	13.2	91.2	0.128	32.73	144.2	0.97
310	98.70	691.1	1402.2	6.071	52.3	12.5	88.3	0.128	37.85	120.7	1.03
320	112.90	667.1	1462.1	6.574	50.6	11.5	85.3	0.128	44.91	98.10	1.11
330	128.65	640.2	1526.2	7.244	48.4	10.4	81.4	0.127	53.31	76.71	1.22
340	146.08	610.1	1594.8	8.165	45.7	9.17	77.5	0.127	72.10	56.70	1.39
350	165.37	574.4	1671.4	9.504	43.0	7.88	72.6	0.126	103.7	38.16	1.60
360	186.74	528.0	1761.5	13.984	39.5	5.36	66.7	0.126	182.9	20.21	2.35
370	210.53	450.5	1892.5	40.321	33.7	1.86	56.9	0.126	676.7	4.709	6.79

附表 7　干饱和空气的热物理性质

t/℃	ρ/(kg/m³)	c_p/[kJ/(kg·K)]	$\lambda\times10^2$/[(W/(m·K)]	$\alpha\times10^6$/(m²/s)	$\mu\times10^6$/(N·s/m²)	$\nu\times10^6$/(m²/s)	Pr
−50	1.584	1.013	2.04	12.7	14.6	9.23	0.728
−40	1.515	1.013	2.12	13.8	15.2	10.04	0.728
−30	1.453	1.013	2.20	14.9	15.7	10.80	0.723
−20	1.395	1.009	2.28	16.2	16.2	11.61	0.716
−10	1.342	1.009	2.36	17.4	16.7	12.43	0.712
0	1.293	1.005	2.44	18.8	17.2	13.28	0.707
10	1.247	1.005	2.51	20.0	17.6	14.16	0.705
20	1.205	1.005	2.57	21.4	18.1	15.06	0.703
30	1.165	1.005	2.67	22.9	18.6	16.00	0.701
40	1.128	1.005	2.76	24.3	19.1	16.96	0.699
50	1.093	1.005	2.83	25.7	19.6	17.95	0.698
60	1.060	1.005	2.90	27.2	20.1	18.97	0.696
70	1.029	1.009	2.96	28.6	20.6	20.02	0.694
80	1.000	1.009	3.05	30.2	21.1	21.09	0.692
90	0.972	1.009	3.13	31.9	21.5	22.10	0.690
100	0.946	1.009	3.21	33.6	21.9	23.13	0.688
120	0.898	1.009	3.34	36.8	22.8	25.45	0.686
140	0.854	1.013	3.49	40.3	23.7	27.80	0.684
160	0.815	1.017	3.64	43.9	24.5	30.09	0.682
180	0.779	1.022	3.78	47.5	25.3	32.49	0.681
200	0.746	1.026	3.93	51.4	26.0	34.85	0.680
250	0.674	1.038	4.27	61.0	27.4	40.61	0.677
300	0.615	1.047	4.60	71.6	29.7	48.33	0.674
350	0.566	1.059	4.91	81.9	31.4	55.46	0.676
400	0.524	1.068	5.21	93.1	33.0	63.09	0.678
500	0.456	1.093	5.74	115.3	36.2	79.38	0.687
600	0.404	1.114	6.22	138.3	39.1	96.89	0.699
700	0.362	1.135	6.71	163.4	41.8	115.4	0.706
800	0.329	1.156	7.18	138.8	44.3	134.8	0.713
900	0.301	1.172	7.63	216.2	46.7	155.1	0.717
1000	0.277	1.185	8.07	245.9	49.0	177.1	0.719
1100	0.257	1.197	8.50	276.2	51.2	199.3	0.722
1200	0.239	1.210	9.15	316.5	53.5	233.7	0.724

附表 8　材料表面的黑度值

材料名称	t/℃	ε
表面磨光的铝	225～575	0.039～0.057
表面不光滑的铝	26	0.055
在 600 ℃时氧化后的铝	200～600	0.11～0.19
表面磨光的铁	425～1020	0.144～0.377
用金刚砂冷加工以后的铁	20	0.242
氧化后的铁	100	0.736
氧化后表面光滑的铁	125～525	0.78～0.82
未经加工处理的铸铁	925～1115	0.87～0.95
表面磨光的钢铸件	770～1040	0.52～0.56
经过研磨后的钢板	940～1100	0.55～0.61
在 600 ℃时氧化后的钢	200～600	0.80
表面有一层有光泽的氧化物的钢板	25	0.82
经过刮面加工的生铁	830～990	0.60～0.70
在 600 ℃时氧化后的生铁	200～600	0.64～0.78
氧化铁	500～1200	0.85～0.95
精密磨光的金	225～635	0.018～0.035
轧制后表面没有加工的黄铜板	22	0.06
轧制后表面用粗金刚砂加工过的黄铜板	22	0.20
无光泽的黄铜板	50～350	0.22
在 600 ℃时氧化后的黄铜	200～600	0.61～0.59
精密磨光的电解铜	80～115	0.018～0.023
刮亮的但还没有像镜子那样皎洁的商品铜	22	0.072
在 600 ℃时氧化后的铜	200～600	0.57～0.87
氧化铜	800～1100	0.66～0.54
熔解铜	1075～1275	0.16～0.13
钼线	725～2600	0.096～0.292
技术上用的经过磨光的纯镍	225～375	0.07～0.087
镀镍酸洗而未经磨光的铁	20	0.11
镍丝	185～1000	0.096～0.186
在 600 ℃时氧化后的镍	200～600	0.37～0.48
氧化镍	650～1255	0.59～0.86
铬镍	125～1034	0.64～0.76
锡，光亮的镀锡铁皮	25	0.043～0.064
纯铂，磨光的铂片	225～625	0.054～0.104
铂带	925～1115	0.12～0.17
铂线	25～1230	0.036～0.192
铂丝	225～1375	0.037～0.182
纯汞	0～100	0.09～0.12
氧化后的灰色铅	25	0.281
在 200 ℃时氧化后的铅	200	0.63
磨光的纯银	225～625	0.0198～0.0324
铬	100～1000	0.08～0.26
经过磨光的商品锌 99.1%	225～325	0.045～0.053
在 400 ℃时氧化后的锌	400	0.11
有光泽的镀锌铁皮	28	0.228
已经氧化的灰色镀锌铁皮	24	0.276
石棉纸板	24	0.96
石棉纸	40～370	0.93～0.945
贴在金属板上的薄纸	19	0.924
水	0～100	0.95～0.963
石膏	20	0.903
刨光的橡木	20	0.895
熔化后表面粗糙的石英	20	0.932
表面粗糙但还不是很不平整的红砖	20	0.93
表面粗糙而没有上过釉的硅砖	100	0.80
表面粗糙而上过釉的硅砖	1100	0.85
上过釉的黏土耐火砖	1100	0.75
耐火砖	—	0.8～0.9
涂在不光滑铁板上的白釉漆	23	0.906
涂在铁板上的有光泽的黑漆	25	0.875
无光泽的黑漆	40～95	0.96～0.98
白漆	40～95	0.80～0.95
涂在镀锡铁面上的黑色有光泽的虫漆	21	0.821
黑色无光泽的虫漆	75～145	0.91
各种不同颜色的油质涂料	100	0.92～0.96
各种年代不同、含铝量不一样的铝质涂料	100	0.27～0.67
涂在不光滑板上的铝漆	20	0.39
加热到 325 ℃以后的铝质涂料	150～315	0.35
表面磨光的灰色大理石	22	0.931
磨光的硬橡皮板	23	0.945
灰色的、不光滑的软橡皮（经过精制）	24	0.859
平整的玻璃	22	0.937
烟炱，发光的煤炱	95～270	0.952
混有水玻璃的烟炱	100～185	0.959～0.947
粒径 0.075 mm 或更大的灯烟炱	40～370	0.945
油纸	21	0.910
经过选洗后的煤（0.9%灰）	125～625	0.81～0.79
碳丝	1040～1405	0.526
上过釉的瓷器	22	0.924
粗糙的石灰浆粉刷	10～88	0.91
熔附在铁面上的白色珐琅	19	0.897

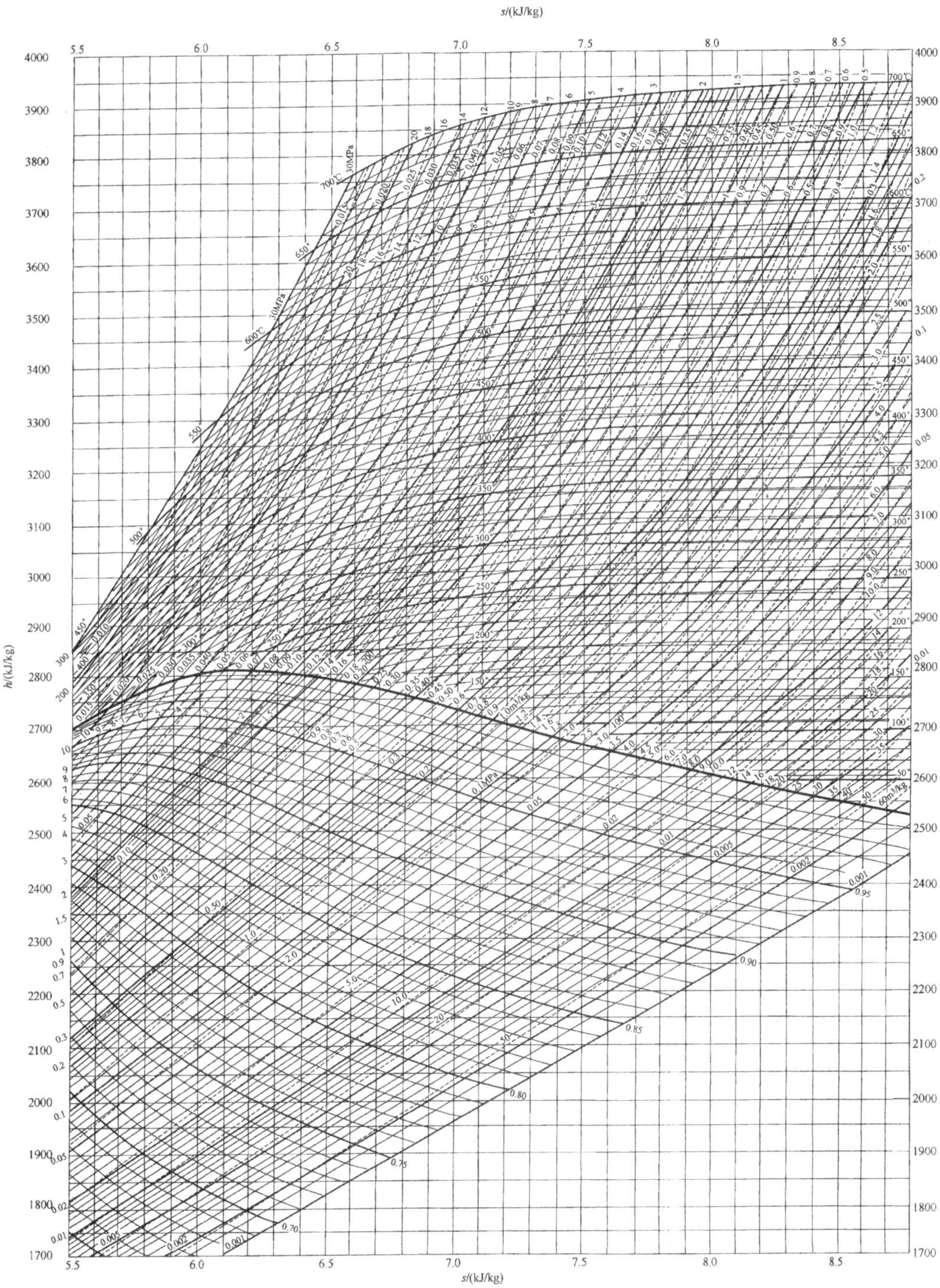

附图1　水蒸气的焓熵图

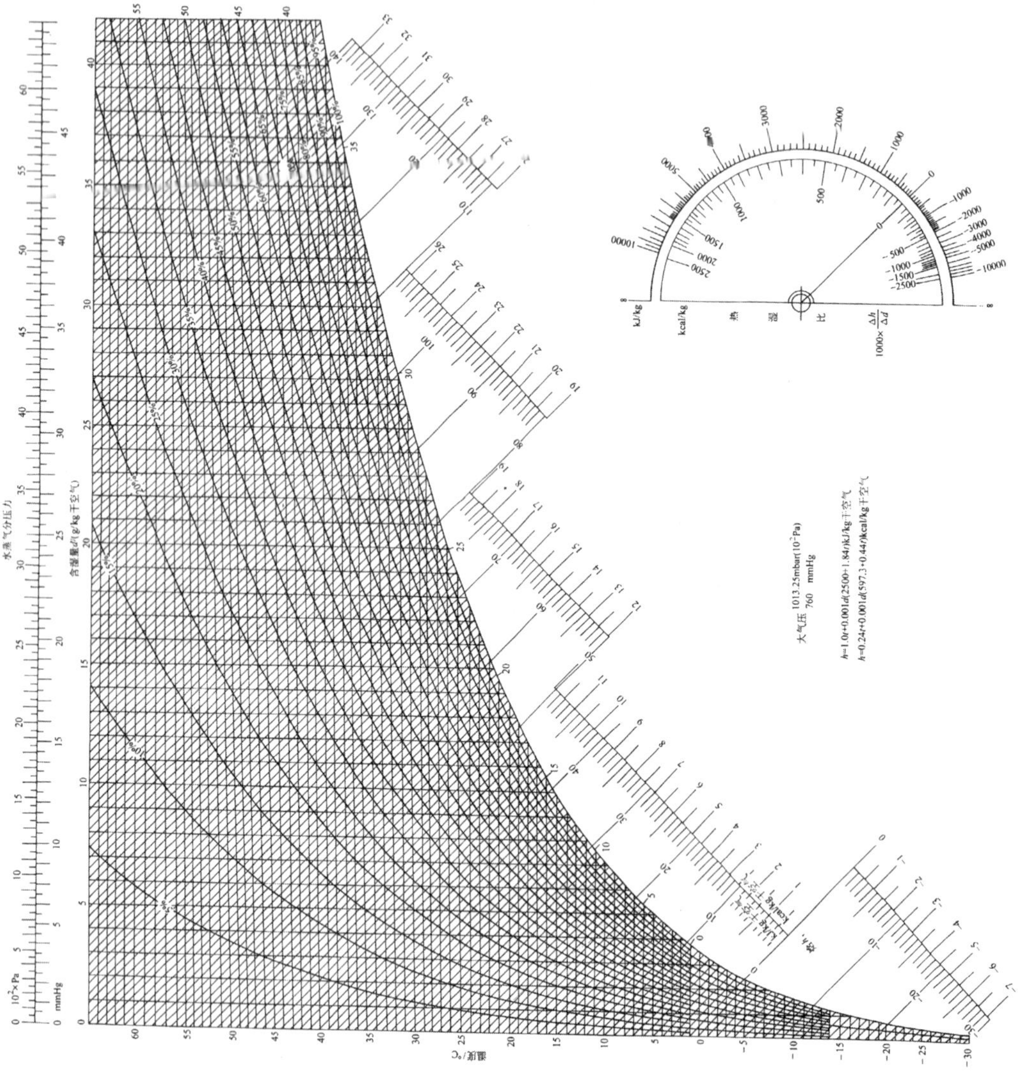
水蒸气分压力
含湿量d/(g/kg干空气)
温度/°C
大气压 1013.25mbar(10² Pa) 760 mmHg
h=1.01t+0.001d(2500+1.84t)kJ/kg干空气
h=0.24t+0.001d(597.3+0.44t)kcal/kg干空气

附图2 湿空气的焓湿图

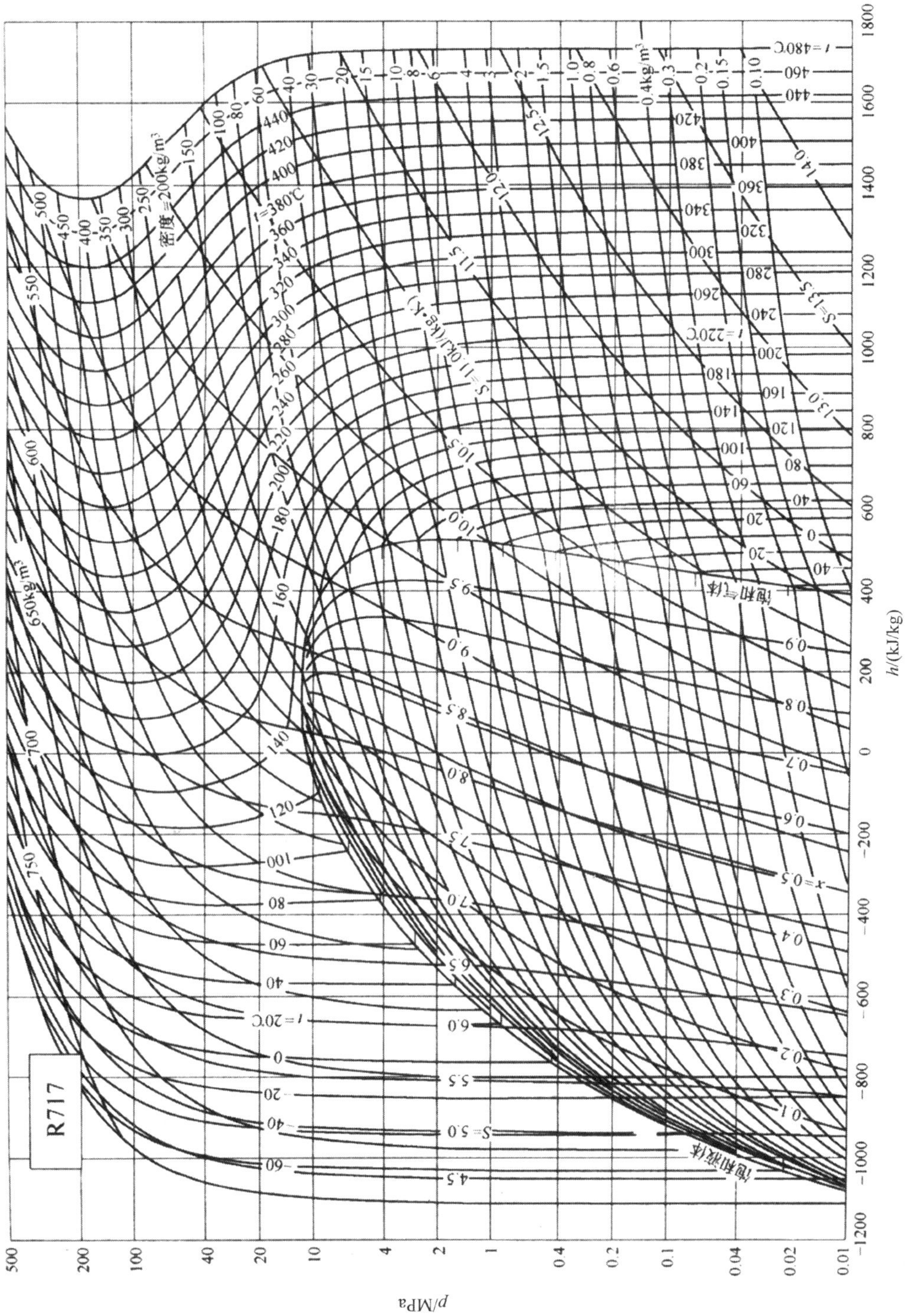

附图3　制冷剂R717的lg *p-h*图

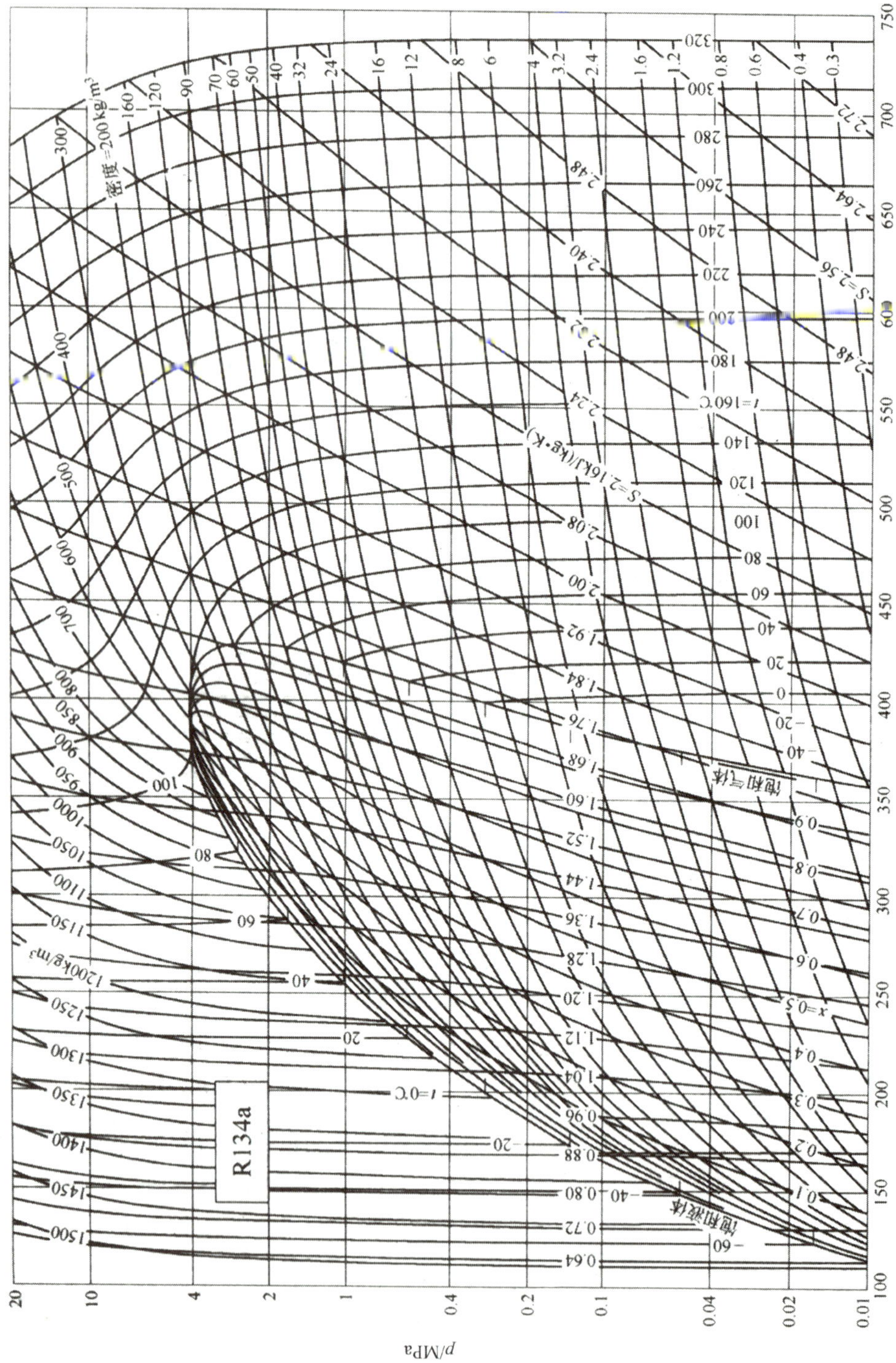

附图4　制冷剂R134a的lg p-h图

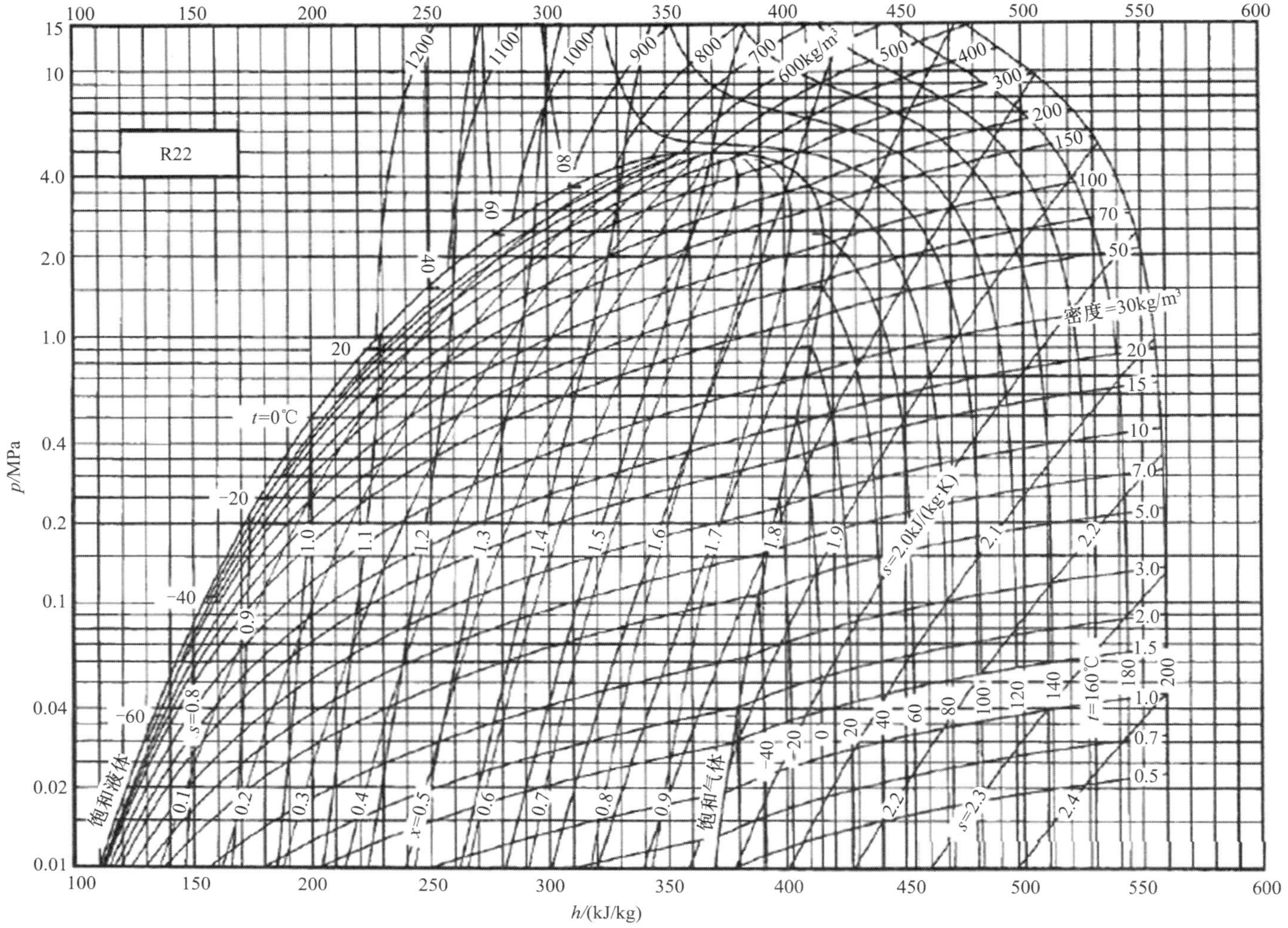

附图5　制冷剂R22的lg p-h图